Neue unterhaltsame Astronomie

W. N. KOMAROW

5., überarb. Auflage
Mit 24 Abbildungen

Verlag MIR, Moskau

BSB B. G. Teubner Verlagsgesellschaft

Leipzig 1990

Kleine Naturwissenschaftliche Bibliothek · Band 37
ISSN 0232−346X

Autor:

Professor Wiktor Nojewitsch Komarow, Planetarium Moskau

Titel der Originalausgabe:
Новая занимательная астрономия
Verlag NAUKA, Moskau 1983
Zweite, überarbeitete Auflage
Unter der Federführung von Dr. rer. nat. Ju. N. Jefremow

Deutsche Übersetzung: Dipl.-Phys. U. Bleyer, Dr. S. Gottlöber, Dr. J. Mücket, Potsdam

Wissenschaftliche Redaktion: Dr. habil. G. Dautcourt, Berlin

Komarov, Viktor Noevič:
Neue unterhaltsame Astronomie/W. N. Komarow. [Dt. Übers.: U. Bleyer, S. Gottlöber, J. Mücket].−5. Aufl.−Moskau: Verl. MIR; Leipzig: BSB Teubner, 1990.−216 S.: mit 24 Abb.
(Kleine Naturwissenschaftliche Bibliothek; 37)
EST: Novaja zanimatelnaja astronomija <dt.>
NE: GT
ISBN 3-322-00739-1

Gemeinschaftsausgabe des Verlages MIR, Moskau, und des BSB B. G. Teubner Verlagsgesellschaft, Leipzig
© Издательство «Наука», Главная редакция физико-математической литературы, Москва 1983, с изменениями
© 1977, 1990 Verlag MIR, Moskau, und BSB B. G. Teubner Verlagsgesellschaft, Leipzig
5. Auflage
VLN 294-375/85/90 · LSV 1499
Lektor: Dipl.-Met. Christine Dietrich
Satz und Druck: UdSSR
Bestell-Nr. 666 568 1
DDR 12,− M

Vorwort

Die Astronomie ist nicht nur fesselnd, sondern auch im höchsten Grade lehrreich. Sie entstand als eine der ersten Wissenschaften schon zu Beginn der Menschheitsentwicklung und blieb seitdem immer in vorderster Front bei der Erkenntnis der Natur.
Die moderne Astronomie entwickelt sich besonders stürmisch. Dank der Entwicklung neuer Forschungsgeräte, von den Radioteleskopen bis zu den verschiedensten kosmischen Apparaturen, wuchs der Zustrom an Informationen aus dem Kosmos sprunghaft an, und die Entdeckungen bei der Erforschung des Universums folgen einander auf dem Fuße.
Diese Entdeckungen sind vor allem deshalb so interessant, weil die Astronomie uns grundlegende Kenntnisse über die Natur vermittelt. Sie helfen, die tiefsten und allgemeinsten Gesetzmäßigkeiten über den Aufbau und die Bewegung der Materie zu erkennen.
Die Astronomie rüstet uns nicht nur mit modernen Vorstellungen über das Weltbild aus, sondern sie ist auch eines der deutlichsten Beispiele für den dialektischen Charakter des Prozesses der Erkenntnis der uns umgebenden Natur, der Bewegung von relativen Wahrheiten zur absoluten.
Die Aufgabe des vorliegenden Buches besteht nicht nur darin, dem Leser einige unterhaltsame astronomische Tatsachen zu vermitteln, sondern es will ihn mit der dialektischen Entwicklung des wissenschaftlichen Denkens vertraut machen, ihn überzeugen, daß die gegenwärtige Epoche schöpferisches, dynamisches Denken frei von Vorurteilen fordert und originelle neue Ideen verlangt.
Jedoch alles Neue in der Wissenschaft, so originell es auch scheinen mag, entsteht letzten Endes auf diese oder jene Weise immer auf der Grundlage des bisherigen Wissens. Bestimmte Gemeinsamkeiten gibt es auch in den Lösungsmethoden verschiedener wissenschaftlicher Aufgaben, obwohl jedes wissenschaftliche Problem, für sich genommen, einmalig ist.
Aus diesem Grunde befaßt sich ein erheblicher Teil des Buches mit der Betrachtung solcher Tatsachen und Vorstellungen, die vom Standpunkt der modernen Astronomie aus als hinreichend gesichert angesehen werden können.

Darüber hinaus gibt es in der modernen Astronomie nicht wenig Probleme, die noch keine befriedigende Antwort gefunden haben. In diesem Zusammenhang werden in der Wissenschaft verschiedene Hypothesen diskutiert, die häufig recht extravagant sind. Wahrscheinlich wird ein Teil von ihnen bei der weiteren Entwicklung unserer Kenntnisse über das Universum wieder verworfen werden. Doch ohne Hypothesen, d. h. ohne wissenschaftliche Mutmaßungen, die zwar noch nicht bewiesen, aber auch nicht widerlegt sind, kommen die Astronomen nicht aus. Zweifellos wird sich diese Wissenschaft auch in den nächsten Jahren stürmisch weiterentwickeln und dabei immer neue Fakten überdenken. Die Hypothese ist eine notwendige Entwicklungsform der Naturwissenschaft.

Deshalb werden in dem vorliegenden Buch neben den sicher festgestellten Tatsachen auch einige der interessantesten Hypothesen vorgestellt, die mit der Untersuchung des Universums im Zusammenhang stehen.

In der modernen Astronomie vollzieht sich ein Prozeß, der sich sehr intensiv schon früher in der Physik abgespielt hat. Die Vorstellungen der Wissenschaft über das Universum werden immer abstrakter, immer weniger anschaulich, immer schwerer vorstellbar. Deshalb hat sich der Autor entschlossen, zu einer für die populärwissenschaftliche Literatur ungewöhnlichen Methode zu greifen, zur wissenschaftlichen Utopie. Zu ihren guten Eigenschaften gehört die Fähigkeit, den abstraktesten Ideen Natürlichkeit und Anschaulichkeit zu verleihen.

Mit Hilfe der Utopie möchte der Autor den Leser auf einige Probleme der modernen Astronomie besonders aufmerksam machen, diese Probleme beleben, sie herausstellen und damit ihr Verständnis erleichtern.

Der Autor hofft, daß seine Idee den Beifall des Lesers findet.

W. N. Komarow

Inhalt

Unterhaltsames und Astronomie

Widersprüchliches, Paradoxes ... 8
Alles beginnt mit der Verneinung 13
„Schwarze Kästen" im Kosmos 16
Traue deinen Augen nicht 17
Auch Astronomen irren sich 25
Wider den gesunden Menschenverstand? 27
Von Theorie zu Theorie 31

Die Familie der Sonne

Die Erde und das Pendel 33
Über uns der Sternenhimmel 37
Neues vom Tunguska-Meteoriten 41
Die Kosmonautik überprüft die Astronomie 46
Das Schicksal einer Hypothese 49
Allerorts Krater 54
Die Ringe der Riesenplaneten 62
Die Vulkane des Sonnensystems 65
Der Mond und die Elementarteilchen 70
Für die Welt unsichtbare Trabanten 73
Dem Halleyschen Kometen entgegen 75
Gibt es eine Bewegung durch Trägheit? 80
Orbitalparadoxien 82
Die unerwartete Lösung (wissenschaftlich-phantastische Erzählung) 85
Anziehungskraft gegen – Anziehungskraft 94
„Eine eigentümliche Übereinstimmung" 96
Droht uns eine Katastrophe? 98
Die Sonne und die Neutrinos 101

In den Tiefen des Alls

Das Universum 103
In der expandierenden Metagalaxis 104
Befinden wir uns im Zentrum? 110
Das Universum im Licht der Gammastrahlen 112
Die Supernova SN 1987A 115
Kosmische Explosionen 117
Schwarze Löcher im All 124

Das Universum und die Neutrinos 127
Die Suche nach vernunftbegabtem Leben im All 133
Wildfang (wissenschaftlich-phantastische Erzählung) 153

Was wäre, wenn ...?

Die Unvermeidbarkeit einer immer seltsameren Welt 170
Beschleunigungsandruck und Schwerelosigkeit 172
Ob man die Nacht abschaffen kann? 178
Menschen ohne Sterne 180
Wenn es keinen Mond gäbe 186
Wenn das möglich wäre 188
Schneller als das Licht? 191
Was wäre, wenn es vier wären? 194
Im kontrahierenden Universum 201
Anstelle eines Schlußwortes: „Die Umwälzung wird aufgeschoben" (wissenschaftlich-phantastische Erzählung) 203

Unterhaltsames und Astronomie

Es gibt nicht wenig Bücher, in deren Titel diese beiden Worte beieinander stehen: „Unterhaltsame Astronomie", „Unterhaltsames in der Astronomie", „Unterhaltsames über die Astronomie".
Die Bezeichnungen wechselten. Die Astronomie hat sich entwickelt, der Wissensstand ist gestiegen, und so wurde das, was gestern noch erstaunlich erschien, nicht nur allgemein bekannt, sondern einfach selbstverständlich. Unsere Ansichten darüber, was interessant und unterhaltsam ist, haben sich gewandelt.
Die großartige Revolution in der Naturwissenschaft an der Grenze des 19. und 20. Jh., die Entstehung solcher prinzipiell neuen physikalischen Theorien wie der Relativitätstheorie und der Quantenmechanik haben nicht nur unsere wissenschaftlichen Vorstellungen von der Welt wesentlich erweitert, sondern in vielem den Stil des wissenschaftlichen Denkens, den Zugang zur Untersuchung von Naturerscheinungen geändert. Immer häufiger werden unerwartete Entdeckungen gemacht, besonders in Physik und Astronomie, die dazu zwingen, die gewohnten Vorstellungen zu revidieren. Es werden neue Seiten der Erscheinungen gefunden, die unsere Vostellungen von der Welt wesentlich erweitern und vertiefen.
Natürlich bedeutet das nicht, daß die Wissenschaft der nahen Zukunft all unser heutiges Wissen vollständig widerlegt. Etwas Derartiges zu erwarten wäre einfach unsinnig. Die Naturwissenschaft hat großartige Erfolge bei der Erkenntnis der Natur errungen. Viele fundamentale Gesetze wurden erkannt, die nicht wenige praktische Anwendungen erfahren haben. Das ist der Goldschatz, der bei beliebigen „wissenschaftlichen Umwälzungen" seinen Wert behält. Natürlich bewegt sich die Wissenschaft voran, aber bei dieser Entwicklung stützt sie sich vor allem auf den ganzen Vorrat erreichten Wissens. Selbst wenn eine Revolution in der Wissenschaft zu vollkommen neuen Vorstellungen führt, gehen doch die früheren Theorien als Bestandteile ein und bleiben für einen bestimmten Kreis von Erscheinungen und Bedingungen gültig.
Und dennoch ist die Entwicklung der modernen Wissenschaft vielfach mit dem Ungewöhnlichen verbunden. Ungewöhnliche Ideen, die im Widerspruch zu anerkannten Anschauungen stehen, eine ungewöhnliche Aufgabenstellung, ungewohnte Ansichten

über Gewohntes, ungewöhnliches Herangehen an die Lösung der einen oder anderen Aufgabe, der Vergleich unvergleichbar scheinender Dinge, eine ungewöhnliche Schlußfolgerung aus längst bekannten Dingen und schließlich auch neue, anerkannten und zur Gewohnheit gewordenen Vorstellungen widersprechende Tatsachen.

Widersprüchliches, Paradoxes ...

Schlagen wir in der „Großen Sowjetenzyklopädie" nach. Wir stellen fest, daß man unter einem Paradoxon eine Erscheinung oder einen Ausspruch versteht, der allgemein anerkannten Vorstellungen oder gar dem gesunden Menschenverstand widerspricht.
Es gibt verschiedene Paradoxa. Die einen spiegeln die tatsächliche Sachlage wider, die anderen sind nur scheinbare Widersprüche. Aber so oder so, ein Paradoxon ist zunächst einmal ein Widerspruch.
Eine der Figuren der bekannten Komödie des englischen Schriftstellers Oscar Wilde „Ein idealer Gatte", Lord Caversham, wiederholt im Laufe des Stückes mehrfach ein und dieselbe geheiligte Phrase: „Paradoxon? – Nicht ausstehen kann ich Paradoxa! ..."
Es ist nicht schwer herauszufinden, warum die Paradoxa solch unverhohlene Feindseligkeit des ehrenwerten Lords auf sich gezogen haben. Jeder Widerspruch zerstört doch unweigerlich das gewonnene Gedankengebäude und fordert, daß man ihn versteht. Oscar Wilde verlachte in der Gestalt des Lords Caversham den Traditionismus und Konservatismus eines bedeutenden Teiles des englischen Adels, der sich nicht mit Nachdenken belasten wollte und deshalb alles Unklare und Ungewöhnliche lieber ignorierte.
Es ist jedoch nicht so einfach, den Paradoxa aus dem Weg zu gehen. Mit ihnen bekommt man es buchstäblich auf allen Gebieten der menschlichen Tätigkeit zu tun. Es gibt z. B. unterhaltsame Paradoxa. Das sind Gedankengänge, die der allgemein anerkannten Meinung widersprechen und deshalb im ersten Augenblick Verwunderung hervorrufen und die Phantasie anregen. Ist etwa, sagen wir, das folgende Sprichwort nicht paradox: „Fährt man langsamer, kommt man weiter"? Gewisse Anstrengungen sind notwendig, um zu verstehen, welcher Sinn sich hinter dieser widersprüchlichen Behauptung verbirgt. Und es gibt ihn ...
Recht interessant sind auch die logischen Paradoxa. Es sind dies

Gedankengänge, die vollkommen streng sind, aber in ihren Schlußfolgerungen zu inneren Widersprüchen führen. Man kann nicht sagen, ob sie wahr sind oder nicht. Diese sog. Sophismen waren schon den Weisen der alten griechischen Philosophie bekannt.

Einer verkündete: „Alles, was ich sage, ist Lüge!" Doch daraus folgt, daß er auch in diesem Fall gelogen hat. Aber das wiederum bedeutet, daß er die Wahrheit gesagt hat. Aber wenn das, was dieser Mann gesagt hat, die Wahrheit ist, so hat er gelogen... usw.

Oder die berühmte Parabel darüber, wie man einen weisen Mann hinrichten wollte. Bevor man ihm das Leben nahm, gestattete ihm der Richter ein letztes Wort. Dabei versprach er dem Weisen, daß man ihn aufhängen würde, so er die Wahrheit spräche, ihn aber im Falle einer Lüge enthaupten würde. Nach kurzem Nachdenken rief der Weise: „Ich werde enthauptet!" Und ... die Hinrichtung wurde aufgeschoben. Hätte man den Weisen jetzt erhängt, so hätte er ja gelogen, und man hätte ihn enthaupten müssen. Aber hätte man ihn enthauptet, so hätte er die Wahrheit gesagt, und man hätte ihn erhängen müssen ...

Im einen wie im anderen Falle sind die logischen Folgerungen vollkommen richtig, ohne jeden Fehler, und doch führen sie zu widersprüchlichen Ergebnissen, die man weder wahr noch falsch nennen kann.

Übrigens besteht das Paradoxon hier nicht darin, daß wir uns in einem Teufelskreis widersprüchlicher Behauptungen drehen, sondern einfach darin, daß es im Rahmen einer strengen und fehlerlosen formalen Logik, die nur „ja" oder „nein" anerkennt, Situationen geben kann, in denen man weder „ja" noch „nein" behaupten kann.

Anscheinend enthalten die Ausgangsvoraussetzungen schon prinzipielle Fehler. Interessant ist, daß die Natur dieser Paradoxa im Grunde bis heute nicht geklärt ist. Paradoxa spielen in der Entwicklung der Wissenschaft eine außerordentlich große Rolle. Der berühmte sowjetische Physiker L. I. Mandelstam sagte, daß es zwei Stufen des Verständnisses eines Problems gäbe. Die erste läge dann vor, wenn der gegebene Fragenkreis schon recht gut untersucht wurde und eigentlich alles bekannt ist, was mit ihm im Zusammenhang steht. Sobald jedoch eine neue Frage aus diesem Gebiet auftaucht, so kann man noch in eine Sackgasse geraten.

Auf der zweiten Stufe des Verständnisses gelangt man zu einem allgemeinen Bild, versteht man alle Zusammenhänge, die inneren und die äußeren.

Der Übergang von der ersten zur zweiten höheren Stufe des Verständnisses ist recht häufig mit der Lösung irgendwelcher Paradoxa und Widersprüche verbunden.
So war z. B. der berühmte Physiker Sadi Carnot seinerzeit der Ansicht, daß in der Natur eine konstante Wärmemenge vorhanden ist, die nur von einem Niveau zum anderen übergeht. Doch bald darauf zeigte ein anderer Forscher, Joule, mit Hilfe von Experimenten, daß Wärme durch Verrichtung von Arbeit neu entstehen kann. Beide Behauptungen standen in klarem Widerspruch zueinander. Die Versuche, diesen Widerspruch zu lösen, führten letztlich zur Schaffung der modernen Thermodynamik, der Wissenschaft von den Wärmeprozessen.
Es ist bekannt, daß Widersprüche und Paradoxa, die im Rahmen der klassischen Physik nicht lösbar waren, zur Schaffung der Relativitätstheorie und später der Quantenmechanik führten. Mit der Überwindung recht wesentlicher Paradoxa ist auch die Herausbildung der modernen Vorstellungen vom Aufbau des Universums unmittelbar verbunden.
Mit paradoxen Erscheinungen wurde auch die moderne Astrophysik konfrontiert. In den letzten Jahren wurden in den Tiefen des Universums eine ganze Reihe von ungewöhnlichen Objekten und Erscheinungen entdeckt: kosmische Hintergrundstrahlung, die die Theorie bestätigt, daß unsere Metagalaxis im Ergebnis eines explosionsartigen Zerfalls eines superdichten Klumpens heißen Plasmas entstanden ist; Quasare, die ungeheure Energien abstrahlen; Quellen von Impulsstrahlung, die Pulsare, die sich hypothetisch als Neutronensterne erklären lassen; Explosionsprozesse in Galaxienkernen; Röntgensterne; die Radiostrahlung des kosmischen Hydroxyls OH und viele andere.
Es ist gut möglich, daß diese Überraschungen des Universums die Notwendigkeit signalisieren, unsere Vorstellungen über die Materie und das Weltgebäude zu „vervollkommnen". Es wäre jedoch viel zu früh, zu behaupten, daß die neuen astronomischen Entdeckungen unbedingt zur nächsten Revolution in der Physik führen müssen.
„Die Mehrzahl der Astrophysiker ist der Ansicht", schreibt der sowjetische Physiker W. L. Ginsburg, „daß die Möglichkeit, die ungewöhnlichen Erscheinungen im Universum auch ohne wesentlich neue Vorstellungen zu erklären, durchaus nicht ausgeschlossen ist ... Andererseits sind gerade die Galaxienkerne und die Quasare diejenigen Objekte, bei denen man am ehesten eine Abweichung von den bekannten physikalischen Gesetzen vermuten kann ..." Widersprüche und Paradoxa können in der Wissenschaft auch eine bescheidenere Rolle spielen. Sie können

helfen, eine Erscheinung klarer zu sehen, sich in der Mannigfaltigkeit der inneren Zusammenhänge des einen oder anderen Prozesses zurechtzufinden, richtige Vorstellungen über die Methoden der wissenschaftlichen Erkenntnis der Natur zu erhalten.
Es ist also nützlich, von einer ungewohnten Seite auf einige Erscheinungen der uns umgebenden Welt zu schauen und sich zu bemühen, sie nicht durch das Prisma unserer gewohnten Vorstellungen zu sehen.
Ungewollt fallen einem die Worte des amerikanischen utopischen Schriftstellers Robert Sheckley ein: „... Man kann ausnahmslos alles von innen nach außen und ins eigene Gegenteil verkehren. Wenn man von dieser Annahme ausgeht, lassen sich viele unterhaltsame Spiele durchführen ..."
Es lohnt sich hinzuzufügen: Nicht nur unterhaltsame, sondern auch nützliche. Und nicht nur für den Astronomen, Physiker oder Chemiker, sondern für jeden Spezialisten auf seinem Schaffensgebiet: Schriftsteller, Künstler, Ingenieure und überhaupt für jeden interessierten Menschen.
Als man einen bekannten Konstrukteur fragte, welche Eigenschaften seiner Meinung nach ein guter Ingenieur haben müsse, antwortete er fast wie Sheckley: „Ein wirklicher Ingenieur muß eine Erscheinung nicht nur gut verstehen, er muß sie auch ins Gegenteil verkehren können."
Es reicht nicht aus, irgendeine Erscheinung nach dem Lehrbuch zu lernen, die entsprechenden Gesetze zu pauken und sich die mathematischen Formeln auswendig zu merken. Man muß an eine Sache von verschiedenen Seiten herangehen können, muß sich vorstellen können, was passiert, wenn sie auf nicht ganz gewöhnliche Art und Weise abläuft. Die Hauptsache ist, für die Erkenntnis bereit zu sein, daß sie auch anders ablaufen k a n n, als wir es erwarten.
Der hervorragende zeitgenössische Physiker R. Feynman schreibt in seinem Buch „Der Charakter physikalischer Gesetze": „... Ein Philosoph sagte einmal: ‚Für die eigentliche Existenz der Wissenschaft ist es unbedingt notwendig, daß man unter ein und denselben Bedingungen auch immer ein und dieselben Ergebnisse erhält.' Aber sie werden ja nicht erhalten. Man kann alle Bedingungen genau wiederholen, und trotzdem läßt sich nicht vorhersagen, in welcher Öffnung das Elektron beobachtet wird. Ungeachtet dessen lebt die Wissenschaft, wenn man auch unter den gleichen Bedingungen nicht immer die gleichen Resultate erhält ... Deshalb sind in Wirklichkeit für die ‚eigentliche Existenz' der Wissenschaft helle Köpfe unbedingt notwendig, die von der

Natur nicht fordern, daß sie irgendwelchen vorher festgelegten Bedingungen genügt ..."

Die Aufgabe dieses Buches soll es sein, mit dem Ungewöhnlichen in der modernen Astronomie bekanntzumachen. Einerseits sind dies neue Tatsachen, ungewöhnliche vom Standpunkt der bisherigen traditionellen Vorstellungen aus, andererseits ist es die Betrachtung bekannter Tatsachen unter einem ungewöhnlichen Blickwinkel. Ein Teil des Buches ist originellen hypothetischen Vermutungen und sogar einigen Diskussionsfragen der modernen Wissenschaft über das Universum gewidmet.

Die moderne Wissenschaft, und die Astronomie im besonderen, dringt mutig ins Unbekannte vor. Und ebenso wie in unserer Zeit die Grenze zwischen entlegenen theoretischen Konstruktionen und praktischen Anwendungen verschwindet, verschwindet auch die Grenze zwischen Wissenschaft und Utopie. Einerseits verhält sich die moderne Wissenschaft recht tolerant und aufmerksam zu den verblüffendsten und phantastischsten Hypothesen. Andererseits ist die wissenschaftliche Utopie eine Arena, in der man doch freier als in der „offiziellen" Wissenschaft die unwahrscheinlichsten Ideen, soweit sie einen rationalen Kern enthalten, äußern und diskutieren kann. Es kann gerade dieser Umstand sein, der heute nicht nur Schriftsteller, sondern auch viele Berufswissenschaftler in die Sphäre der wissenschaftlich-utopischen Literatur zieht. Schließlich macht die wissenschaftliche Utopie viele Probleme durchsichtiger und deutlicher und damit dem Verständnis zugänglicher.

Beim Vorstellen der härtesten Probleme der modernen Wissenschaft über das Universum werden wir auch die wissenschaftliche Utopie zu Hilfe nehmen.

Die Welt, in die das Buch einführt, ist in erster Linie die astronomische Welt. Doch an ihrer Grenze liegen auch andere Wissenschaften: Physik, Mathematik, Biologie, Chemie ... Eine der charakteristischen Eigenschaften der modernen Wissenschaft ist die große Zahl von Grenzproblemen.

Ehe wir uns auf den Weg machen, wollen wir noch einen passenden Abschnitt aus einer Erzählung Sheckleys einfügen: „Es ist durchaus möglich, daß in einer entstellten Welt nichts mit dir passiert. Sich darauf zu verlassen wäre unklug. Ebenso unklug wäre es, nicht darauf vorbereitet zu sein ... Es ist möglich, daß diese Bemerkungen über die verdrehte Welt nichts mit der entstellten Welt selbst zu tun haben. Der Reisende aber ist gewarnt."

Das Buch, das Sie nun lesen wollen, ist durchaus keine systematische Darstellung der modernen Astronomie oder einer ihrer

Teile, keine unterhaltsame Variante einer systematischen Abhandlung der astronomischen Wissenschaft. In ihm werden nur einzelne Fragen behandelt, die irgendwie mit der Untersuchung des Universums zusammenhängen und in dem oben schon genannten Sinne interessant und unterhaltsam sind.
Der Autor war bemüht, möglichst selten zu Rechnungen und Formeln zu greifen. Er sah seine Hauptaufgabe mehr darin, dem Leser – ohne auf Strenge der Darstellung Wert zu legen – vor allem die qualitative Seite der Erscheinungen und die Besonderheiten ihrer Erforschung aufzuzeigen.

Alles beginnt mit der Verneinung

Wie merkwürdig es auch scheinen mag, die gute Hälfte wissenschaftlicher Entdeckungen beginnt mit der Verneinung.
Negatives und Positives scheinen einander ausschließende Extrema zu sein. Aber ist es tatsächlich so? Entsteht nicht in einigen Fällen Positives aus Negativem? Und ist die Rolle des „Negativen" speziell in der Wissenschaft so „negativ"? Könnte sie nicht eher als „positiv" bezeichnet werden? Hinter diesem scheinbaren Wortspiel verbergen sich ernste Dinge.
Jede beliebige wissenschaftliche Theorie hat ihre Grenzen. Sie hat einen bestimmten Kreis von Erscheinungen und Bedingungen, den sie hinreichend gut beschreibt, hat ihre Grenzen der Anwendbarkeit. Jede Theorie ist notwendig begrenzt und nicht in der Lage, alle Erscheinungen der unendlich vielfältigen Natur zu beschreiben. Zwar gibt es einen Standpunkt, nach dem man die ganze Mannigfaltigkeit der Prozesse in der Welt im Prinzip durch eine endliche Zahl fundamentaler Gesetze beschreiben kann. Die Berechtigung einer derartigen Behauptung ruft jedoch ernste Zweifel hervor. Auf jeden Fall ist sie bis heute noch durch nichts bewiesen. Die Geschichte der Naturwissenschaft zeigt eher das Gegenteil.
Jede Theorie, auch die allgemeinste, hat also ihre Grenzen, und früher oder später werden Tatsachen festgestellt, die außerhalb dieser Grenzen liegen. Es kommt zur Verneinung der bestehenden Vorstellungen. Mit dieser Verneinung beginnt die Schaffung einer neuen, allgemeinen Theorie.
Man darf sich die Sache nicht so vorstellen, als würde die neue Theorie nun einfach alles verwerfen, was vorher war. Im Gegenteil, sie nimmt alles bisher Erreichte als einen Spezialfall oder Grenzfall in sich auf. Auf dem Gebiet, auf dem die ehemalige Theorie durch Beobachtungstatsachen belegt ist, behält sie in vollem Umfang ihre Bedeutung. Darin besteht der Inhalt des

„Korrespondenzprinzips", einer der fundamentalen Thesen der modernen Physik.

Die frühere Theorie wird nicht nur nicht abgeschafft, ihre Bedeutung wächst im Gegenteil um ein Mehrfaches. Erstens werden ihre Aussagen jetzt in genauer umrissenen Grenzen angewendet, was ihre Zuverlässigkeit erhöht. Und zweitens verstärkt sich ihre Bedeutung nicht nur durch ihr eigenes „Verdienst", sondern auch durch das Verdienst der allgemeinen Theorie, deren Spezialfall sie jetzt geworden ist.

Somit wird beim Erscheinen einer neuen Theorie nicht etwa das frühere Wissen negiert, verneint werden nur die früheren „Irrtümer".

Zum Beispiel war man in der Epoche der klassischen Physik der Ansicht, daß die Gesetze der Mechanik auf ausnahmslos alle Naturerscheinungen anwendbar sind. Das war ein Irrtum. Gerade gegen ihn und keinesfalls gegen die Newtonsche Mechanik richtete die Relativitätstheorie ihren Schlag. Was die klassische Mechanik selbst betrifft, so ergab sie sich aus der Relativitätstheorie als Spezialfall für die Geschwindigkeiten, die sehr viel kleiner als die Lichtgeschwindigkeit sind, sowie für nicht allzu große Massen. Hierdurch hat die Mechanik nicht nur ihre Bedeutung nicht verloren, sie wurde im Gegenteil unvergleichlich zuverlässiger.

Auf diese Art und Weise beginnt der wesentliche Fortschritt einer wissenschaftlichen Theorie mit der Negation.

Nicht zufällig wird besonders intensiv in solchen Richtungen nach neuen Beobachtungstatsachen gesucht, in denen man gute Gründe hat, speziell neue Informationen zu erhalten.

„Die Experimentatoren suchen am eifrigsten dort, wo man unsere Theorien am wahrscheinlichsten widerlegen kann", behauptete R. Feynman. „Mit anderen Worten, wir versuchen uns möglichst schnell selbst zu widerlegen, denn das ist der einzige Weg zum Fortschritt."

Jeder Negation aber geht ein Zweifel voraus. „Der Zweifel ist eine notwendige Komponente der sich entwickelnden Wissenschaft", sagt der gleiche Feynman, „ist eine der Voraussetzungen des wissenschaftlichen Wissens: Entweder wir lassen die Tür für unsere Zweifel offen, oder es wird keinen Fortschritt geben. Keine Erkenntnis ohne Frage, keine Frage ohne Zweifel ..."

Das heißt: Neue Beobachtungen – Zweifel – Negation der gewohnten Vorstellungen – die Erarbeitung verallgemeinerter theoretischer Vorstellungen – das ist die Generallinie des wissenschaftlichen Fortschritts. Und die Negation ist einer der ersten Knotenpunkte auf diesem Weg.

Auf diese Weise spielen Beobachtungstatsachen, die den bestehenden Vorstellungen widersprechen, keine zerstörende, sondern vielmehr eine konstruktive Rolle. Sie führen zur Verallgemeinerung und Vertiefung dieser Vorstellungen.

Die Astronomie der letzten Jahrzehnte ist besonders reich an Entdeckungen neuer Fakten. Dies hat sie insbesondere der Vervollkommnung der Teleskope und der Entwicklung neuer effektiver Methoden zur Erforschung des Weltalls zu verdanken. Hierzu gehört die Radioastronomie, die Infrarot-, Ultraviolett-, Röntgen- und Gammaastronomie, aber ebenso auch die Entwicklung der Kosmonautik und die Anwendung verschiedener Raumsonden für astronomische Beobachtungen.

Eine nicht unwichtige Rolle spielt der Umstand, daß der Kosmos vor unseren Augen zu einem Lieferanten sehr wertvoller wissenschaftlicher Informationen wird, deren Bedeutung weit über den Rahmen rein astronomischer Interessen hinausgeht.

In den unermeßlichen Weiten des Universums laufen Prozesse ab, die auf der Erde nicht auftreten und die wir deshalb nicht kennen: unzählige Existenzformen der Materie, dem Menschen unbekannte Energiequellen, ungewöhnliche physikalische Bedingungen ...

Die moderne Physik hat einen derartigen Entwicklungsstand erreicht, daß fast jeder Schritt vorwärts recht schwierige und detaillierte Experimente fordert, zu deren Durchführung immer mächtigere Anlagen notwendig werden. Ihr Bau dauert Jahre und erfordert erhebliche Aufwendungen. Nicht nur darum handelt es sich aber. In der Regel stellen moderne experimentalphysikalische Untersuchungen in der Mehrzahl der Fälle die experimentelle Überprüfung der einen oder anderen Schlußfolgerungen der Theorie dar. Die Möglichkeiten, im Experiment auf unvorhergesehene, völlig unerwartete Erscheinungen zu stoßen, werden mit jedem Jahr geringer. Die Zeiten der „freien" experimentalphysikalischen Suche wie in der „guten" alten klassischen Epoche sind praktisch längst vorbei.

Einen anderen Charakter trägt die Suche im unendlich vielfältigen Laboratorium des Universums, wo immer die Möglichkeit besteht, etwas Unbekanntes zu entdecken. Es versteht sich, daß auch hier viel von den technischen Mitteln abhängt, denn wir können noch nicht alle kosmischen Erscheinungen beobachten. Aber auch theoretische Voraussetzungen sind erforderlich. Ohne sie würde man neuartigen Erscheinungen vielleicht keine Beachtung schenken.

Man darf natürlich nicht denken, daß den Physikern auf der Erde nichts zu tun bleibt und es nur das eine Ziel gibt, alle Anstrengun-

gen auf die Erforschung der kosmischen Erscheinungen zu richten. Irdische und kosmische Physik müssen einander ergänzen. Auf jeden Fall kann in der jetzigen Etappe der Entwicklung der Naturwissenschaften das Universum in nächster Zukunft zu einem sehr wichtigen Lieferanten wertvollster Information werden, die eine bedeutende Erweiterung unserer Vorstellungen über den physikalischen Bau der Welt ermöglichen wird.
Doch es ist durchaus nicht einfach, neue Beobachtungen im Laboratorium des Universums zu erhalten. Der erste Grund ist der, daß die kosmischen Objekte gewaltige Abstände von der Erde haben. Es gibt auch andere Schwierigkeiten.

„Schwarze Kästen" im Kosmos

In der Kybernetik betrachtet man folgende Aufgabe. Gegeben sei ein Objekt, dessen innerer Aufbau uns nicht bekannt ist. Man nennt es „Black Box" („schwarzer Kasten"). Doch dieses Objekt hat „Ausgänge" und „Eingänge". Durch die „Eingänge" treten die äußeren Einwirkungen ein, auf die das Objekt mit bestimmten Reaktionen antwortet.
Die Aufgabe besteht nun darin, ohne die Black Box zu „öffnen", also nur anhand des Charakters der Eingangs- und Ausgangssignale, sich eine Vorstellung von ihrem inneren Aufbau zu bilden.
Stellen Sie sich vor, Sie würden weder Aufbau noch Wirkungsweise ihres Rundfunkgerätes kennen. Bekannt ist nur, daß auf den „Eingang" elektrische Signale von der Antenne gegeben werden und wir am „Ausgang", dem Lautsprecher, den Ton hören: eine Stimme, Musik, Gesang. Und mit Hilfe dieser „Eingangs"- und „Ausgangs"-Daten soll eine Vorstellung vom Aufbau der Black Box, dem Rundfunkgerät, gewonnen werden.
Im Prinzip gibt es zwei Wege zur Lösung dieser Aufgabe. Man kann die von der Antenne kommenden Signale aufnehmen und sie mit dem vergleichen, was am „Ausgang" vor sich geht. Das ist der Weg der Beobachtungen. Es gibt jedoch noch eine andere, aktivere Möglichkeit. Man gibt selbst verschiedene Signale auf den „Eingang" und beobachtet, was am „Ausgang" geschieht.
Offensichtlich ist der zweite Weg effektiver. Insbesondere eröffnet er die Möglichkeit der operativen Kontrolle der entstehenden Hypothesen und Vermutungen über den „Aufbau" der Black Box. Durch Untersuchung der Regeln, die den „Eingang" mit dem „Ausgang" verbinden, kann man im Prinzip ein Modell konstruieren, das den Aufbau des schwarzen Kastens hinreichend

genau erklärt. Die Astrophysiker lösen ähnliche Aufgaben. Die meisten kosmischen Objekte sind schwarze Kästen. Ihren inneren Aufbau, d. h. die in ihnen ablaufenden physikalischen Gesetze, kann man nur nach den äußeren Erscheinungen untersuchen.
Die Lage der Astronomen wird jedoch durch mindestens zwei Umstände erschwert. Erstens haben sie keine Möglichkeit, zu experimentieren, sondern können nur beobachten. Zweitens besitzen die meisten kosmischen Black Boxes keine „Eingänge". Zumindest kennen wir diese „Eingänge" heute nicht. Wir kennen beispielsweise keine solchen äußeren Einwirkungen, die den Ablauf der physikalischen Prozesse auf der Sonne ändern könnten. Es existiert zwar eine extravagante Hypothese von E. Brown, nach der die periodischen Schwankungen der Sonnenaktivität mit Gezeitenstörungen durch die Planeten zusammenhängen, doch dies ist bisher nur eine Vermutung. Übrigens gibt es unter den kosmischen Objekten auch solche, bei denen die äußeren Einflüsse eine wesentliche Rolle spielen. So wurden unter den sog. Doppelsternen interessante Phänomene entdeckt. Doppelsterne sind zwei Sterne, die sich um ihren gemeinsamen Schwerpunkt bewegen. Wenn einer dieser Sterne hinreichend massiv ist und ein starkes Gravitationsfeld besitzt, so muß laut den Erkenntnissen der modernen Astrophysik Materie des zweiten „normalen" Sterns zu dem massiven Stern überfließen. Solch ein Prozeß kann die Rolle eines „Eingangssignals" spielen, das auf den Zustand des massiven Sterns einen merklichen Einfluß ausübt.
Auch solche Himmelskörper wie Planeten und Kometen besitzen bestimmte „Eingänge". Für die Planeten ist das z. B. die Wirkung der Sonnenaktivität, für die Kometen sind es die sichtbare und die Wärmestrahlung der Sonne, der Sonnenwind und die Anziehung der Riesenplaneten.
Bei der Untersuchung der Sonne haben die heutigen Astronomen jedoch praktisch nur eine reale Möglichkeit, nämlich die Erscheinungen zu registrieren, die in ihren äußeren Schichten vor sich gehen. Dies sind dann auch die „Ausgänge" der Black Box Sonne.

Traue deinen Augen nicht

Eine andere Schwierigkeit, auf die die Erforscher des Universums stoßen, ist nicht nur für die Astronomie charakteristisch, sondern auch für solche Wissenschaften wie, sagen wir, Physik und Mathematik. Es handelt sich dabei um das Verhältnis unserer anschaulichen Vorstellungen zur Wirklichkeit.

Die ganze Erfahrung der Erkenntnis der Natur und speziell die Geschichte der Astronomie beweisen überzeugend, daß die „Anschaulichkeit" ein recht unzuverlässiger Ratgeber bei der Lösung wissenschaftlicher Fragen ist. Die alten Philosophen argumentierten z. B. so. Stellen wir uns vor, das Universum hätte einen Rand und der Mensch hätte diesen Rand erreicht. Er brauchte jedoch nur die Hand auszustrecken, und sie wäre jenseits der Grenze des Universums. Doch dadurch dehnt sich der Bereich der materiellen Welt um eine gewisse Entfernung aus. Dann könnte man sich dieser neuen Grenze nähern und die gleiche Operation noch einmal wiederholen. Und das ohne Ende ... Das bedeutet, daß das Universum unendlich ist.
„Das Universum hat nach keiner Seite ein Ende, weil es sonst zweifellos eine Grenze hätte", schrieb Lucretius Carus in seinem Gedicht „De rerum Natura" („Von der Natur der Dinge").
Doch leider können ähnliche Argumentationen keine Grundlage für wirkliche wissenschaftliche Schlußfolgerungen sein. Wir können uns vieles nicht vorstellen, doch das beweist an und für sich noch nichts. Der Gedankengang von Lucretius ist zwar äußerlich logisch, stützt sich aber in Wirklichkeit auf die Vorstellungen, an die wir auf der Erde gewöhnt sind. Dabei wird stillschweigend vorausgesetzt, daß sie immer und überall gelten.
Man erinnere sich beispielsweise an die Einwände, die seinerzeit die Idee einer Weltumsegelung von Magellan hervorrief. Seine Gegner appellierten gerade an die Anschaulichkeit. „Wie kann man denn", riefen sie, „wenn man sich immer in einer Richtung entlang einer Geraden bewegt, an den gleichen Punkt zurückkehren?" Die Möglichkeit eines solchen Ergebnisses widersprach den allgemein anerkannten alltäglichen Vorstellungen. Doch, wie bekannt, bestätigte die Wirklichkeit Magellans Vermutung.
Auf ähnliche Einwände stieß die Idee der Antipoden: Wenn die Erde rund ist, wie können dann Menschen auf der entgegengesetzten Seite leben? Sie müßten ja ständig mit dem Kopf nach unten laufen ...
Bei astronomischen Beobachtungen versagt die Anschaulichkeit buchstäblich auf Schritt und Tritt. Täglich sehen wir z. B., wie sich tagsüber die Sonne und nachts Mond und Sterne von Osten nach Westen bewegen. Der Augenschein sagt uns, daß die Erde unbeweglich ist und sich die Himmelskörper um sie drehen. Dieser Ansicht waren auch die Menschen im Altertum, wobei sie die scheinbare Bewegung als wirkliche betrachteten. Heute weiß schon jedes Schulkind, daß die tägliche Bewegung

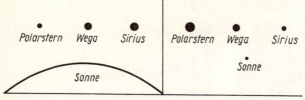

Abb. 1. Abhängigkeit der scheinbaren Helligkeit der Sterne vom Abstand

der Himmelskörper nur die Eigendrehung der Erde widerspiegelt.

Die sichtbaren Bewegungen, die die Planeten gegenüber den Fixsternen in langen Zeiträumen vollführen, sind ziemlich verwickelt. Einmal bewegen sich die Planeten von Westen nach Osten, dann bleiben sie wieder plötzlich stehen und beginnen sich in die umgekehrte Richtung zu bewegen, nach Westen. Und dann streben sie plötzlich wieder nach Osten, wobei sie am Himmel eigentümliche Schleifen vollführen.

Tatsächlich bewegen sie sich jedoch nur scheinbar in Schleifen. Die Schleifenbewegung tritt nur deshalb auf, weil wir die Planeten von der Erde aus beobachten und die Erde selbst um die Sonne kreist. Kopernikus hat nicht nur die Natur dieser Erscheinung verstanden, sondern auch ein wichtiges methodologisches Prinzip in die Naturwissenschaft eingeführt: Die Welt kann anders sein, als wir sie direkt beobachten. Gerade deshalb besteht die Aufgabe der Wissenschaft darin, das wahre Wesen der Dinge aufzudecken, das unter ihrem äußeren Anschein verborgen ist.

Dieses Prinzip lag nicht nur dem von Kopernikus ausgearbeiteten heliozentrischen Weltbild zugrunde, sondern wurde seinem Wesen nach zum Fundament der gesamten modernen Naturwissenschaft.

Ein weiteres Beispiel illustriert anschaulich das kopernikanische Prinzip. Die Sonne erscheint uns am Himmel als verhältnismäßig kleine Scheibe, etwa ebenso groß wie die Mondscheibe. Das ist allerdings nur eine Sinnestäuschung, die sich dadurch ergibt, daß die Sonne 400mal so weit von der Erde entfernt ist wie unser Mond. Würden wir die Sonne von der Umlaufbahn des Pluto, des äußersten Planeten des Sonnensystems, aus beobachten, so würde sie uns punktförmig erscheinen.

Und die Sterne? Wir sehen sie sogar bei Beobachtungen mit den stärksten Teleskopen als Punkte. Und unter ihnen sind Giganten mit millionen- und milliardenmal größerem Volumen als unsere Sonne. Alles liegt an den ungeheuren Entfernungen.

Abb. 2. Fotografie des Planeten Venus

Die Entfernungen bringen auch Korrekturen in der von uns beobachteten Helligkeit der Sterne mit sich. Die einen Sterne erscheinen uns heller, die anderen weniger hell. Doch dies sagt noch nichts über die Lichtmenge aus, die sie in Wirklichkeit ausstrahlen. Betrachten wir ein Beispiel. Wir nehmen vier allen bekannte Sterne: Die Sonne, unseren hellsten Stern, den Sirius, den hellsten Stern am Nachthimmel, die Wega im Sternbild Lyra, die etwa viermal schwächer als der Sirius ist, und den Polarstern, der sechsmal schwächer als die Wega und damit der schwächste unter diesen vier Gestirnen ist.
Könnten wir jedoch diese vier Sterne in die gleiche Entfernung von der Erde bringen, so müßten wir eine vollständige „Umbewertung" vornehmen. An erster Stelle stünde der Polarstern; Wega und Sirius würden ihre Plätze vertauschen, und die Sonne käme zu allerletzt ... Im allgemeinen kann der äußere Anblick eines Himmelskörpers sehr täuschen. Nehmen wir den Mond. Die Poeten rühmen unseren kleinen kosmischen Begleiter schon von alters her als silbern. In klaren Nächten werfen bei Vollmond die Gegenstände auf der Erde sehr deutliche Schatten ... In Wirklichkeit werden an der Mondoberfläche nur etwa 7% des auftreffenden Sonnenlichts reflektiert.
Auf der Erde bezeichnen wir einen Körper, der weniger als ein Zehntel der einfallenden Lichtstrahlen reflektiert, normalerweise als schwarz oder auf jeden Fall als dunkelgrau.
Und tatsächlich ist die Mondoberfläche dunkel. Das zeigen Fernsehbilder, die von sowjetischen und amerikanischen automatischen Stationen vom Mond übermittelt wurden. Das bestätigen auch die Beobachtungen der amerikanischen Kosmonauten. Der

Gerechtigkeit halber muß man hinzufügen, daß nicht alle Mondgesteine schwarz sind; es gibt auch gelbe und braune. Außerdem hängt die Farbe der Mondoberfläche sehr vom Einfallswinkel der Sonnenstrahlen ab. Nebenbei bemerkt ist die objektiv gemessene Farbe des Mondes dunkelgelb.

Warum scheint uns aber bei all dem der Mond am Erdhimmel als helles Gestirn? Der Grund ist der Kontrast zu dem ihn umgebenden schwarzen Hintergrund des Nachthimmels.

Und noch eine astronomische Täuschung. Jeder hat natürlich schon oft die schöne Venus, den „Morgen"- oder „Abendstern", am Himmel beobachtet. Man sieht sie als auffallenden hellen Punkt beim Aufgang oder Untergang ... Doch schauen wir uns die Venus durch das Teleskop an. Meist erblicken wir eine Sichel, die an unseren zunehmenden Mond erinnert.

Anders kann es aber auch nicht sein. In der Zeit, in der die Venus sichtbar ist, liegt sie neben der Verbindungslinie von Erde und Sonne. Deshalb können wir unter keinen Umständen die g a n z e von der Sonne beschienene Hälfte des Planeten sehen. Das ist nur in dem Fall möglich, wenn sich die Venus auf der gegenüberliegenden Seite von der Sonne befindet. Doch dann verliert sie sich in deren hellen Strahlen, und wir können sie überhaupt nicht beobachten.

Die Venus erscheint uns nur deshalb als Stern, weil unser Auge wegen der großen Entfernung nicht in der Lage ist, die wirklichen Konturen der Venussichel zu unterscheiden.

Sinnestäuschungen können auch bei Fernrohrbeobachtungen entstehen. Eines der treffendsten Beispiele ist die Geschichte der Marskanäle. Während der zeitweiligen Annäherung von Mars und Erde im Jahre 1877 bemerkte der italienische Astronom Schiaparelli, als er sein Fernrohr auf den Mars richtete, ein feines Netz von Linien, die die Oberfläche des Planeten in verschiedenen Richtungen durchzogen. So entstand das Rätsel von den Marskanälen, das eine Vielzahl phantastischer Hypothesen über eine hohe Zivilisation, die angeblich auf dem geheimnisvollen rötlichen Planeten existieren soll, hervorgebracht hat.

Viele Astronomen behaupten jedoch, daß es keine Kanäle auf dem Mars gäbe, daß die berüchtigten Kanäle nur eine optische Täuschung seien, die bei den Beobachtungen mit dem Fernrohr entstand. In Wirklichkeit, meinten sie, gäbe es auf dem Mars eine Vielzahl verschiedener Details. Doch wegen der gewaltigen Entfernung verschwimmen sie für unser Auge zu kontinuierlichen Linien.

Etwas Ähnliches beobachten wir, wenn wir auf den Bildschirm eines Fernsehers schauen. Bekanntlich besteht ein Fernsehbild

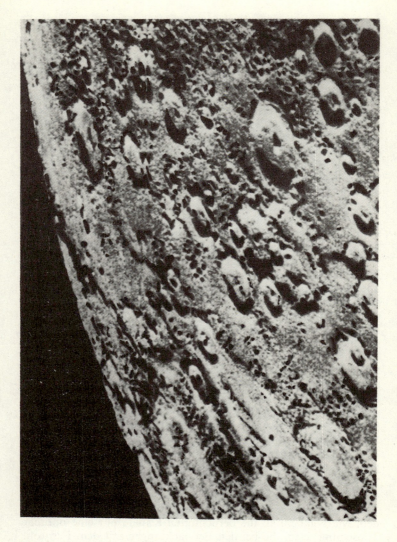

Abb. 3. Randgebiete des Merkurs aus 77 000 km Entfernung, aufgenommen von Mariner-10 am 29. März 1974

aus einigen hundert Zeilen, die ein Elektronenstrahl nacheinander aufzeichnet. Wenn man nahe an einen Fernseher herangeht, besonders an einen Fernseher mit einem großen Bildschirm, so sind die Zeilen deutlich zu sehen. Doch man braucht nur genügend weit vom Bildschirm wegzugehen: Unser Auge unterscheidet dann die einzelnen Zeilen nicht mehr, sie verschmelzen zu einer einheitlichen, stetigen Abbildung.

Um zu zeigen, daß die Marskanäle eine Sinnestäuschung sind, führten einige Wissenschaftler interessante Experimente durch. Sie versammelten Leute, die weder vom Mars noch vom Problem der Marskanäle etwas gehört hatten, zu einem hinreichend großen Auditorium, und hängten vor sie spezielle Zeichnungen an die Wand, auf denen ungeordnet alle möglichen Flecke und Punkte verstreut waren. Dann bat man die Anwesenden, die Bilder abzuzeichnen.

Es zeigte sich, daß die Ergebnisse derartiger Versuche sehr aufschlußreich waren. Die Versuchspersonen, die in den vorderen Reihen saßen und das Original gut sehen konnten, gaben es hinreichend genau wieder, ohne irgendwelche Zusätze. Doch diejenigen, die weiter weg saßen, zeichneten Linien, die nicht auf dem Original waren. Sie zeichneten sie deshalb, weil sie in der großen Entfernung einzelne Details nicht genau unterscheiden konnten und sie ihnen als durchgehende Linien erschienen.

Die Zeit hat bewiesen, daß die Ergebnisse derartiger Experimente den wahren Sachverhalt richtig wiedergeben. Raumsonden, die Fernsehbilder von der Marsoberfläche aus kurzer Entfernung übermittelten, haben keinerlei Kanäle entdeckt. Gerade an den Stellen, an denen auf den üblichen astronomischen Darstellungen vom Mars „Kanäle" auf der Planetenoberfläche sichtbar waren, zeigten sich Ketten kleiner Krater und anderer unbedeutender Details.

Häufig steht die Unbestimmtheit astronomischer Untersuchungen damit in Zusammenhang, daß es bei weitem nicht immer gelingt, die Entfernung dieses oder jenes kosmischen Objekts sicher zu bestimmen. Mehrere Objekte, die am Himmel am gleichen Ort stehen, können sich tatsächlich in ganz unterschiedlichen Entfernungen von der Erde befinden. Folglich haben sie auch unterschiedliche Entfernungen zueinander.

Vor einigen Jahren teilten amerikanische Astronomen mit, daß sie im Zentralgebiet unserer Galaxis isolierte Gaswolken gefunden hätten. Der Bewegungscharakter dieser Gasverdichtungen konnte als Hinweis darauf interpretiert werden, daß sich im Zentrum der Galaxis ein kompakter massiver Körper befindet. Spätere Beobachtungen, die mit dem größten sowjetischen Radioteleskop RATAN-600 durchgeführt wurden, zeigten jedoch, daß die erwähnten Verdichtungen wahrscheinlich nicht zu unserer Galaxis

gehören, sondern nur zufällig auf ihren zentralen Teil projiziert werden.
Durch einen weiteren Umstand können Unsicherheiten erzeugt werden: Elektromagnetische Strahlung mit ungefähr gleichen Eigenschaften kann durch unterschiedliche physikalische Prozesse im Kosmos generiert werden.
Wahrscheinlich könnte man noch eine große Anzahl von Beispielen und Überlegungen anführen, die davon zeugen, daß die Erforscher des Universums kein Recht haben, unmittelbaren Eindrücken zu glauben oder übereilte Schlüsse zu ziehen. Dies gilt besonders dann, wenn komplizierte und unklare kosmische Prozesse untersucht werden. Zwischen dem physikalischen Prozeß, der irgendwo im Weltall abläuft, und den Schlußfolgerungen der Wissenschaftler, die diesen Prozeß auf der Erde beobachten, liegt nämlich eine Kette aus sehr vielen Gliedern. Bei jedem Übergang von einem dieser Glieder zum folgenden sind Ungenauigkeiten und unrichtige Schlußfolgerungen möglich. Und es gibt keine Möglichkeit, etwas direkt zu überprüfen, wie man es beispielsweise in der Physik oder Biologie tut.
Außerdem ist die Anzeige eines beliebigen bei der astronomischen Forschung angewandten Meßgerätes, seien es der Ausschlag eines Zeigers oder die Schwärzung einer Fotoplatte, für sich selbst genommen, noch keine wissenschaftliche Tatsache. Die Anzeige eines Gerätes muß erst interpretiert werden, um zu einer wissenschaftlichen Tatsache zu werden. Solch eine Interpretation kann jedoch erst im Rahmen einer bestimmten wissenschaftlichen Theorie erfolgen.
„Das Experiment hat nie den Charakter einer einfachen Tatsache, die man konstatieren kann", unterstrich der bekannte Physiker Louis de Broglie. „Die Beschreibung eines Resultats enthält einen gewissen Teil Interpretation, folglich werden einer Tatsache immer theoretische Vorstellungen beigemengt."
Wenn es in einem Wissenschaftsgebiet zu einem Zeitpunkt konkurrierende theoretische Konzeptionen gibt, können die gleichen Beobachtungsdaten oder experimentelle Ergebnisse vom Standpunkt dieser Konzeptionen aus gänzlich unterschiedliche Deutungen erhalten. Man muß kosmische Erscheinungen unter verschiedenen Gesichtswinkeln betrachten und sie mit unabhängigen Methoden untersuchen, wobei die Resultate miteinander verglichen werden müssen. Nur dann kann man hinreichend zuverlässige Schlüsse über ihre Natur ziehen.
Natürlich betrifft das alles nicht nur die Astronomie, sondern auch jede beliebige andere Wissenschaft. Der Unterschied besteht nur darin, daß diese Frage für den Astronomen sicher eine

besondere Bedeutung hat. War doch jahrhundertelang das Hauptinstrument bei der Erforschung des Himmels das Auge, das Auge des Beobachters. Es war die Quelle allen Wissens, und vieles hing davon ab, ob man ihm ungeteilt glauben konnte oder ob man der mit seiner Hilfe erhaltenen Information in ausreichendem Maße kritisch gegenüberstehen mußte.

Auch Astronomen irren sich

Bei der richtigen Bewertung der Beobachtungen stören die Astronomen nicht nur der allgemeine menschliche Glaube an die Anschaulichkeit, sondern auch ganz gewöhnliche Fehler. Leider kommt keine Wissenschaft, nicht einmal die genaueste, die Mathematik, ohne Fehler aus. Peinliche Flüchtigkeiten und unbemerkte Druckfehler finden sich mit der Zeit in fast jeder wissenschaftlichen Arbeit. Man erzählt, ein Wissenschaftler hätte sich das Ziel gestellt, alle Fehler zu summieren, die die Autoren einiger Dutzend Mathematikbücher gemacht hatten. Er verfaßte zu dieser Frage ein kapitales Werk; doch wie sich herausstellte, machte er dabei selbst einige hundert Fehler.
Es gibt übrigens verschiedene Fehler. Manchmal sind sie die Folge von Nachlässigkeiten, häufiger die Folge begrenzter Kenntnisse, der unzureichenden Untersuchung der einen oder anderen Frage. Es gibt auch unerwartete Fehler, die schwer vorherzusehen sind und die man nicht so leicht entdeckt.
Übrigens sind Fehler, wenn man sie rechtzeitig entdeckt und sich – wie es sich gehört – ihre Ursachen klarmacht, auch lehrreich.
Vor einigen Jahren ging eine interessante Mitteilung um die (astronomische) Welt: Französische Forscher vom Haute-Provence-Observatorium entdeckten im Spektrum des Zwergsterns HD 117042 Emissionslinien von neutralem Kalium. Bis dahin hatte noch niemand in den Spektren solcher Sterne Kalium beobachtet. Und auf den folgenden Spektrogrammen des gleichen Sterns wiederholte sich nichts dergleichen.
Jedoch zwei Jahre später bemerkte man den geheimnisvollen „Kaliumblitz" noch bei einem anderen Zwergstern, bei HD 88230.
Die interessierten Astronomen begannen mit systematischen Untersuchungen, leider aber erfolglos. Möglicherweise wäre die Sache damit auch erledigt gewesen, hätte man nicht 1965 noch ein Aufflammen des Kaliums bei einem dritten Stern beobachtet.
Eine Sensation lag in der Luft. Diesmal handelte es sich

schließlich um einen Stern mit einer Oberflächentemperatur von ungefähr 12 000 K. Wie konnte das Kalium bei einer so gewaltigen Temperatur im neutralen Zustand bleiben?
Rätselhaft war es auch, daß der Kaliumblitz bei allen drei Sternen nur je einmal beobachtet wurde. Auf Spektrogrammen, die nur wenige Stunden später erhalten wurden, fand sich auch nicht eine Spur des geheimnisvollen Kaliums. Doch wie konnte sich die chemische Zusammensetzung der Sternatmosphäre in kurzer Zeit so merklich ändern? Um so mehr, als die Kaliumlinie beim „Aufflammen" recht breit und intensiv war ...
Doch plötzlich gaben drei kalifornische Astronomen bekannt, daß sie eine völlig unerwartete Lösung des Problems gefunden hätten.
Die geheimnisvollen Kaliumlinien, so behaupteten sie, seien kein „Spuk" und keine „Fototäuschung", wie auf den Fotografien der berüchtigten „fliegenden Untertassen", sondern ganz normale Linien von absolut realem Kalium. Nur befand sich das Kalium nicht auf fernen Sternen, sondern unmittelbar in der Nähe, im Raum des Observatoriums selbst, durch den der Lichtstrahl des Sterns hindurchging. Und es gehörte auch nicht zur Zusammensetzung der Sternatmosphäre, sondern zur Zusammensetzung eines ganz gewöhnlichen Streichholzes.
Ja, es genügte, während der Beobachtung neben dem Teleskop ein Streichholz anzuzünden, und schon tauchte auf dem Spektrogramm das Kalium auf. Die amerikanischen Forscher überprüften das in vielfachen Untersuchungen. So tauchte in der Geschichte der Astronomie die „Streichholzhypothese" auf.
Es kann aber sein, daß sich die kalifornischen Forscher auch irren. Unter den drei Beobachtern, die die geheimnisvollen „Kaliumblitze" registriert hatten, gab es nämlich nur zwei Raucher.
Wir wollen noch ein weiteres Beispiel anführen. Der Saturnmond Titan ist der einzige Mond im Sonnensystem, der eine Gashülle besitzt. Als die Astronomen seine chemische Zusammensetzung durch Spektraluntersuchungen bestimmten, kamen sie zu dem Schluß, daß seine Atmosphäre hauptsächlich aus Methan besteht. Auf dieser Grundlage wurden sogar kühne Vermutungen darüber angestellt, ob auf dem Titan organisches Leben existieren könne.
Dann zeigten allerdings die Geräte der automatischen interplanetaren Station Voyager 1, die den Saturn im November 1980 passierte, etwas anderes an. Es stellte sich heraus, daß die Titanatmosphäre zu 93% aus Stickstoff besteht und der Methangehalt 1% nicht übersteigt.

Wie konnten sich die Astronomen so sehr irren?
Der Aufbau der Titanatmosphäre spielte den Astronomen einen bösen Streich. Obwohl der Titandurchmesser nur ungefähr 5000 km beträgt, d. h. 2,5mal kleiner als der Erddurchmesser ist, ist die Ausdehnung der Titanatmosphäre ungefähr 10mal so groß wie die Ausdehnung der atmosphärischen Hülle unseres Planeten. Es stellt sich heraus, daß das Methan im wesentlichen in den obersten Schichten der Titanatmosphäre konzentriert ist. Durch diese „Methanmaske" wurde die tatsächliche Lage verschleiert, wodurch eine irrige Vorstellung von der Zusammensetzung der gesamten atmosphärischen Hülle entstand.

Wider den gesunden Menschenverstand?

Bisher haben wir von Anschaulichkeit im einfachen und unmittelbaren Sinne dieses Wortes gesprochen: „Traue deinen Augen nicht", oder genauer: „Kontrolliere und überprüfe, was du siehst!" Doch damit ist das Problem der Anschaulichkeit in der Wissenschaft durchaus nicht erschöpft. Es hat auch eine andere Seite. Ist Anschaulichkeit eine notwendige Voraussetzung für die Richtigkeit der einen oder anderen wissenschaftlichen Schlußfolgerung? Mit anderen Worten: Wenn die eine oder andere wissenschaftliche Aussage die Wirklichkeit richtig widerspiegelt, bedeutet dies, daß wir uns unbedingt alles vorstellen können, was damit zusammenhängt, und zwar so, daß diese Vorstellungen nicht unserem gesunden Menschenverstand widersprechen?

Zunächst einmal, was ist „gesunder Menschenverstand"? Wir sprachen schon davon, daß die Wirklichkeit immer wesentlich reicher und vielfältiger ist als unsere Vorstellungen von ihr. Wie weit wir auch mit unseren Forschungen vorankommen mögen, in unserem Wissen wird es immer bestimmte Lücken geben. Beliebige wissenschaftliche Theorien haben, wie wir bereits bemerkten, bestimmte Grenzen ihrer Anwendbarkeit. Doch wo diese Grenzen genau liegen, weiß man vorher meist nicht genau. Es ist ganz natürlich, daß Versuche, existierende Vorstellungen über die Grenzen ihrer Anwendbarkeit hinaus anzuwenden, unbedingt zu falschen Resultaten führen. Doch bis zu einer gewissen Zeit werden solche Resultate für Wahrheit gehalten. So entstehen Irrtümer.

Das ist der „gesunde Menschenverstand" einer jeden historischen Epoche: Wissen plus Irrtümer, die als Wissen angesehen werden.

Und wie paradox es auch klingen mag, Irrtümer dieser Art sind nicht nur unumgänglich, sondern auch notwendig. Wissen, das offensichtliche Lücken enthält, läßt sich schwer anwenden, es liefert kein einheitliches Bild der untersuchten Erscheinungen. Diese Lücken werden eben bis zu einem gewissen Zeitpunkt durch Irrtümer ausgefüllt. Somit sind Irrtümer eine bestimmte Art von „zeitweiligem Wissen", genauer „Nichtwissen, das für Wissen gehalten wird".
Es versteht sich, daß wir zwischen dem gesunden Menschenverstand in seiner alltäglichen Bedeutung als Verallgemeinerung der praktischen Erfahrung der Menschheit und dem gesunden Menschenverstand, der durch das Niveau der wissenschaftlichen Kenntnisse bestimmt ist, unterscheiden müssen.
Woraus setzte sich z. B. der gesunde Menschenverstand der Epoche zusammen, in der das erste Weltbild von Aristoteles und Ptolemäus entstand und sich behauptete? Was stand der Wissenschaft dieser Zeit zur Verfügung? Man hatte die Beobachtungen unbeweglicher Sterne, die tägliche Rotation der Himmelskugel und die jährliche schleifenartige Bewegung der Planeten. Das war das Wissen. Doch es reichte nicht für die Erklärung der Ursachen des Beobachteten und zum Aufbau eines logisch vollständigen Weltbildes aus. Im Ergebnis wurde die der Erde sichtbare Bewegung der Himmelskörper unberechtigt verabsolutiert und in den Rang einer „wahren Bewegung" erhoben.
So entstand einer der größten und beständigsten Irrtümer der Menschheit, die Vorstellungen von der zentralen Stellung der Erde im Universum.
Doch dafür gelang es mit Hilfe dieses Irrtums, ein logisches Modell vom Bau der Welt zu schaffen, das nicht nur von einem einheitlichen Standpunkt aus den Charakter der beobachteten Bewegungen der Himmelskörper erklärte, sondern auch gestattete, die künftigen Positionen der Planeten unter den Sternen mit einer für die damalige Zeit ausreichenden Genauigkeit vorauszuberechnen.
Wie wir heute wissen, war das ptolemäische Weltsystem und das Verhältnis zwischen Wissen und Irrtum, das es definierte, nur eine Etappe bei der Erkenntnis der Natur. Doch der Übergang zur nächstfolgenden Etappe forderte nicht nur titanische Anstrengungen von seiten der fortschrittlichen Köpfe der Menschheit, sondern auch die Überwindung schärfsten Widerstandes. Dabei sprechen wir nicht vom Widerstand der Kirche, für die das ptolemäische System das einzig anerkannte war,

sondern von dem Widerstand des gesunden Menschenverstandes der Epoche. Derselbe gesunde Menschenverstand, der die gewohnten Irrtümer in den Rang von Wissen erhebt, zwingt, das neue Wissen als Irrtum zu betrachten.
Doch am Ende setzt sich das neue Wissen doch durch. Bekanntlich wurde das ptolemäische System vom kopernikanischen abgelöst. Mit dem früheren Irrtum, dem Geozentrismus, wurde für immer Schluß gemacht. Doch auch das kopernikanische System enthielt eine ganze Reihe von Irrtümern. Sein Autor war der Ansicht, daß alle Planeten auf strengen Kreisbahnen mit konstanten Winkelgeschwindigkeiten um die Sonne kreisen. Kopernikus glaubte weiter, daß das Universum durch die Sphäre der Fixsterne begrenzt sei.
Der nächste Schritt bei der Erkenntnis der Welt war die Entdeckung der Gesetze der Planetenbewegung um die Sonne durch Kepler. Er zeigte, daß sich die Planeten in Wirklichkeit auf Ellipsen und mit veränderlicher Geschwindigkeit bewegen. Doch bei der Suche nach den Ursachen dieser Bewegung ging Kepler von dem zur damaligen Zeit verbreiteten Irrtum aus, daß zur Aufrechterhaltung einer gleichförmig geradlinigen Bewegung die ständige Wirkung einer Kraft erforderlich sei. Und er suchte im Sonnensystem nach einer Kraft, die die Planeten „vorwärts stoße" und ihnen nicht gestatte anzuhalten.
Bald war es auch mit diesem Irrtum vorbei: Galilei entdeckte das Trägheitsprinzip und Newton die grundlegenden Gesetze der Bewegung sowie das Gesetz der allgemeinen Gravitation. Diese Entdeckungen klärten nicht nur endgültig die Gesetze des Sonnensystems, sondern zerstörten auch die Vorstellung von einer Kugel unbeweglicher Sterne.
Die klassische Physik kam zu dem Schluß, daß alle Körper des Universums in einem unendlichen und unbegrenzten Raum existieren und sich bewegen.
Jedoch brachte die klassische Physik Newtons einen neuen großen Irrtum mit sich, die feste Überzeugung, daß sich ausnahmslos alle Erscheinungen auf rein mechanische Prozesse zurückführen lassen. Wir sprechen schon gar nicht über solche „speziellen" Irrtümer wie die „absolute Zeit", der „absolute Raum" usw.
Alle Fragen des Aufbaus der Welt erscheinen vom Standpunkt der klassischen Physik aus vollkommen klar, unumstößlich und endgültig gelöst, wie übrigens auch fast alle anderen Probleme. Doch auch diesmal erwies sich die erreichte Klarheit als trügerisch und die Wahrheit als viel komplizierter, als man zu Zeiten Newtons meinte. Die zu Anfang unseres Jahrhunderts von

Einstein entwickelte Relativitätstheorie stieß die bereits zur Gewohnheit gewordenen Newtonschen Vorstellungen vom Raum und den geometrischen Eigenschaften des Universums um. Einer der wesentlichsten Verdienste Einsteins war dabei die Herstellung einer tiefen inneren Verbindung zwischen den Eigenschaften der Materie und der Geometrie des Raums. Die neuerliche „Transformation" des gesunden Menschenverstandes ist recht treffend in Gedichtform wiedergegeben:

> Die Dunkelheit umhüllte unsre Welt mit ihrem Schleier,
> da wurde Licht durch das, was Newton einst geleistet.
> Den Satan aber nach Revanche gelüstet,
> und Einstein kam, und alles ward wie früher.

Interessant ist, daß der erste und der zweite Zweizeiler von verschiedenen Autoren stammen und mit einem Abstand von etwa zweihundert Jahren geschrieben wurden. Natürlich ist hieran nur richtig, daß man von den alten Vorstellungen über den Raum abkommen mußte. Das bedeutet aber längst nicht, daß die Relativitätstheorie die Wissenschaft zu den vornewtonschen aristotelischen Zeiten zurückgebracht hat. Die neue Physik war ein ungewöhnlich wichtiger Schritt zu einem noch tieferen Verständnis vom Aufbau der uns umgebenden Welt.

Dieser Prozeß der Veränderung des gesunden Menschenverstandes findet heute ebenfalls statt und wird sich auch künftig fortsetzen, weil auch unsere heutigen Kenntnisse vom Universum in letzter Instanz keineswegs als wahr bezeichnet werden können.

Somit ist der gesunde Menschenverstand in der Wissenschaft eine relative, vorübergehende und dem Wissensstand der jeweiligen Epoche entsprechende Erscheinung. Deshalb müssen die Wissenschaftler in ihrem Kampf um immer tiefere Erkenntnisse der Welt auch eine unausweichliche Auseinandersetzung mit den gewohnten Vorstellungen, mit dem gewohnten gesunden Menschenverstand führen.

Was die Anschaulichkeit betrifft, so kommen wir, je weiter sich die Wissenschaft, insbesondere Physik und Astronomie, entwickelt, immer mehr von dem ab, was man sich sichtbar vorstellen kann. Das mag einem nicht gefallen oder Grund zum Ärger sein, es gibt jedoch keinen Ausweg.

Seltsam ist die Welt der modernen Physik! Es ist eine neue Welt, in der man sich sehr viel nur schwer oder überhaupt nicht anschaulich vorstellen kann, eine neue Welt nicht nur der modernen Physik, sondern auch der modernen Astronomie. Die Wissenschaft hat sich bereits auf ihre gewundenen und verschlungenen Wege begeben. Häufig wehrt sich unser gesunder

Menschenverstand, wenn wir neuen und verblüffenden Entdeckungen folgen, weil diese sich nicht in die gewöhnlichen Vorstellungen einordnen lassen. Wir dürfen jedoch nicht vergessen, daß jeder gesunde Menschenverstand unweigerlich auch Irrtümer in sich einschließt.

Von Theorie zu Theorie

Wie wir schon sagten, führt die Entdeckung prinzipiell neuer Beobachtungstatsachen, die im Rahmen der existierenden Theorie nicht zu erklären sind, zur Ausarbeitung einer allgemeineren Theorie, die auch die früheren Vorstellungen „in sich aufsaugt".
Wenn sich im Erkenntnisprozeß herausstellt, daß eine Gruppe von Gesetzen aus allgemeineren Gesetzmäßigkeiten hergeleitet werden kann, so bedeutet das noch lange nicht, daß sich die ersteren vollständig auf die letzteren zurückführen lassen, meint der sowjetische Kosmologe A. L. Selmanow. Mit anderen Worten, „Herleitbarkeit" ist noch keine einfache „Rückführbarkeit". Das Verhältnis zwischen speziellen und allgemeineren Theorien ist wesentlich komplizierter.
Stellen wir uns vor, daß wir zwei physikalische Theorien haben, eine von ihnen sei speziell, die andere allgemeiner. Dann liegt das Anwendbarkeitsgebiet der speziellen Theorie innerhalb der Anwendbarkeit der allgemeineren. Diese Theorien haben verschiedene Gleichungen. Es ist dabei nicht nur so, daß die Gleichungen der allgemeineren Theorie genauer sind. Wenn wir die Gesamtheit aller physikalischen Größen nehmen, die in die einen und in die anderen Gleichungen eingehen, so stellt sich heraus, daß sie nicht gleich sind. Es gibt einige Größen, die beide Theorien gemeinsam haben. Doch es gibt auch unterschiedliche Größen; in den Gleichungen der allgemeineren Theorie sind es die einen, in den Gleichungen der speziellen die anderen.
Das Auftreten neuer Größen in der allgemeinen Theorie hängt mit der Anwendung neuer Begriffe zusammen. Beim Übergang von der speziellen Theorie zur allgemeinen stellt sich heraus, daß es die B e g r i f f e der speziellen Theorie selbst sind (eben die B e g r i f f e und nicht die Gleichungen), die g e n ä h e r t sind, die die Wirklichkeit nur mit einem bestimmten Grad von Genauigkeit widerspiegeln. Die neuen Begriffe, die in der allgemeinen Theorie angewendet werden, sind genauer.
Auf diese Weise geschieht beim Übergang von der speziellen Theorie zur allgemeinen das, was man einen „Umsturz der Begriffe" nennt. Ebendeshalb unterscheiden sich die allgemeine und die spezielle Theorie qualitativ voneinander.

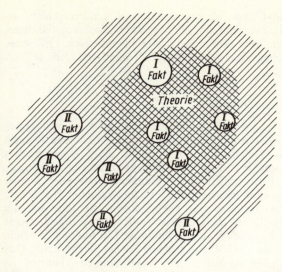

Abb. 4. Die Entwicklung der Erkenntnis von der speziellen zur allgemeinen Theorie

Auf welche Art kann in diesem Falle die eine von ihnen Spezialfall der anderen sein, aus ihr folgen? Die Gleichungen der allgemeineren physikalischen Theorie enthalten eine Naturkonstante mehr. Heute sind drei solcher Konstanten bekannt, die Gravitationskonstante, das sog. Wirkungsquantum oder die Plancksche Konstante und die Lichtgeschwindigkeit (gewöhnlich benutzt man die der Lichtgeschwindigkeit reziproke Größe).
So enthalten z. B. die Gleichungen der klassischen Mechanik Newtons überhaupt keine Naturkonstanten, die Quantenmechanik jedoch, deren Spezialfall ja die Newtonsche Mechanik ist, enthält das Plancksche Wirkungsquantum.
Um aus der allgemeinen Theorie die spezielle zu erhalten, ist es notwendig, die Gleichungen in geeigneter Weise umzuformen und zum Grenzwert überzugehen, wobei die „überflüssige" Konstante gegen Null strebt. Die Gleichungen, die wir im Ergebnis eines solchen Grenzübergangs erhalten, sind den ursprünglichen nicht äquivalent. Die einen und die anderen sind qualitativ voneinander verschieden, in sie gehen unterschiedliche Größen ein, sie haben unterschiedliche Bedeutung.
Darum können wir auch nicht, wenn wir nur die Gleichungen der speziellen Theorie besäßen, die umgekehrte Operation ausführen, d. h. die Gleichungen der allgemeinen Theorie aus den Gleichungen

der speziellen Theorie ableiten, weil man aus der Form der Gleichungen der speziellen Theorie nicht erraten kann, wie die Gleichungen der allgemeinen Theorie aussehen müssen. Dafür sind Überlegungen „höherer Ordnung" notwendig, z. B. philosophische. Diese Behauptung ist natürlich nicht so zu verstehen, daß man unmittelbar aus philosophischen Betrachtungen Gleichungen herleiten oder andere konkrete physikalische Resultate erhalten kann. Doch philosophische Prinzipien helfen, die aussichtsreichsten Wege der Wissenschaftsentwicklung zu bestimmen, eine Auswahl zwischen verschiedenen möglichen Varianten neuer Theorien vorzunehmen.

Der historische Übergang von einer speziellen Theorie zur allgemeinen ist eine Revolution, die prinzipiell neue, manchmal „wahnwitzige" Ideen und die Ausarbeitung neuer Begriffe fordert.

Als Beispiel kann man die Newtonsche Gravitationstheorie und die allgemeine Relativitätstheorie anführen. Die erstere arbeitet mit dem euklidischen Raum und einer von ihm unabhängigen Zeit; die zweite betrachtet das raum-zeitliche Kontinuum, das nichteuklidische Eigenschaften besitzt. Der Übergang zu diesen prinzipiell neuen Begriffen war ein revolutionärer Schritt in der Wissenschaft von der Gravitation.

Somit sind spezielle und allgemeine Theorie qualitativ verschieden. Und es wäre genauer, die spezielle Theorie nicht speziell zu nennen, sondern einen Grenzfall der allgemeinen Theorie.

Die Familie der Sonne

Die Erde und das Pendel

Die Geschichte der Wissenschaft kennt nicht wenige Probleme, deren Lösung jahrhundertelange Arbeit hervorragender Geister und einen langwierigen Kampf gegen falsche Vorstellungen gefordert hat. Klarheit erreicht man um den Preis unglaublicher Bemühungen. Doch in vielen Fällen gelang es später, die gleichen Resultate entweder mit viel einfacheren Mitteln oder in Form recht elementarer Schlußfolgerungen aus den neuesten Entdeckungen und Errungenschaften zu erhalten.

Zu diesen Problemen gehört auch die Frage der Rotation der Erde um ihre eigene Achse. Der Umstand, daß es den Menschen lange Zeit nicht gelang, zu beweisen, daß sie auf einem rotierenden Planeten wohnen, ist nicht so trivial, wie es auf den ersten Blick scheinen mag.

Allgemein kann man sagen, daß man in rotierenden Systemen Beschleunigungen feststellen kann, die mit der Rotation zusammenhängen (sog. Coriolisbeschleunigungen). Diese Beschleunigungen sind es gerade, die z. B. die Unterspülung der rechten Flußufer auf der nördlichen Erdhalbkugel und der linken auf der südlichen bewirken. Doch erstens treten die Coriolisbeschleunigungen nur bei Bewegungen von Körpern auf, und zweitens zeugen sie nur indirekt von der Rotation unseres Planeten.

Viel überzeugender sind solche Erscheinungen, mit deren Hilfe man nicht die Beschleunigungen, sondern die Rotation selbst feststellen kann. Ein offenkundiges Anzeichen der täglichen Erdrotation hätte die tägliche Bewegung der Sonne am Himmel und auch der Wechsel von Tag und Nacht sein können. Doch leider würden wir das gleiche Bild auch dann beobachten, wenn die Erde unbeweglich wäre und die Himmelskörper, also auch die Sonne, um sie „herumliefen".

Aussagen über die Rotation anderer Himmelskörper kann man aus direkten Beobachtungen erhalten. So kann man die Rotation der Sonne z. B. an der Verschiebung der Sonnenflecken erkennen, die des Planeten Mars an der Verschiebung von Details, die an der Oberfläche zu sehen sind. Ihren eigenen Planeten, die Erde, konnten die Menschen nicht von außen beobachten. Ein anschaulicher und überzeugender Beweis der Erdrotation war der Versuch von Foucault mit einem schwingenden Pendel.

Das Pendel, d. h. eine Masse, die an einem Faden aufgehängt ist, ist vom Aufbau her eines der einfachsten und gleichzeitig bemerkenswertesten Geräte. Der physikalische Inhalt des Pendelversuchs besteht im folgenden. Die Kräfte, die auf das schwingende Pendel wirken, die Anziehungskraft der Erde und die Spannkraft des Fadens, liegen in einer Ebene, der Schwingebene. Deshalb schwingt ein frei aufgehängtes Pendel, wenn es einmal in Bewegung gebracht ist, immer in der gleichen Ebene. Die Physik formuliert diese Eigenschaft des Pendels so: „Die Schwingebene des Pendels behält ihre Lage im Raum unverändert bei."

Der Nachweis der Erdrotation mit Hilfe eines Pendels ist allgemein bekannt, und wir werden ihn nicht in Erinnerung rufen. Wir bemerken nur, daß dieser Versuch eine wesentliche Unzulänglichkeit besitzt. Um eine Drehung der Schwingebene des Pendels infolge der Erdrotation sicher feststellen zu können, braucht man recht lange Zeit.

Zu Beginn der fünfziger Jahre unseres Jahrhunderts wurde von dem sowjetischen Ingenieur Poschechonow ein originelles Gerät zum Nachweis der täglichen Rotation unserer Erde vorgeschlagen. Im Prinzip ist es auch ein Pendel, doch von besonderer Art, und

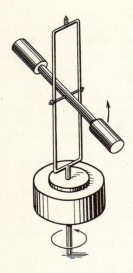

Abb. 5. Das Pendel von Poschechonow

der Nachweis selbst basiert auf einem vollkommen anderen Prinzip.

Stellen Sie sich einen vertikal angeordneten Rahmen vor, der auf einer Unterlage angebracht ist und der sich relativ zu ihr um seine senkrechte Achse drehen kann. Im Zentrum des Rahmens ist auf einer horizontalen Achse eine frei bewegliche Stange mit Massen an den Enden befestigt. Das ist das ganze Gerät. Wie arbeitet es nun? Die Wirkung dieses eigenartigen Pendels beruht auf dem Gesetz von der Erhaltung des Drehimpulses.

Der Drehimpuls eines Körpers ist das Produkt aus der Masse m des gegebenen Körpers, seiner linearen Geschwindigkeit V und dem Abstand R von der Rotationsachse. Die lineare Geschwindigkeit ist aber gleich dem Produkt aus R und der Winkelgeschwindigkeit ω ($V = R\omega$). Somit gilt $N = m\omega R^2$, wobei m eine Konstante ist.

Jetzt nehmen wir an, daß sich der Radius R verkleinert, d. h., daß sich der Körper der Rotationsachse nähert. Da m eine Konstante ist, muß sich ω entsprechend erhöhen, damit das Produkt ωR^2 erhalten bleibt.

Mit anderen Worten: Bei Annäherung einer rotierenden Masse an die Drehachse erhöht sich die Winkelgeschwindigkeit.

Gewöhnlich nimmt man den sich drehenden Eiskunstläufer als

Beispiel. Indem er die Arme nach den Seiten ausstreckt oder sie an die Brust legt, reguliert er die Geschwindigkeit seiner Umdrehungen. Das gleiche kann ein Fallschirmspringer während seines Sprungs mit verzögerter Fallschirmöffnung tun oder ein Kosmonaut, der im Zustand der Schwerelosigkeit in der Kabine seines Raumschiffs oder im offenen Kosmos schwebt.

Kehren wir zu unserem Pendel zurück. Wir befestigen es auf einer festen Unterlage und bringen die zentrale Stange zur Drehung um die horizontale Achse. Die Stange wird sich so lange drehen, bis sie infolge der Reibung in den Lagern zum Stehen kommt. Das gilt für die feste Unterlage.

Jetzt nehmen wir an, daß sich die Unterlage gleichförmig um die senkrechte Achse dreht, d.h., das Pendel befinde sich im Mittelpunkt einer rotierenden Unterlage. In diesem Fall ändert sich das Bild wesentlich.

Während sich die Stange in der Horizontalen befindet, d.h., die Massen weit von der vertikalen Achse entfernt sind, dreht sich das Pendel zusammen mit der Unterlage. Doch in dem Moment, wo die Stange in die vertikale Lage kommt und sich die Massen an ihren Enden auf der Drehachse der Unterlage befinden, erhöht sich die Rotationsgeschwindigkeit des Rahmens relativ zur vertikalen Achse. Und der Rahmen muß zusammen mit der Stange einen „Sprung" machen, wobei er die Drehung der Unterlage überholt.

Somit können wir also in dem Fall, wo sich das Pendel auf einer rotierenden Unterlage befindet, eine sukzessive Drehung der Rotationsebene der Stange beobachten. Man kann leicht einsehen, daß man nach diesem Prinzip Aussagen über die Rotation der Unterlage machen kann, auch wenn man diese nicht unmittelbar beobachtet. Das bedeutet aber, daß das von uns beschriebene Pendel erfolgreich zur Feststellung der Erdrotation benutzt werden kann. Ein merklicher Effekt wird viel schneller erreicht als beim Foucaultschen Pendel.

Vor einigen Jahren wurde ein solches Pendel, über das wir eben gesprochen haben, im Foyer des Moskauer Planetariums aufgebaut. Es hat in Übereinstimmung mit den oben angeführten Überlegungen störungsfrei gearbeitet.

Es scheint, als wäre der beste Weg, die Erde möglichst gut zu erforschen, der, in alle ihre Winkel, in ihre Tiefen vorzudringen, alle Erscheinungen, die auf ihrer Oberfläche vor sich gehen, zu berücksichtigen. So gehen die Wissenschaftler auch vor.

Doch in einer ganzen Reihe von Fällen wird die Lösung von Problemen unserer Erde wesentlich erleichtert, wenn man sich von unserem Planeten „losreißt" und in den Kosmos hinausgeht.

Wenn man darüber nachdenkt, so ist daran nichts Erstaunliches. Ganz allgemein gilt in der Naturwissenschaft ein ungeschriebenes Gesetz: Wollen wir ein Objekt untersuchen, so muß man nicht nur dieses Objekt selbst, sondern unbedingt ein breiteres Gebiet von Erscheinungen untersuchen. Speziell zeigte dieses Hinausgehen in den Kosmos recht überzeugend und gleichzeitig anschaulich die Rotation unseres Planeten. Wir sprechen von der Bewegung der künstlichen Erdsatelliten. Auf einen künstlichen Erdsatelliten auf einer erdnahen Umlaufbahn wirkt nur die Erdanziehungskraft, die in der Ebene der Umlaufbahn liegt. (Wir lassen dabei Abweichungen, die damit zusammenhängen, daß die Erde keine ideale homogene Kugel ist, und einige andere kleine Effekte fort.) Infolgedessen ändert die Bahnebene des Sputniks für kurze Zeitabschnitte ihre Lage relativ zu den Sternen nicht. Würde sich die Erde nicht um ihre Achse drehen, so würde der Sputnik bei jedem aufeinanderfolgenden Umlauf die gleichen Punkte der Erdoberfläche überfliegen. Doch da sich die Erde von Westen nach Osten dreht, verschiebt sich die „Trasse" des Sputniks, d. h. die Projektion seiner Bewegung auf der Erdoberfläche, stetig in westlicher Richtung.

Bekanntlich benötigt ein künstlicher Erdsatellit, der sich in einer Höhe von ungefähr 200 bis 300 km bewegt, für einen vollen Erdumlauf etwa 90 min, d. h. etwa eineinhalb Stunden. Man kann leicht errechnen, daß sich die Erdkugel in dieser Zeit um $22{,}5°$ gedreht hat. Der Umfang des Erdäquators beträgt etwa 40 000 km. Damit entsprechen einer Drehung um $22{,}5°$ ungefähr 2500 km. Folglich schneidet der Erdsatellit den Äquator bei jedem Umlauf um 2500 km westlicher als beim vorhergehenden. Ungefähr nach einem Tag, nach 16 Erdumkreisungen, überfliegt der Sputnik das Startgebiet.

Erinnern wir uns daran, daß bei der Durchführung des Gruppenfluges der sowjetischen Raumschiffe Sojus-6, Sojus-7 und Sojus-8 im Jahre 1969 jedes nachfolgende Raumschiff ungefähr einen Tag nach dem vorangegangenen startete.

Über uns der Sternenhimmel

Haben Sie schon einmal darüber nachgedacht, warum man tagsüber am Himmel keine Sterne sieht? Die Luft ist doch am Tag ebenso durchsichtig wie in der Nacht. Es liegt daran, daß die Atmosphäre am Tage das Sonnenlicht streut.

Stellen Sie sich vor, Sie befinden sich abends in einem gut beleuchteten Zimmer. Durch das Fensterglas sieht man helle Laternen, die außen angebracht sind, sehr gut. Doch schwach

beleuchtete Gegenstände sind kaum zu erkennen. Man braucht jedoch nur das Licht im Zimmer auszuschalten, dann ist das Fensterglas kein Hindernis mehr für unsere Augen.
Etwas Ähnliches geschieht auch bei der Beobachtung des Himmels: Tagsüber wird die Atmosphäre über uns hell beleuchtet. Durch sie hindurch ist die Sonne zu sehen, doch das schwache Licht der entfernten Sterne kann nicht zu uns dringen. Doch nachdem die Sonne hinter dem Horizont versunken und das Sonnenlicht (und mit ihm auch das von der Atmosphäre gestreute Licht) „ausgeschaltet" ist, wird die Atmosphäre „durchsichtig" — wir können die Sterne beobachten.
Anders ist es im Kosmos. In dem Maße, wie das Raumschiff höher steigt, bleiben die dichteren Schichten der Atmosphäre zurück, und der Himmel wird dunkler.
In einer Höhe von 200 bis 300 km, dort, wo gewöhnlich bemannte Raumflüge durchgeführt werden, ist der Himmel völlig schwarz. Er ist selbst dann schwarz, wenn sich die Sonne gerade auf seinem sichtbaren Teil befindet. „Der Himmel ist vollkommen schwarz. Die Sterne erscheinen vor diesem schwarzen Hintergrund um einiges klarer und deutlicher." So beschrieb der erste Kosmonaut, Juri Gagarin, seine Eindrücke vom Kosmos.
Und dennoch sieht man auf der Tageshälfte des Himmels selbst von Bord eines Raumschiffs aus durchaus nicht alle Sterne, sondern nur die hellsten. Das Auge wird durch das blendende Licht der Sonne und das Licht der Erde gestört.
Blickt man von der Erde aus zum Himmel, so sieht man deutlich, wie alle Sterne flimmern. Sie scheinen zu erlöschen, um sogleich neu zu erglühen und dabei in allen Farben zu schimmern. Je niedriger ein Stern über dem Horizont liegt, um so stärker ist das Flimmern. Dieses erklärt sich ebenfalls durch die Anwesenheit der Atmosphäre. Bevor das von den Sternen ausgesandte Licht unser Auge erreicht, durchläuft es die Atmosphäre. In der Atmosphäre gibt es stets Massen wärmerer und kälterer Luft. Von der Temperatur der Luft hängt ihre Dichte ab. Beim Übergang von einem Gebiet in das andere werden die Lichtstrahlen gebrochen. Ihre Ausbreitungsrichtung ändert sich. Deshalb konzentrieren sie sich an einigen Stellen über der Erdoberfläche, an anderen sind sie relativ selten. Im Ergebnis ständiger Bewegung von Luftmassen verschieben sich diese Zonen, und der Beobachter sieht zeitweise verstärkt und zeitweise geschwächt das Licht der Sterne. Weil verschiedenfarbige Strahlen auch unterschiedlich gebrochen werden, erfolgt die Verstärkung oder Abschwächung nicht gleichzeitig für verschiedene Farben.
Außerdem können zum Flimmern der Sterne auch andere,

kompliziertere optische Effekte beitragen. Das Vorhandensein warmer und kalter Luftschichten und die beträchtliche Verschiebung von Luftmassen beeinflussen auch die Qualität von Teleskopaufnahmen.

Wo sind die besten Bedingungen für astronomische Beobachtungen: in den Bergen oder in der Ebene, am Ufer des Meeres oder tief im Innern des Festlandes, im Wald oder in der Wüste? Was ist überhaupt besser für die Astronomen, zehn wolkenlose Nächte im Monat oder nur eine klare Nacht, aber dafür mit ideal durchsichtiger und ruhiger Luft?

Dies ist nur ein kleiner Teil der Fragen, die bei der Wahl des Standorts für den Bau eines Observatoriums und die Installation eines großen Teleskops gelöst werden müssen. Mit solchen Fragen beschäftigt sich ein spezielles Wissenschaftsgebiet, die Astroklimatologie.

Vor einigen Jahren begann in der Sowjetunion der Bau des größten Spiegelteleskops der Welt, das einen Spiegeldurchmesser von 6 m aufweist. Der Spiegeldurchmesser ist um 1 m größer als der des berühmten Palomar-Teleskops in den USA.

Was bedeutet ein zusätzlicher Meter für die Astronomen? Die Grenzen des beobachteten Gebietes des Universums erweitern sich ungefähr auf das 1,2fache.

Im Zusammenhang mit dem Bau des neuen Teleskops führten Wissenschaftler des Hauptobservatoriums der Akademie der Wissenschaften der UdSSR in Pulkowo einige Jahre lang astroklimatische Untersuchungen in verschiedenen Gebieten der Sowjetunion durch, vor allem in den Kubansteppen, im Kaukasus, in Grusinien und Armenien, im Pamir und in den Bergen des Tienschan und am Issyk-Kul und sogar im Ussuri-Gebiet. Im Ergebnis dieser Untersuchungen wurde ein Bezirk im nördlichen Kaukasus im Stawropolski Krai ausgewählt. Dort erhebt sich nun das neue Observatorium für den Sechsmetergiganten.

Es gibt zwar auf dem Territorium der UdSSR noch Stellen mit besseren astroklimatischen Bedingungen, so in Mittelasien und im Pamir. In diesen schwer zugänglichen Gebieten wäre der Bau eines großen Observatoriums allerdings mit riesigen technischen Schwierigkeiten und zusätzlichen Ausgaben verbunden gewesen. Die genannten Gebiete sind außerdem weit entfernt von den großen wissenschaftlichen Zentren. Darum wurde dem Nordkaukasus dann doch der Vorzug gegeben.

Die besten Bedingungen für astronomische Beobachtungen hat man natürlich außerhalb der dichten Schichten der Atmosphäre, im Kosmos. Übrigens flimmern die Sterne hier auch nicht; sie leuchten in einem kalten, ruhigen Licht.

Die gewohnten Sternbilder sehen im Kosmos ebenso aus wie auf der Erde. Die Sterne sind ungeheuer weit von uns entfernt, so daß ein Entfernen von der Erdoberfläche um einige hundert Kilometer nichts an der gegenseitigen Lage der Sterne ändern kann. Sogar bei Beobachtungen vom Pluto aus wären die Umrisse der Sternbilder die gleichen.

Im Laufe einer Umkreisung kann man von Bord eines Raumschiffes, das sich auf einer erdnahen Umlaufbahn bewegt, im Prinzip alle Sternbilder des Sternenhimmels der Erde sehen. Die Beobachtung von Sternen im Kosmos ist doppelt interessant, astronomisch und navigatorisch. Es ist vor allem wichtig, das Licht der Sterne zu beobachten, bevor es von der Atmosphäre verändert wurde. Nicht weniger wichtig ist im Kosmos die Navigation nach den Sternen. Durch Beobachtung vorher ausgewählter „Bezugs"-Sterne kann man nicht nur das Raumschiff orientieren, sondern auch seine Lage im Raum bestimmen.

Lange Zeit träumten die Astronomen von künftigen Observatorien auf der Mondoberfläche. Es schien so, als müßte das vollständige Fehlen einer Atmosphäre auf unserem natürlichen Trabanten ideale Bedingungen für astronomische Beobachtungen sowohl während der Mondnacht als auch unter den Bedingungen des Mondtages schaffen.

Es wurden spezielle Untersuchungen durchgeführt, um die astronomischen Beobachtungsbedingungen auf dem Mond zu erforschen. Zu diesem Zweck wurde das sowjetische automatische Mondfahrzeug Lunochod-2 mit einem Spezialgerät ausgerüstet. Dieses astronomische Photometer wurde im astrophysikalischen Krimobservatorium der Akademie der Wissenschaften der UdSSR entwickelt und gefertigt. Das Gerät wurde so auf dem Lunochod angebracht, daß seine optische Achse immer auf den Zenit des Mondhimmels gerichtet war.

Die Meßergebnisse waren etwas unerwartet. Es stellte sich heraus, daß die Himmelshelligkeit auf dem Mond im sichtbaren und insbesondere im ultravioletten Bereich merklich höher ist, als es erwartet wurde. Die Erforschung dieses Leuchtens ergab, daß es durch Teilchen des Mondstaubs hervorgerufen werden kann, die sich im mondnahen Raum befinden.

In diesem Zusammenhang wurde die Vermutung ausgesprochen, daß sich um den Mond ein verdünnter Schwarm von Staubteilchen befindet, die infolge der Bombardierung der Mondoberfläche durch Meteorite entstanden sind. Diese Teilchen halten sich durch die Einwirkung elektrostatischer Kräfte in einer gewissen Höhe über der Mondoberfläche. Sie streuen nicht nur das Sonnenlicht, sondern auch das Licht der Erde. Unser Planet

leuchtet ja am Mondhimmel ungefähr 40mal so hell wie der Vollmond am Erdhimmel.
Die Existenz einer Staubhülle um den Mond kann sich negativ auf die Effektivität der astronomischen Beobachtungen künftiger Mondobservatorien auswirken.

Neues vom Tunguska-Meteoriten

Ein halbes Jahrhundert lang zog ein rätselhaftes Ereignis die allgemeine Aufmerksamkeit auf sich: der berühmte Tunguska-Meteorit.
In der Morgendämmerung des 30. Juni 1908 wurde die jahrhundertelange Ruhe der sibirischen Taiga unerwartet durch das Erscheinen eines blendend hellen Körpers unterbrochen, der mit großer Geschwindigkeit am Himmel flog. Für einige Sekunden übertraf er die Helligkeit des Sonnenlichts. Eine dichte Rauchfahne hinter sich herziehend, verschwand er am Horizont. Einen Augenblick später stieg in der Nähe der Niederlassung Wanowar, die sich im Gebiet des Flusses Steinige Tunguska befindet, eine noch bis in 450 km Entfernung gut sichtbare gigantische Flammensäule empor, wobei sich eine gewaltige Rauchwolke bildete. Die Katastrophe wurde von ohrenbetäubenden Explosionen begleitet, die im Umkreis von 100 km zu hören waren. Wie bei einem starken Erdbeben wurde auf einem riesigen Territorium der Erdboden erschüttert, zitterten Gebäude, zerbrachen Fensterscheiben, pendelten aufgehängte Gegenstände. Viele seismische Stationen auf der ganzen Erde registrierten die Schwingungen des Bodens. Die Luftdruckwelle umlief die Erde einige Male.
Die erste Expedition zum Ort der Tunguska-Katastrophe wurde erst nach der Oktoberrevolution von der Akademie der Wissenschaften der UdSSR im Jahre 1927 organisiert. In den Jahren 1928—1930 wurden noch zwei weitere Expeditionen verwirklicht.
1938 wurde eine Luftaufnahme vom Katastrophengebiet angefertigt, die leider sehr unvollständig ist.
Danach wurden die Untersuchungen durch den zweiten Weltkrieg unterbrochen, und die nächste Tunguska-Expedition fand erst wieder 1958 statt. In den letzten Jahren hielten sich jedoch einige gut ausgerüstete Amateurexpeditionen am Platz der Tunguska-Katastrophe auf. Eine komplexe Expedition der Akademie der Wissenschaften der UdSSR arbeitete ebenfalls in diesem Gebiet.
Bereits während der ersten Untersuchungen wurde eine Reihe von

rätselhaften Umständen festgestellt. Es wurde kein einziger Trichter gefunden, obwohl sie i. allg. beim Zusammenstoß der Erde mit kosmischen Körpern entstehen, und auch kein einziges Bruchstück. Der Wald war in einem Dutzende von Kilometern großen Gebiet umgeworfen, wobei die Richtung der auf der Erde liegenden Stämme ausnahmslos zum Zentrum der Explosion wies. Aber ausgerechnet im Zentrum, wo die Zerstörung eigentlich am größten hätte sein müssen, standen die Bäume noch auf ihren Wurzeln. Nur ihre Wipfel und nahezu alle Zweige waren derart abgebrochen, als hätte sie eine Luftdruckwelle von oben getroffen. Man vermutete, daß der Tunguska-Meteorit in der Luft in einer beträchtlichen Höhe über dem Erdboden explodiert sei. Wenn man dies alles berücksichtigt, muß die Explosion von punktförmigem Charakter gewesen sein, d. h., sie verlief in hundertstel Bruchteilen einer Sekunde. Andernfalls wäre der Wald nicht so exakt in radialer Richtung umgebrochen worden. In diesem Zusammenhang entstanden eine Reihe von Hypothesen über die Natur des rätselhaften Körpers, darunter auch ziemlich exotische, bis hin zu der rein phantastischen Hypothese über die Havarie des Raumschiffes einer außerirdischen Zivilisation, das über der Tunguska von einer nuklearen Katastrophe betroffen worden sein könnte.

Alle Mutmaßungen – gemeint sind die wissenschaftlichen Hypothesen – stießen allerdings auf ernste Schwierigkeiten, und keiner der Erklärungsversuche kann als allgemein anerkannt bezeichnet werden.

Anhand des Tunguska-Meteoriten läßt sich eine interessante Gesetzmäßigkeit deutlich verfolgen, die mit der Untersuchung solcher rätselhaften Erscheinungen verbunden ist, für die es in einem langen Zeitraum nicht gelang, eine erschöpfende wissenschaftliche Erklärung zu finden. Im allgemeinen wird versucht, jede neue fundamentale Entdeckung auf dem entsprechenden Gebiet der Naturwissenschaften für eine solche Erklärung heranzuziehen.

So wurde mit der Entdeckung der Antiteilchen und der Entwicklung der Ideen von der Antimaterie in der Elementarteilchenphysik vermutet, der Tunguska-Meteorit sei ein kleines Stück Antimaterie gewesen, das sich Milliarden Jahre im kosmischen Raum bewegt habe und dann mit unserem Planeten zusammengestoßen sei. Bekanntlich führt die Berührung von Materie und Antimaterie zur Annihilation. Die Materie und die Antimaterie werden vollständig in elektromagnetische Strahlung umgewandelt, und dabei wird eine kolossale Energiemenge freigesetzt. Auf diese Weise bemühten sich die Autoren der neuen

Hypothese, die Zerstörungen zu erklären, von denen die Tunguska-Katastrophe begleitet war.

Die Vermutung von der Antinatur des Tunguska-Körpers hat allerdings keine besondere Popularität erhalten. Insbesondere war es schwer zu erklären, auf welche Weise ein „Splitter" Antimaterie, der sich im kosmischen Raum bewegt, so lange Zeit erhalten bleiben konnte. Dabei hätte er doch ständig mit den zahlreichen Teilchen des interstellaren und interplanetaren Mediums zusammenstoßen müssen, was unweigerlich sehr schnell zu einer Annihilation geführt hätte.

Noch ein weiterer Versuch wurde unternommen, um das Tunguska-Phänomen „im Gefolge" einer großen Entdeckung der Physik unseres Jahrhunderts zu erklären – der Erfindung der Quantengeneratoren (Laser).

Es wurde die Idee geboren, daß alle 1908 in der Taiga aufgetretenen Erscheinungen durch einen mächtigen kosmischen Laserstrahl unbekannter Herkunft hervorgerufen wurden, der in diesem Augenblick unseren Planeten traf. Eine derartige Erklärung erschien jedoch so phantastisch, daß sie von überhaupt niemandem ernst genommen wurde.

In den allerletzten Jahren wurde ein weiterer Versuch unternommen, die Tunguska-Katastrophe mit neuen physikalischen Ideen zu verbinden. Der „Ausgangspunkt" war diesmal die Hypothese der „Schwarzen Löcher", die von den Physikern und Astrophysikern intensiv bearbeitet wird. Ein Schwarzes Loch ist Materie, die in solchem Maße komprimiert wurde, daß sie sich durch die eigene Schwerkraft von der Umgebung „abschließt". Solch ein Objekt kann nur die umgebende Materie verschlucken. Von ihm selbst kann sich weder ein Teilchen noch Strahlung losreißen.[1] Davon ausgehend, sprachen die amerikanischen Physiker A. Jackson und M. Ryan von der Texas University die Vermutung aus, daß der Tunguska-Meteorit in Wirklichkeit ein kleines Schwarzes Loch gewesen sei, das mit riesiger Geschwindigkeit in die Erdatmosphäre eingedrungen sei.

Genauere Berechnungen, die von den Physikern verschiedener Länder durchgeführt wurden, zeigten jedoch, daß der Charakter der Erscheinungen, die beim Zusammenstoß der Erde mit einem Schwarzen Loch beobachtet werden müßten, absolut nicht dem entsprach, was beim Niedergang des Tunguska-Meteoriten tatsächlich geschah.

Zur gleichen Zeit wurden auch vollkommen ernsthafte wis-

---

[1] Im dritten Kapitel werden die Schwarzen Löcher ausführlicher behandelt.

senschaftliche Untersuchungen des sibirischen Phänomens aus dem Jahre 1908 angestellt. So führten die Wissenschaftler des Instituts für Physik der Erde interessante Experimente durch, um die Explosion des Tunguska-Meteoriten zu modellieren. In einer Spezialkammer wurde ein Modell des Katastrophengebietes im entsprechenden Maßstab aufgestellt, in dem die Baumstämme durch eine Menge von Drähtchen dargestellt wurden. Über diesem Modell explodierten an verschiedenen Stellen in unterschiedlicher Höhe kleine Pulverladungen, die sich mit unterschiedlichen Geschwindigkeiten unter unterschiedlichem Winkel näherten. Bei jedem dieser Versuche erhielt man ein bestimmtes Bild des umgebrochenen „Waldes". Insbesondere gelang es auch, unter bestimmten Bedingungen solch einen Waldbruch zu erhalten, der genau mit dem Bild der umgebrochenen Bäume am Katastrophenort übereinstimmt.

Die Analyse der gewonnenen Resultate zeigte, daß sich der Tunguska-Meteorit mit einer Geschwindigkeit von 30 bis 50 km/s bewegt hat und daß die von ihm hervorgerufene Explosion in 5 bis 15 km Höhe erfolgte. Die Kraft war der Explosion von 20 bis 40 Megatonnen TNT (Abkürzung für Trinitrotoluol, ein Sprengstoff) äquivalent. Die Zerstörungen, die im Gebiet des Niederganges entstanden sind, wurden anscheinend alle durch Stoßwellen hervorgerufen: sowohl durch Stoßwellen, die vom Explosionsort kamen, als auch durch von der Erde reflektierte Stoßwellen.

Eine interessante Hypothese brachte der sowjetische Astronom und Fachmann für Meteoritenforschung W. G. Fessenkow vor. Unsere Erde ist, laut der Vermutung des Wissenschaftlers, im Sommer 1908 mit dem Eiskern eines kleinen Kometen zusammengestoßen. Die Berechnungen des sowjetischen Wissenschaftlers K. P. Stanjukowitsch zeigten, daß das leicht schmelzbare Kometeneis nach dem Eintritt in die Erdatmosphäre mit Überschallgeschwindigkeit zunächst ziemlich langsam verdampfte. Später jedoch (das müßte in den unteren dichten Luftschichten geschehen), als sich die gesamte Masse des Eises in hinreichendem Grade erwärmt hatte, müßte sie augenblicklich verdampft sein. Eine gewaltige Explosion erfolgte.

Die entsprechenden Berechnungen zeigten, daß eine derartige Hypothese in der Lage ist, alle Erscheinungen, die im Augenblick der Tunguska-Katastrophe und danach beobachtet wurden, durchaus befriedigend zu erklären. Um einer solchen Hypothese den Vorzug gegenüber allen anderen Vermutungen zu geben, sind zusätzliche Fakten notwendig, und dies um so mehr, da 1908 kein einziger Komet in der Nähe der Sonne registriert wurde. Es versteht sich von selbst, daß ein kleiner Komet auch unbemerkt bleiben konnte. Dennoch waren unabhängige Bestätigungen, die die Version vom Kometen festigen, notwendig. Und es gelang, solche Bestätigungen zu finden.

Die Astronomen haben schon seit langem bemerkt, daß selbst nach dem Flug von hellen Boliden (Feuerkugeln) am Himmel, die mit dem Eintritt hinreichend großer kosmischer Körper in die Atmosphäre in Zusammenhang stehen, in der Regel in dem Gebiet, in dem diese effektvolle Himmelserscheinung (am Himmel fliegt eine blendend helle Kugel, die in feurige Spritzer zersplittert) beobachtet wird, keine Meteoriten auftraten. Dieser Umstand wurde durch Beobachtungen bestätigt, die tschechoslowakische und amerikanische Astronomen in den letzten Jahren durchgeführt haben. Von ihnen wurde ein spezielles „Meteoritennetz" geschaffen, um Bolide systematisch zu fotografieren.

Damit ist die Schlußfolgerung angebracht, daß die Mehrheit der kosmischen Körper, die in die Erdatmosphäre eindringen, die Planetenoberfläche nicht erreichen, währenddessen hinreichend große Stein- oder Eisenmeteorite bis auf die Erde fallen müßten. Schon durch diesen Umstand allein drängt sich der Gedanke auf, daß sowohl der Körper, der die Tunguska-Katastrophe hervorgerufen hat, als auch die Körper, die meistens als Feuerkugeln sichtbar sind, von gleicher physikalischer Natur sind.

Unlängst kam der Moskauer Astronom W. A. Bronschten durch den Vergleich der Daten von 33 hellen Boliden mit den Daten des Tunguska-Meteoriten zu dem Schluß, daß der Tunguska-Körper physikalisch ähnlich ist der Hauptmasse der großen Meteoritenkörper, die, aus dem interplanetaren Raum kommend, beim Eindringen in die Erdatmosphäre die Erscheinung der Bolide hervorrufen, die Erdoberfläche jedoch nicht erreichen. Mit anderen Worten gesagt, besitzen alle diese Körper eine geringe Dichte und Festigkeit und werden bei der Bewegung in der Atmosphäre leicht zerstört.

In den letzten Jahren wurde noch eine Hypothese vorgeschlagen, die in gewisser Weise eine Weiterentwicklung der Ideen vom Eiskern eines Kometen darstellt. Ihr Autor ist der sowjetische Wissenschaftler G. I. Petrow. Nach seinen Berechnungen war der rätselhafte Körper, der die Tunguska-Katastrophe verursachte, ein riesiger Schneeklumpen, ein Körper mit einem sehr aufgelockerten Kern, der aus Eiskristallen bestand, eine Masse von etwa 100 000 t sowie einen Durchmesser von etwa 300 m besaß und dessen mittlere Dichte dutzendemal kleiner als die mittlere Dichte des Wassers war.

Nachdem der Schneeklumpen mit mehr als hundertfacher Schallgeschwindigkeit in die Atmosphäre eingedrungen war, erhitzte er sich rasch und begann, intensiv zu verdampfen. In einer Höhe von einigen Kilometern dehnten sich die Reste des Schneekörpers und die infolge des Verdampfens gebildeten Gase, die vor dem Körper flogen, plötzlich aus. Dies führte zu einer gewaltigen Stoßwelle. Diese Welle rief dann das radiale Umbrechen des Waldes auf einer Fläche hervor, deren Durchmesser Dutzende von Kilometern betrug.
Die vorgeschlagene Hypothese erklärt sowohl die physikalische Natur der Explosion des Tunguska-Meteoriten in der Luft als auch das Fehlen von Trichtern und Splittern. Man muß jedoch auch anerkennen, daß unter den Spezialisten bis heute keine einheitliche Meinung über die Natur des Tunguska-Phänomens besteht und die Katastrophe von 1908 im Gebiet des Flusses Steinige Tunguska in vielerlei Hinsicht unklar bleibt.
Ein Umstand ruft jedoch keinen Zweifel hervor: Die Tunguska-Katastrophe war unbestreitbar eine einzigartige Erscheinung in der Natur, und das nicht schwächer werdende Interesse der Wissenschaftler daran ist völlig berechtigt.
Es kann durchaus sein, daß die Wissenschaft im Ergebnis der weiteren Erforschung dieses erstaunlichen Phänomens neue, noch unbekannte Seiten der kosmischen und geophysikalischen Prozesse aufdeckt.

Die Kosmonautik überprüft die Astronomie

Können Untersuchungen aus der Ferne zuverlässige Kenntnisse über die uns umgebende Welt liefern?
Diese Frage steht in ganz unmittelbarer Beziehung zur Astronomie. Die kosmischen Objekte befinden sich ja in riesigen Entfernungen von der Erde, und die Erforscher des Weltalls besaßen zumindest bis in die allerletzte Zeit keine Möglichkeit, sie direkt zu untersuchen. In den letzten Jahren tauchte solch eine Möglichkeit dank der raschen Entwicklung der Raketen- und Kosmostechnik sowie der erfolgreichen Nutzung des kosmischen Raums auf. Vor unseren Augen entstand die kosmische Astronomie: Raumsonden bringen Meß- und Aufnahmegeräte in die Umgebung der nächsten Himmelskörper und sogar auf deren Oberfläche. Es war also ganz real möglich, den „Schatz des Wissens", der mühselig und zeitraubend von Generationen von Astronomen über das Sonnensystem angehäuft wurde, mit neuen „kosmischen" Daten zu vergleichen. Was kam dabei heraus?
Die Antwort auf diese Frage wurde von dem sowjetischen

Astronomen I. S. Schklowski in ziemlich bildlicher, wenn auch paradoxer Form gegeben:
Die größte Errungenschaft auf dem Gebiet der Untersuchung des Sonnensystems mittels Raumsonden ist, daß auf diesem Gebiet keinerlei große Entdeckungen gemacht wurden. Es erwies sich nicht, daß „alles anders ist". Das prinzipielle Schema der in der Planetenfamilie der Sonne ablaufenden kosmischen Prozesse, das durch die irdische Astronomie errichtet wurde, erhielt eine erstaunliche Bestätigung.
Dieser Schluß besitzt eine ungeheuer wichtige, prinzipielle Bedeutung: Die astronomischen Untersuchungen vermitteln uns glaubwürdige Kenntnisse über das Weltall ungeachtet dessen, daß sie aus der Ferne erfolgen, und ungeachtet der damit verbundenen Schwierigkeiten.
Es versteht sich von selbst, daß es naiv wäre zu glauben, die Rolle der kosmischen Astronomie beschränke sich allein auf Bestätigungen. Wäre es so, dann würde es sich nicht lohnen, sie weiter zu entwickeln. Die neue Methode der Untersuchung kosmischer Objekte ist in einer Reihe von Fällen weitaus effektiver als die früheren traditionellen Methoden. Mit ihrer Hilfe ist es möglich, prinzipiell neue Informationen zu erlangen, die für die irdische Astronomie unerreichbar sind, wichtige Details der kosmischen Prozesse und Erscheinungen zu klären und Antwort auf viele Fragen zu finden, die lange Zeit unklar geblieben waren. So erhob sich beispielsweise bis zu den Mondflügen der Raumsonden noch die ganz brennende Frage nach den Eigenschaften des Mondbodens. Es wurde die Meinung vertreten, daß sich die Oberflächenschicht des Mondes dank der millionenjahrelangen Bombardierung durch Meteoriten in feinen Staub verwandelt hätte und diese dicke Schicht in der Lage wäre, eine gelandete Raumsonde zu verschlingen. Die Radioastronomen des Radiophysikalischen Instituts in Gorki beschäftigten sich mit der Überprüfung dieser Hypothese.
Die thermische Radiostrahlung der Mondoberfläche wurde untersucht, und man kam zu folgendem Schluß: Auf dem Mond gibt es keine dicke Staubschicht, der Mondboden ist hinreichend fest und erinnert in mechanischer Hinsicht an feuchten Sand. Natürlich ist die Oberflächenschicht des Mondes nicht feucht, es geht um die Ähnlichkeit der mechanischen Eigenschaften.
Diese Schlußfolgerung der irdischen Astronomie wurde von einer Vielzahl von Raumsonden, die auf dem Mond waren, bestätigt, so auch von den sowjetischen Lunochods und den amerikanischen Mondexpeditionen.
Zunächst wollen wir versuchen zu verstehen, warum astronomische

Untersuchungen aus der Ferne Resultate liefern, die der realen Lage der Dinge entsprechen. Um diese Frage zu beantworten, muß man sich mit jenen Prinzipien vertraut machen, auf deren Grundlage die Untersuchungen erfolgen. Das Hauptprinzip besteht darin, daß nicht die kosmischen Objekte selbst, sondern ihre elektromagnetische und Korpuskularstrahlung untersucht wird. Die Eigenschaften der Strahlung hängen von den Eigenschaften der Strahlungsquelle ab. In der Strahlung sind also, mit anderen Worten gesagt, Informationen über die Eigenschaften der kosmischen Objekte und über verschiedene physikalische Prozesse, die im Weltall ablaufen, enthalten.

Die astronomischen Untersuchungen laufen also auf die Beobachtung und Registrierung verschiedener Strahlung hinaus, die aus dem Kosmos kommt, sowie auf deren Analyse und das Herausziehen der entsprechenden Informationen. Das sind jedoch entweder genau die gleichen Methoden, die die Physiker erfolgreich in irdischen Laboratorien benutzen, oder Methoden, die eine allseitige experimentelle Überprüfung erlauben.

Noch im vergangenen Jahrhundert behauptete der französische Gelehrte Auguste Comte vernehmlich, daß der Mensch niemals die chemische Zusammensetzung der Sterne erfahren könne. Dieser düsteren Prognose war es jedoch, wie auch vielen anderen ähnlichen pessimistischen Prophezeihungen, nicht beschert, in Erfüllung zu gehen. Sie wurde sehr bald widerlegt. Es wurde eine zuverlässige und effektive Methode zur Bestimmung der chemischen Zusammensetzung entfernter Objekte gefunden, die von den Physikern ausgearbeitet und vielfach in irdischen Laboratorien überprüft wurde. Das ist die Methode der Spektralanalyse von Lichtstrahlen. Die Spektraluntersuchung erlaubt nicht nur die Erforschung der chemischen Zusammensetzung kosmischer Strahlungsquellen, sondern auch die Bestimmung ihrer Temperaturen, des physikalischen Zustands und der magnetischen Eigenschaften sowie der räumlichen Geschwindigkeit. Sie ermöglicht es, Antworten auf viele Fragen zu finden, die die Wissenschaftler interessieren. Das gleiche kann man auch über andere astronomische Untersuchungsmethoden sagen.

Abschließend bleibt zu unterstreichen, daß die kosmische Astronomie ohne ihren irdischen Partner nicht auskommen kann. Um viele Probleme, die mit der Untersuchung kosmischer Erscheinungen verbunden sind, lösen zu können, sind parallele optische und radioastronomische Untersuchungen erforderlich. Die mittels unterschiedlicher Methoden gewonnenen Daten müssen verglichen werden. Nur unter dieser Bedingung kann man das physikalische Wesen einer ganzen Reihe von Beobachtungen verstehen, die aus dem Orbit gemacht wurden. Ohne den irdischen astronomischen Komplex ist eine optimale Entwicklung der Wissenschaft vom Universum einfach unmöglich.

Das Schicksal einer Hypothese

Der Mars besitzt zwei kleine Begleiter: Phobos und Deimos. Deimos kreist auf einer von dem Planeten etwa 23 000 km entfernten Umlaufbahn, Phobos bewegt sich etwa in 9000 km Entfernung vom Mars. Erinnern wir uns daran, daß sich der Mond 385 000 km von uns entfernt befindet, also mehr als 40mal so weit von der Erde wie Phobos vom Mars.
Die ganze Geschichte der Untersuchung von Phobos und Deimos ist voller erstaunlicher Ereignisse und merkwürdiger Rätsel. Urteilen Sie selbst: Die Existenz zweier kleiner Begleiter des Mars wurde nicht in wissenschaftlichen Werken zum ersten Mal erwähnt, sondern auf den Seiten des berühmten Buches „Gullivers Reisen", das Jonathan Swift am Anfang des 18. Jh. schrieb. Im Laufe der Ereignisse gelangt Gulliver auch auf die fliegende Insel Laputa. Die ansässigen Astronomen erzählen ihm, daß es ihnen gelungen sei, zwei kleine Satelliten zu entdecken, die um den Mars kreisen.
In Wirklichkeit wurden die Marsmonde jedoch von A. Hall erst anderthalb Jahrhunderte nach dem Erscheinen des Romans während der großen Opposition des Mars im Jahre 1877 entdeckt. Sie wurden bei außerordentlich günstigen atmosphärischen Bedingungen nach beharrlichen, mehrere Nächte dauernden Beobachtungen an der Grenze der Leistungsfähigkeit des Instruments und des menschlichen Auges entdeckt.
Man kann jetzt nur erraten, was Swift bewegt hat, die Existenz zweier Marssatelliten vorauszusagen. Auf jeden Fall waren es nicht Beobachtungen mit dem Teleskop. Höchstwahrscheinlich vermutete Swift, daß die Zahl der Planetenmonde mit der Entfernung von der Sonne wächst. Damals war bekannt, daß die Venus keine Begleiter besitzt, daß sich um die Erde ein Trabant bewegt, der Mond, und daß sich um den Jupiter vier bewegen. Sie wurden 1610 von Galilei entdeckt. Man erhielt „offensichtlich" eine geometrische Reihe, auf deren freiem Platz, dem Mars entsprechend, sich eine Zwei von selbst anbot.
Übrigens hat Swift nicht nur die Existenz von Phobos und Deimos vorausgesagt, sondern auch behauptet, daß der Radius der Umlaufbahn des inneren Marsmondes gleich drei Planetendurchmesser und der des äußeren gleich fünf Planetendurchmesser sei. Drei Planetendurchmesser sind etwa 20 000 km.

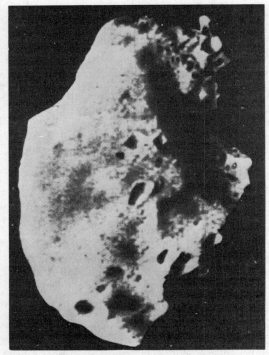

Abb. 6. Marsmond Phobos, aufgenommen von Mariner-9

Ungefähr in dieser Entfernung liegt die Umlaufbahn von Deimos. Das ist zwar nicht der innere Begleiter, wie Swift behauptet hat. sondern der äußere, aber die Übereinstimmung ist doch beeindruckend.

In der zweiten Hälfte unseres Jahrhunderts wurde die Aufmerksamkeit erneut auf die Marsmonde gelenkt. Durch den Vergleich der Beobachtungsergebnisse aus verschiedenen Jahren kamen die Astronomen zu dem Schluß, daß der innere Marsmond Phobos abgebremst wird, so daß er sich langsam der Oberfläche des Planeten nähert. Diese Erscheinung ist rätselhaft. Es gelang jedenfalls nicht, die Abbremsung mit Effekten der Himmelsmechanik zu erklären.

Dann bleibt nur die Möglichkeit anzunehmen, daß die Abbremsung von Phobos durch den aerodynamischen Widerstand der Marsatmosphäre hervorgerufen wird. Die Berechnungen zeigten allerdings, daß die Gashülle des Mars in einer Höhe von 6000 km

nur dann in der Lage ist, den entsprechenden Widerstand zu leisten, wenn die mittlere Materiedichte von Phobos klein ist, genau gesagt, sogar unwahrscheinlich klein!
Daraufhin kam ein origineller Gedanke auf: Die derart geringe Dichte von Phobos könne man dadurch erklären, daß er hohl sei! Aber wir kennen keine Naturprozesse, die zur Entstehung hohler Himmelskörper führen könnten. Dann drängt sich von selbst der Gedanke auf, daß Phobos und möglicherweise auch Deimos künstliche Satelliten vom Mars sein könnten, die vor Millionen Jahren von vernunftbegabten Wesen geschaffen wurden, die damals entweder auf dem Mars lebten oder irgendwoher aus dem Kosmos kamen. Möglicherweise lohnt es sich heute nicht mehr, daran zu erinnern, da inzwischen die Marsmonde von Raumsonden aus geringen Entfernungen fotografiert wurden und an ihrer natürlichen Entstehung keinerlei Zweifel besteht, aber die erwähnte Episode ist recht lehrreich.
Es gibt die Wissenschaft, und es gibt Phantasterei. Wo verläuft in der erwähnten Hypothese die Grenze zwischen beiden? Wenn die Bewegung von Phobos tatsächlich abgebremst wird, worauf die Beobachtungen hinweisen, so kann das bedeuten, daß der Marsbegleiter hohl ist. Das ist eine vollberechtigte wissenschaftliche Hypothese. Sie geht von astronomischen Daten aus und führt mittels der entsprechenden mathematischen Berechnungen zu bestimmten Schlußfolgerungen. Das ist das übliche Schema einer wissenschaftlichen Hypothese: „Wenn dieses passiert, folgt jenes daraus." Alles übrige gehört ins Reich der wissenschaftlichen Phantasterei.
Das weitere Los der erwähnten Hypothese war von Anfang an klar. Sie erwartete das gleiche Schicksal wie auch jede andere wissenschaftliche Hypothese. Entweder erhält sie die notwendigen Bekräftigungen, oder sie muß verworfen werden. Vieles hing davon ab, ob die Beobachtungsdaten über die Abbremsung des nahen Marsmondes exakt waren. Ihre Zuverlässigkeit ließ jedoch Befürchtungen angeraten sein. Die Beobachtungen wurden nämlich an den Genauigkeitsgrenzen der astronomischen Instrumente durchgeführt. Und diese Befürchtungen bestätigten sich.
Als den Erforschern des Mars eine neue leistungsfähigere Möglichkeit zur Untersuchung der Planeten zur Verfügung stand, nämlich die automatischen Raumsonden, gelangte alles wieder auf seinen rechten Platz. Auf den Bildern aus dem Kosmos war ganz deutlich zu erkennen, daß Phobos und Deimos riesige Brocken mit unregelmäßigen Formen und selbstverständlich natürlicher Herkunft sind.

Abb. 7. Mondfotografie, von der Erde aus aufgenommen

Wenn man die Resultate der astronomischen Beobachtungen denen gegenüberstellt, die von Raumsonden übermittelt wurden, läßt sich das folgende Bild zeichnen. Die Begleiter vom Mars sind kleine Himmelskörper. Das Ausmaß von Phobos beträgt 27 km × 21 km, das von Deimos 15 km × 12 km. Sie bewegen sich auf nahezu kreisförmigen Umlaufbahnen, die in der

Äquatorebene des Planeten liegen, in Richtung seiner täglichen Rotation. Deimos vollendet in 30 h 18 min einen vollen Umlauf, Phobos in 7 h 39 min. Wenn man berücksichtigt, daß ein Marstag etwas mehr als 24,5 Stunden dauert, läßt sich unschwer feststellen, daß Phobos die tägliche Rotation des Planeten merklich überholt. Wenn wir uns auf der Marsoberfläche befinden würden, könnten wir beobachten, daß die großen Halbachsen von Phobos und Deimos immer auf den Marsmittelpunkt gerichtet sind. (Es sei daran erinnert, daß sich der Mond auf die gleiche Weise um die Erde bewegt. Er wendet unserem Planeten immer die gleiche Seite zu.)
Durch den Flug der automatischen Station Viking-1 war es zum ersten Mal möglich, die Masse von Phobos abzuschätzen. Als die Orbitalsektion dieser Station in 100 km Entfernung an dem Marsmond vorbeiflog, gelang es amerikanischen Wissenschaftlern, die Störung ihrer Bewegungsbahn zu bestimmen, die durch die Anziehungskraft von Phobos hervorgerufen wurde. Wenn man über solche Daten verfügt, ist es nicht mehr schwierig, die Masse des Körpers zu bestimmen, der die Störung hervorgerufen hat. Wenn man dann noch seine Ausmaße kennt, kann man auch die mittlere Dichte berechnen. Für Phobos beträgt sie fast 2 g/cm^3. Das ist eine ganz normale Dichte, die ungefähr mit der Dichte einer Reihe von Steinmeteoriten übereinstimmt. Damit ist die Hypothese über die Hohlraumstruktur des Marsbegleiters unnötig.
Jetzt ist es klar, wo das schwache Glied dieser Hypothese war, nämlich in den astronomischen Ausgangsdaten über die Bewegung von Phobos.
Wenn man die Masse von Phobos kennt, kann man die Größe der Schwerkraft an seiner Oberfläche berechnen. Sie ist 2000mal kleiner als auf der Erde. Es könnte der Eindruck erweckt werden, daß ein Kosmonaut, der sich auf der Phobosoberfläche befindet, beim kleinsten Stoß in den Kosmos fliegen muß. Das ist allerdings nicht so. Die Berechnungen zeigen, daß die zweite kosmische Geschwindigkeit für den Phobos im Mittel ungefähr 11,7 m/s beträgt. Das ist gar nicht so wenig. Solch eine Geschwindigkeit kann auf der Erde nur ein Sportler beim Sprung in 2,5 m Höhe entwickeln. Da die Muskelkraft überall gleich bleibt, ist der Mensch noch nicht geboren, der sich mit seinen Beinen so vom Phobos abstoßen könnte, daß er ihn unwiederbringlich verläßt.
Die Fotografien von Phobos und Deimos sind sehr interessant. Sie wurden von Raumsonden aus nur einigen Dutzend Kilometern Entfernung aufgenommen. Auf der Oberfläche beider Mars-

monde kann man deutlich eine große Menge Krater erkennen, die den Kratern unseres Mondes ähnlich sind. Der größte Krater auf dem Phobos hat 10 km Durchmesser.
Es ist bemerkenswert, daß zur gleichen Zeit, als das Problem der kleinen Dichte von Phobos erörtert wurde, auch die Vermutung geäußert wurde, daß man dieses Phänomen nicht durch Hohlräume, sondern durch Meteoriteneinschläge erklären könne. Infolge der Bearbeitung seiner Oberfläche durch Meteoriten hätte die Materie auf dem Phobos eine starke Porosität erlangt. Diese Diskussion erfolgte übrigens zu einer Zeit, als der Streit über die Herkunft der Mondkrater noch andauerte, d. h. darüber, ob sie durch Meteoriten oder Vulkane entstanden sind. Die Wissenschaftsgeschichte kennt ähnliche Kuriositäten, wenn richtige Aussagen auf der Basis falscher Daten gemacht wurden.
Neben den Kratern sind auf den Phobosfotografien nahezu parallele Furchen von einigen hundert Metern Breite sichtbar, die sich über große Entfernungen erstrecken. Die Herkunft dieser rätselhaften Streifen bleibt unklar. Möglicherweise sind sie das Ergebnis des mächtigen Stoßes eines großen Meteoriten, der Phobos „erschüttert" hat und die Bildung zahlreicher Spalten verursachte. Vielleicht entstanden die geheimnisvollen Furchen durch die Gezeitenwirkung vom Mars. Zugunsten dieser Aussage spricht der Umstand, daß auf dem Deimos, der sich in weit größerem Abstand vom Mars befindet, derartige Details nicht entdeckt wurden. Es ist ja bekannt, daß sich gravitative Wirkungen proportional zum Quadrat des Abstandes abschwächen.
Was die Herkunft von Phobos und Deimos betrifft, so läßt sich nicht ausschließen, daß es sich um Asteroiden handelt, die vom Mars eingefangen worden sind. Möglicherweise entstanden sie sogar früher als der Planet selbst. Auf jeden Fall ist ihre weitere Untersuchung von Interesse, um die Gesetzmäßigkeiten der Entstehung des Sonnensystems aufzufinden.

Allerorts Krater

Von dem Augenblick an, als die Beobachtungen des Mondes durch Fernrohre begannen, zählte die große Anzahl von Ringgebirgen (Kratern) unseres natürlichen Trabanten zu seinen charakteristischen Besonderheiten. Diese ringförmigen Gebilde bedecken einen bedeutenden Teil der sichtbaren Seite der Mondkugel. Einige erreichen Durchmesser von 200, manche sogar von 300 km.
Lange Zeit wurden zwei entgegengesetzte Standpunkte über deren Entstehung verfochten, die Vulkantheorie und die Einschlagtheorie. Die Erforscher des Mondes hatten allerdings nicht genügend

Angaben, um die Frage zu beantworten, was die Ringgebirge auf dem Mond tatsächlich darstellen. Handelt es sich um Krater erloschener Vulkane oder um Trichter, die beim Aufprall von Meteoriten entstanden sind? Solche Angaben erhielt man erst durch die Untersuchung unseres Erdtrabanten mittels Raumsonden. Sie bestätigen überzeugend, daß die überwältigende Mehrheit der Mondkrater, wenn auch nicht alle, durch einen Aufprall entstanden ist. Unter anderem stellte sich auch heraus, daß sich nach heutigen Abschätzungen während verschiedener Epochen gerade so viele Meteoritenkörper im Sonnensystem bewegt haben, wie nötig sind, um die Zahl der Mondkrater zu erklären, die in verschiedenen Gebieten der Mondoberfläche existieren. So haben beispielsweise Berechnungen der Kraterhäufigkeit ergeben, daß der Mond während der ersten Milliarde von Jahren seiner Existenz sehr intensiv durch Meteoriten bombardiert wurde. Da sich das Meteoritenmaterial im Sonnensystem erschöpfte, hat sich die Zahl der Meteoriteneinschläge auf die Mondoberfläche in der Folgezeit stark verringert. Dadurch wird die Tatsache erklärt, daß die Anzahl der Krater in den Mondmeeren (Maria) etwa 30mal kleiner als in den „kontinentalen" Bezirken (Terrae) ist. Die Maria entstanden nämlich etwas später als die Terrae.
Heute ist auf dem Mond die Intensität des Meteoritenfalls sehr gering. Nach den Angaben, die die Wissenschaftler zur Verfügung haben, fällt in einem Gebiet mit einem Radius von etwa 200 km im Mittel ungefähr einmal im Monat ein Meteorit von etwa 1 kg Masse.
In der jetzigen Epoche treffen verhältnismäßig wenig Mikrometeoriten auf die Mondoberfläche auf. Die Einwirkungen der Mikrometeoriten auf die Oberfläche unseres natürlichen Begleiters während der astronomischen Zeiträume sind auch heute noch wahrnehmbar. Davon zeugen die Mikrokrater. Diese mikroskopisch kleinen Trichter, die durch den Aufprall kleinster Teilchen der kosmischen Materie entstanden sind, wurden auf den zur Erde gelangten Mondproben entdeckt. An allen Stellen, an denen die entsprechenden Proben genommen wurden, konnte man in der Oberflächenschicht des Mondbodens Beimengungen von Meteoritenmaterie nachweisen.
Die Untersuchung des uns schon bekannten Marssatelliten Phobos gibt seltsamerweise ein überzeugendes Argument zugunsten der Einschlagtheorie. Ein interessanter Umstand wurde geklärt. Wie bereits erwähnt, ist die Phobosoberfläche dicht mit Kratern übersät. Sie sind zweifellos durch Stöße entstanden, denn der Marsmond ist nicht sehr groß, gerade 27 km lang. Es ist klar, daß von vulkanischen Prozessen in seinem Innern keine Rede sein

kann. Das wiederum bedeutet, daß analoge Krater auf dem Erdtrabanten höchstwahrscheinlich ebenfalls durch Meteorite entstanden sind. Dies wird auch dadurch bekräftigt, daß ähnliche Krater, wie auf dem Mond, in den letzten Jahren nicht nur auf dem Phobos, sondern auch auf anderen Himmelskörpern des Sonnensystems, u. a. auch auf dem Mars selbst, entdeckt wurden. Kosmische Fotografien des Mars zeigen, daß viele Teile der Oberfläche dieses Planeten von Kratern übersät sind, die an Mondkrater erinnern. Die Mehrzahl dieser Krater entstand etwa in der gleichen Epoche wie die Krater auf den Mondterrae, also vor 3,5 bis 4 Milliarden Jahren. Einige sind ziemlich gut erhalten, andere sind stark zerstört, aber es gibt auch Krater, von denen nur kaum bemerkbare Spuren geblieben sind.

Auch auf dem sonnennächsten Planeten des Sonnensystems, dem Merkur, wurde durch Raumsonden eine Vielzahl von Kratern entdeckt. Sie bedecken praktisch die gesamte Oberfläche dieses Himmelskörpers. Die größten besitzen einen Durchmesser von mehreren Dutzend Kilometern, die kleinsten (die gerade noch auf den aus dem Kosmos übertragenen Fernsehbildern zu erkennen waren) sind etwa 50 m groß. Die Krater sind auf dem Merkur im Mittel kleiner als auf dem Mond.

In vielen großen Merkurkratern kann man kleine ringförmige Gebilde entdecken, die offensichtlich später entstanden sind. Das spricht dafür, daß im frühen Stadium des Merkurs kosmische Brocken unterschiedlicher Größe auf seine Oberfläche gefallen sind, darunter auch sehr große. Im Laufe der Zeit wurde das Meteoritenmaterial im kosmischen Raum immer kleiner. Die Richtigkeit einer solchen Schlußfolgerung wird auch dadurch bekräftigt, daß die später entstandenen Krater in den Maria bedeutend kleinere Ausmaße aufweisen als die früher entstandenen Krater auf den Terrae. Dabei ist es nicht überflüssig zu bemerken, daß die Merkuroberfläche etwa zur gleichen Zeit entstanden ist wie die Terrae auf dem Mond, d. h. vor ungefähr 4 bis 4,5 Milliarden Jahren.

Durch Radarmessungen wurden auch auf der Venus kraterförmige Gebilde entdeckt. Bekanntlich kann man die Oberfläche dieses Planeten im Teleskop nicht sehen, da sie von einer dichten, undurchsichtigen Wolkenschicht verdeckt wird. Die Radiowellen durchdringen jedoch diese Wolkenschicht. Sie werden an der Oberfläche des Planeten reflektiert und übermitteln dadurch eine Information über den Charakter des Oberflächenreliefs.

Durch Radarbeobachtungen wurden in einem Teil des Äquatorialgebietes der Venus mehr als 10 Krater mit Durchmessern von 35 bis 150 km registriert. Weiterhin wurde ein Krater mit 300 km

Durchmesser und 1 km Tiefe entdeckt. Er erhielt den Namen einer berühmten Physikerin, Lise Meitner. Sie war einer der Pioniere der Erforschung der Radioaktivität.
Im Gegensatz zu den Mondkratern und auch zu den Merkurkratern sind die Krater auf der Venus ziemlich stark geglättet.
Darüber hinaus wurde auf der Venus eine Ringstruktur von fast regulärer Form entdeckt, die einem Krater ähnelt. Sie ist von einem stark zerstörten doppelten Wall umgeben, dessen Durchmesser etwa 2600 km beträgt. Hinsichtlich der Natur dieses Gebildes werden allerdings verschiedene Standpunkte vertreten.
Bekanntlich sind Jupiter und Saturn Wasserstoff-Helium-Planeten. Ihre zahlreichen Monde sind dagegen Himmelskörper vom erdähnlichen Typ. Vom Weltraum aus geführte Untersuchungen der letzten Jahre zeigten, daß diese Monde früher ebenfalls durch Meteorite intensiv bombardiert wurden. So sind die Spuren zahlreicher Meteoriteneinschläge auf den Oberflächen der sog. galileischen Jupitermonde Ganymed und besonders Kallisto zu sehen. Beide Monde sind von dicken Eispanzern bedeckt. Darum besitzen die kraterförmigen Gebilde auf diesen Himmelskörpern einen bedeutend helleren Farbton als die Ringstrukturen auf dem Erdmond. Auf einem Foto von Ganymed ist auch ein großes, dunkles Bassin gut sichtbar, dessen Durchmesser mehr als 3000 km beträgt. Es ist nicht auszuschließen, daß das die „Spur" eines Zusammenstoßes von Ganymed mit einem großen asteroidenähnlichen Körper ist.
Auf der Oberfläche von einigen Saturnmonden sind ebenfalls Meteoritenkrater deutlich zu entdecken. So ist beispielsweise auf der Seite des Mimas, die ständig dem Saturn zugewandt ist, ein riesiger Meteoritenkrater gut sichtbar. Sein Durchmesser beträgt 130 km. Das ist ein Drittel des Durchmessers von Mimas selbst. Berechnungen zeigen, daß Mimas in einzelne Teile zerbrochen wäre, wenn der Stoß, durch den dieser Krater entstanden ist, noch ein klein wenig stärker gewesen wäre. Die gesamte restliche Oberfläche von Mimas ist ebenfalls mit Kratern bedeckt, so daß Mimas dem Erdmond ähnlich ist. Die Krater haben zwar kleine Durchmesser, sind dafür aber ziemlich tief.
Auch auf der Oberfläche von Dione, einem anderen Saturntrabanten, gibt es Krater. Der Durchmesser des größten beträgt ungefähr 100 km. Von einigen gehen helle Strahlen aus, die sich anscheinend durch Materialauswurf beim Aufprall eines großen Meteoritenkörpers gebildet haben, obgleich es auch nicht auszuschließen ist, daß diese Strahlen Ablagerungen von Rauhreif auf der Oberfläche von Dione sind.
Die größten Krater wurden auf dem Saturnmond Rhea entdeckt.

Abb. 8. Jupitermond Kallisto, aufgenommen von der Raumsonde Voyager-1

Sie erreichen 300 km im Durchmesser. Viele von ihnen besitzen einen zentralen Gipfel. Dem äußeren Anblick nach erinnert Rhea ebenfalls an den Erdmond oder an Merkur.

Durch die interplanetare automatische Station Voyager-2, die Ende August 1981 den Saturn passierte, wurde auf dem Saturnmond Tethys ein Krater mit einem Durchmesser von ungefähr 400 bis 500 km entdeckt. Die Fachleute nehmen an, daß dieser Krater höchstwahrscheinlich infolge des Zusammenstoßes von Tethys mit einem massiven Körper entstanden ist.

Auf dem Saturnmond Hyperion wurden auch Krater mit ungefähr 100 km Durchmesser entdeckt. Es stellte sich weiterhin heraus, daß dieser Mond eine irreguläre Form besitzt, die einer Kartoffel ähnlich ist. Die Wissenschaftler vertreten die Ansicht, daß die derart ungewöhnliche Form von Hyperion durch einen kosmischen Zusammenstoß entstanden ist.

Die Entstehung von Kratern durch Meteoriteneinschläge ist demnach sowohl für die Gruppe der erdähnlichen Planeten als auch für die Monde der Riesenplaneten eine charakteristische Erscheinung. In diesem Fall tritt eine ganz natürliche Frage auf. Warum gibt es auf unserem Planeten Erde keine ähnlichen ringförmigen Gebilde? Auf der Erde existieren auch ringförmige Trichter, die an Meteoriteneinschlagstellen entstanden sind. Einer dieser Krater befindet sich in den USA im Staate Arizona. Sein

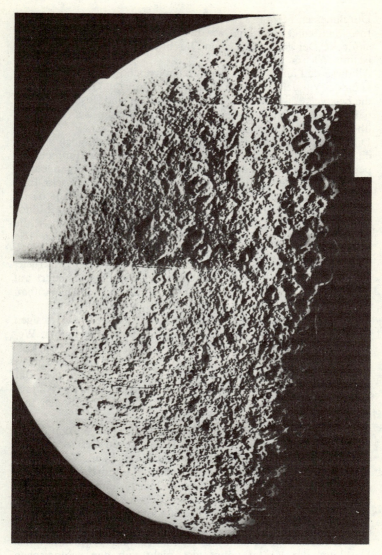

Abb. 9. Saturnmond Rhea, aufgenommen von der Raumsonde Voyager-1

Durchmesser beträgt 1200 m, die Tiefe erreicht 174 m. Auf der Insel Saaremaa in Estland wurde eine ganze Gruppe von Kratern entdeckt. Der größte hat einen Durchmesser von etwa 110 m und ist mit Wasser gefüllt.
All diese und ähnliche Krater können jedoch ihrer Größe nach in keinerlei Vergleich mit den riesigen ringförmigen Gebilden treten, die beispielsweise auf dem Mond vorhanden sind. Bis vor kurzem nahm man noch an, daß solch große Krater auf der Erde überhaupt nicht existieren.
Dieser Umstand schien zumindest ganz außergewöhnlich zu sein, da die Erde zur gleichen Zeit wie die benachbarten Himmelskörper entstanden ist. Folglich müssen in der fernen Vergangenheit auf ihre Oberfläche ebenfalls große Meteoriten gestürzt sein. Eine mögliche Erklärung für das Fehlen von Kratern besteht darin, daß eine ganze Reihe von natürlichen Faktoren während Millionen und Milliarden von Jahren auf die gigantischen Trichter, die an den Einschlagstellen entstanden sind, eingewirkt haben. Die Gesamtheit dieser Faktoren, Regen, Wind, jahreszeitliche Temperaturschwankungen und verschiedene Bewegungen der Erdkruste, ist gerade für die Erde charakteristisch. Außerdem existiert auf der Erde eine Biosphäre, die wesentlichen Einfluß auf den Aufbau der Oberflächenschichten unseres Planeten ausübt.
Gleichzeitig können auch geologische Strukturen, die riesigen kreisförmigen Meteoritenkratern ähneln, auf ganz irdischen Wegen entstehen, die keinerlei Beziehung zum Einschlag von kosmischen Körpern haben. Zu den Prozessen, durch die große kreisförmige Vertiefungen entstehen können, zählen u. a. das Absinken von Oberflächenschichten in Karstgebieten, das Auftauchen von Eismassen in Gebieten mit ewigem Frostboden und insbesondere auch vulkanische Prozesse.
Kann man die riesigen alten Meteoritenkrater – sie werden Astrobleme genannt – beispielsweise von vulkanischen Gebilden unterscheiden? Im Prinzip gibt es solch eine Möglichkeit. Vulkanische Prozesse hängen nämlich eng mit dem charakteristischen Aufbau der Erdkruste in einem bestimmten Gebiet zusammen. Sie werden durch die gesamte Vorgeschichte der Entwicklung jedes Teils der Erdkruste vorbereitet. Die Meteoritenkrater sind dagegen ganz zufällig verteilt, da die Meteoriten mit gleicher Wahrscheinlichkeit auf einen beliebigen Punkt unseres Planeten niedergehen können. Die Lage der Krater hängt also nicht von den geologischen Strukturen ab.
Da beim Einschlag von großen Meteoriten auf die Erdoberfläche eine beträchtliche Energiemenge freigesetzt wird, kann man in Meteoritenkratern in der Regel eine horizontale Verschiebung

Abb. 10. Meteoritenkrater in Arizona

von Gesteinsschichten in radialer Richtung nachweisen. Außerdem wird durch die Zertrümmerung von Gesteinsschichten im Gebiet großer Meteoritenkrater die für den betreffenden Bezirk charakteristische Magnetisierungsrichtung gestört.

Schließlich treten an den Einschlagstellen von riesigen Meteoriten spezifische konusförmige Gebilde von einigen Zentimetern bis einigen Metern Durchmesser auf, zu deren Entstehung ultrahohe Drücke erforderlich sind. Beim Aufprall mit großer Wucht werden auch besondere Modifikationen von Quarz gebildet, die ungewöhnliche physikalische Eigenschaften besitzen.

Um den grandiosen Charakter der Prozesse abschätzen zu können, die beim Aufprall eines Riesenmeteoriten ablaufen, genügt es, sie mit solchen mächtigen Naturerscheinungen wie Vulkanausbrüchen zu vergleichen. Während der gigantischen Explosion, von der der Ausbruch des Vulkans Besymjanny auf Kamtschatka vor einigen Jahren begleitet war, betrug der Druck in der Stoßwelle ungefähr 300 bis 500 MPa. Das ist der maximale Druck, der überhaupt bei geologischen Prozessen entstehen kann. Beim Aufprall von Riesenmeteoriten entsteht ein Druck von 25 000 MPa oder noch mehr.

Im Prinzip hat man also die Möglichkeit, uralte Astrobleme von geologischen Gebilden ähnlicher Form zu unterscheiden. Das ist sehr wichtig. Die Klärung der Natur von riesigen Ringstrukturen ist nicht nur von theoretischem, sondern auch von praktischem Interesse. Wenn eine Struktur nicht vulkanischer Herkunft, sondern durch einen Meteorit entstanden ist, wird die Möglichkeit nützlicher Bodenschätze in diesem Gebiet anders beurteilt.

Im Norden des Krasnojarsker Gebiets wurde 1970 eines der interessantesten Astrobleme entdeckt, das Popigaier Astroblem. Sein Durchmesser beträgt 100 km, die Tiefe 200 bis 250 m. Berechnungen haben ergeben, daß der Meteorit, der dieses Astroblem erzeugt hat, einen Durchmesser von mehreren Kilometern besessen haben muß. Dieser kosmische Körper ist vor ungefähr 40 Millionen Jahren niedergegangen. Interessanterweise entspricht der Vegetationscharakter im Popigaier Astroblem der Waldtundra, insbesondere gibt es hier zahlreiche Lärchen. In der Umgebung des Astroblems fehlt praktisch jede Vegetation, sogar noch viel weiter im Süden breitet sich die Tundra aus. Vielleicht läßt sich eine derartige Erscheinung dadurch erklären, daß das Astroblem einen Kessel bildet, dessen Boden erheblich unter dem Niveau der Umgebung liegt. In dem Astroblem ist möglicherweise auch ein beträchtlicher Wärmestrom aus dem Erdinneren vorhanden. Eine endgültige Antwort auf diese Frage können nur spezielle Untersuchungen geben.

Heute sind auf dem Territorium der Sowjetunion einige Dutzend alte Ringstrukturen bekannt (davon ungefähr 20 auf dem Territorium Kasachstans). Es ist bisher noch umstritten, ob diese Objekte durch Meteorite entstanden sind.

Demnach unterlagen die Erde und die anderen Himmelskörper vom planetaren Typ, die zum Sonnensystem gehören, während einer bestimmten Etappe ihrer Entwicklung einer intensiven Bombardierung durch Meteorite. Dies ist noch ein Hinweis darauf, daß die Planeten in einem einheitlichen Prozeß entstanden sind. Man kann eine weitere Schlußfolgerung ziehen, die nicht minder wichtig für die Klärung der Gesetzmäßigkeiten der Entstehung und Entwicklung des Sonnensystems ist. In der Geschichte des Sonnensystems gab es eine Periode, während der sich im sonnennahen Raum eine große Zahl riesiger Meteorite bewegte.

Die zukünftige Untersuchung der Meteoritenkrater wird es erlauben, tiefer in die Geschichte der Erde und des Sonnensystems einzudringen.

Die Ringe der Riesenplaneten

Der Saturn hebt sich unter den Planeten des Sonnensystems durch seinen ungewöhnlichen Anblick heraus. Er wird von erstaunlichen und sehr schönen Gebilden umgeben, von Ringen. Diese bestehen aus einer Vielzahl kleiner Eisteilchen und Eisklumpen von einigen Dutzend Metern Durchmesser, die alle um den Planeten kreisen. Lange Zeit hielt man die Saturnringe für die einzigen Gebilde

Abb. 11. Die Saturnringe, aufgenommen von der Raumsonde Voyager-1

dieser Art in der Planetenfamilie. Dann wurden jedoch 1976 durch irdische Beobachtungen einige Ringe um den siebenten Planeten des Sonnensystems, den Uranus, entdeckt. Einige Zeit später registrierte die Raumstation Voyager-1 einen schwachen Ring um den Jupiter. Er ist ungefähr 1 km dick und besteht aus Teilchen, deren Durchmesser zwischen einigen Mikrometern und einigen Metern liegt.

Ausgehend von den langjährigen Beobachtungen durch irdische Observatorien, nahmen die Astronomen an, daß vier Saturnringe existieren. Sie wurden mit den großen Anfangsbuchstaben des lateinischen Alphabets A, B, C und D bezeichnet, wobei man mit dem vierten Ring begann. Er wurde damals für den äußersten gehalten. Als man einen fünften Ring entdeckte, der noch weiter vom Saturn entfernt ist, gab man ihm den Index E.

Die Untersuchungen des Saturns von Bord der amerikanischen interplanetaren Stationen Pioneer-11, Voyager-1 und Voyager-2 in den Jahren 1979 bis 1981 eröffneten eine neue Epoche der Erforschung der Ringe. So wurde von Pioneer-11 der am weitesten entfernte Ring entdeckt, der die Bezeichnung F erhielt. Voyager-1 übermittelte Abbildungen der Ringe D und E, deren Existenz in Zweifel gezogen worden war, zur Erde. Darüber hinaus führte die Analyse der Aufnahmen von Voyager-1 die Wissenschaftler zu dem Schluß, daß möglicherweise noch ein siebenter Ring existiert.

Wirklich sensationell war jedoch eine andere Entdeckung: Es

stellte sich heraus, daß der Saturn nicht von sechs oder sieben breiten Ringen umgeben ist, sondern von einigen hundert schmalen Ringen. Die Fachleute schätzen, daß es sich um 500 bis 1000 Ringe handelt. Auf den Fotografien von Voyager-2 sieht man, daß die schmalen Ringe in mehrere feine „Ringchen" bzw. Strähnchen zerfallen. Nicht weniger seltsam ist, daß bei weitem nicht alle Ringe eine reguläre Form besitzen. So schwankt z. B. die Breite von einem der Ringe zwischen 25 und 80 km.

Womit kann man eine derartige Ringstruktur erklären? Am interessantesten ist die Vermutung, daß sich die Ringe durch die gravitative Einwirkung der Satelliten in eine Vielzahl von Fäden aufspalten.

Außer den Monden besitzt der Saturn nämlich noch eine Vielzahl kleiner Satelliten, die erst in den letzten Jahren von Raumsonden entdeckt worden sind.

Auch die geringe Breite des F-Ringes zieht die Aufmerksamkeit auf sich. Höchstwahrscheinlich läßt sie sich auch durch den Einfluß zweier früher nicht bekannter Saturnmonde mit Durchmessern von ungefähr 200 km erklären. Der eine befindet sich am äußeren Rand des F-Ringes, der andere am inneren Rand. Die Berechnungen ergeben, daß die Teilchen durch die Wirkung dieser Satelliten ins Innere des Ringes „gejagt" werden. Deshalb hat man sie bildlich als „Hirten" bezeichnet. Sie wachen über die Struktur des Ringes.

Die Saturnringe besitzen noch eine erstaunliche Besonderheit, nämlich „Speichen". Diese merkwürdigen Gebilde erstrecken sich über mehrere tausend Kilometer in radialer Richtung durch die Ringe. Sie kreisen ähnlich den Speichen eines Rades um den Planeten und lassen sich über mehrere Umdrehungen verfolgen. Wenn die „Speichen" Bestandteile der Ringe wären, müßten sie rasch zerstört werden. Die Teilchen der Ringe, die sich in unterschiedlichem Abstand von dem Planeten befinden, bewegen sich nämlich mit verschiedenen Winkelgeschwindigkeiten. Eine sorgfältige Analyse der von den Raumsonden übermittelten Bilder ergab, daß die Dauer eines vollständigen Umlaufs der „Speichen" genau mit der Rotationszeit des Saturns selbst übereinstimmt. In diesem Zusammenhang wurde die Vermutung geäußert, daß die „Speichen" aus sehr feinen Teilchen gebildet werden, die sich über der Ringebene befinden. Dort werden sie von elektrostatischen Kräften gehalten. Sie rotieren um den Saturn, da sie von seinem Magnetfeld mitgerissen werden.

Ein weiteres Rätsel trat auf. Im F-Ring wurde eine Verdichtung und sogar Verflechtung einzelner Fäden entdeckt. Diese Erscheinung ist vom Standpunkt der gewöhnlichen mechanischen Geset-

ze schwer zu erklären! Höchstwahrscheinlich steht sie ebenfalls mit elektromagnetischen Wirkungen im Zusammenhang.
Die Entdeckung der Jupiter- und Uranusringe spricht dafür, daß solche Strukturen bei den Riesenplaneten gesetzmäßig existieren. Sie können dadurch entstehen, daß die Bildung von Satelliten aus den Teilchen der prästellaren Wolke in der Nähe des Planeten nicht abgeschlossen wurde. Übrigens gibt es dazu auch andere Ansichten.

Die Vulkane des Sonnensystems

Für die moderne Astronomie ist die weite Anwendung des „Vergleichsprinzips" charakteristisch. Wir wollen die Gesetzmäßigkeiten der Entwicklung und des Aufbaus eines kosmischen Objekts untersuchen. Dann besteht eine der effektivsten Methoden der Lösung dieser Aufgabe darin, ähnliche Objekte im Universum zu suchen und sich zu bemühen, die Ähnlichkeiten und Unterschiede zu dem uns interessierenden Objekt aufzudekken. Wenn wir die Gründe für diese Ähnlichkeit oder diesen Unterschied festgestellt haben, sind wir bei der Lösung der gestellten Aufgabe wesentlich vorangekommen.
Die Ähnlichkeit weist auf die Allgemeinheit der Ursachen und bestimmte Faktoren hin, die auf die Evolution des untersuchten Objekts einen Einfluß ausüben. Unterschiede helfen jene Umstände zu finden, die die verschiedenen Entwicklungswege vorherbestimmen.
Selbst bei der Untersuchung der abstraktesten wissenschaftlichen Probleme ist die Anwendung neuer Kenntnisse in der Praxis das Endziel der Forschung. Diese Tendenz ist durch die soziale Natur der Wissenschaft als eine Form der menschlichen Tätigkeit bedingt. Auch die Astronomie stellt hierbei keine Ausnahme dar. Wenn die Astronomen kosmische Erscheinungen untersuchen, denken sie in erster Linie an die Erde. Das bezieht sich besonders auf die Erforschung der anderen Planeten des Sonnensystems. Sie erlaubt es, unser eigenes kosmisches Heim besser zu erkennen. In dieser Hinsicht ist die Erforschung des Vulkanismus eine der wichtigsten Aufgaben.
Vulkanische Prozesse sind eine der charakteristischen Erscheinungen im Innenleben unseres Planeten. Sie haben auf viele geophysikalische Prozesse nachhaltigen Einfluß. Die Tatsache, daß auf der Erde etwa 540 tätige Vulkane gezählt werden, gibt einen Eindruck vom Umfang des irdischen Vulkanismus. Tätige Vulkane sind solche, die wenigstens einmal seit Menschengedenken ausgebrochen sind. Unter ihnen befinden sich 360 im sog.

Feuergürtel um den Stillen Ozean und 68 auf Kamtschatka und den Kurilen.
In den letzten Jahren stellte sich heraus, daß sich auf dem Grund der Ozeane noch mehr Vulkane befinden. Allein im Zentralgebiet des Stillen Ozeans sind es mindestens 200 000.
Während eines einzigen Ausbruchs mittlerer Stärke wird eine Energie freigesetzt, die mit der Energie von 400 000 t Einheitsbrennstoff vergleichbar ist. Wenn man dagegen die vulkanische mit der in der Steinkohle eingeschlossenen Energie vergleicht, erhält man für einen größeren Ausbruch ein „Kohleäquivalent" von 5 Millionen Tonnen.
Während eines Ausbruchs wird eine Menge fester Teilchen aus dem Schoß der Erde emporgeschleudert. Sie gelangen in die Atmosphäre und üben dort, indem sie die Sonnenstrahlen streuen, einen merklichen Einfluß auf die Wärmemenge aus, die auf die Erde gelangt. So gibt es Daten, die davon zeugen, daß in der Geschichte unseres Planeten einigen Perioden längerer Abkühlung eine starke Vulkantätigkeit vorausgegangen ist.
Die heutige Wissenschaft verfügt über eine Vielzahl von Angaben, die bestätigen, daß nicht nur auf der Erde vulkanische Prozesse ablaufen, sondern auch auf anderen Himmelskörpern vom planetaren Typ, die ihrem Aufbau und ihrer Natur nach der Erde ähneln.
Der uns nächste Himmelskörper ist der Mond. Die Bedingungen der Mondentstehung sind ähnlich denen der Entstehung unseres eigenen Planeten. Deshalb ist der Vergleich mit dem Mond besonders interessant.
Bekanntlich stellte sich bei der Erforschung des Mondes durch Raumsonden heraus, daß die überwältigende Mehrheit der Ringgebirge auf dem Mond durch den Aufschlag von Meteoriten entstanden ist. Nichtsdestoweniger wurden auf der Oberfläche unseres natürlichen Begleiters auch klare Spuren vulkanischer Tätigkeit entdeckt. So sind z. B. auf dem Mond Basalte vulkanischer Herkunft verbreitet. Es gibt auch Gründe dafür, anzunehmen, daß die Massekonzentrationen („Mascons"), die von künstlichen Mondsatelliten unter dem Boden einiger Maria entdeckt wurden, nichts anderes als erkaltete Lavaansammlungen sind.
Auf der Oberfläche des Mondes gibt es auch Gebilde, die möglicherweise noch enger mit vulkanischen Prozessen verbunden sind. Damit sind die sog. Kuppeln gemeint. Das sind eigenartige runde, schwache Erhebungen, auf deren Gipfel sich manchmal ein Gebilde befindet, das an eine vulkanische Caldera (einen eingestürzten alten Kraterrand) erinnert. Interessanterweise trifft man solche Gebilde auch auf der Erde in ziemlich großen

Mengen an. Das sind die Lakkolithe, Erhebungen der Erdkruste, die durch die Tätigkeit vulkanischer Herde entstanden sind. Dazu gehören beispielsweise einige Berge im Nordkaukasus, nämlich Maschuk, Beschtau und Smeika.

Insgesamt waren bei der Ausbildung des Mondreliefs sowohl äußere, also exogene, als auch innere, also endogene Prozesse beteiligt. Ein Beispiel für die gemeinsame Wirkung dieser Faktoren ist die Entstehung der runden Maria. Nach den Angaben, die den Mondforschern zur Verfügung stehen, ist dies ungefähr folgendermaßen abgelaufen. Durch den Aufschlag eines riesigen Meteoritenkörpers entstand ein Trichter von einigen Dutzend Kilometern Tiefe. Im Laufe der Zeit hat sich der Boden des Trichters aufgrund der Elastizität der Mondkruste langsam geglättet. Ungefähr nach 500 Millionen Jahren fand ein Lavadurchbruch aus etwa 200 km Tiefe statt. Die Lava füllte den Boden des Trichters aus und erkaltete. So wurde eine glatte Oberfläche gebildet. Die Mondkrater mit flachem Boden, die sog. überfluteten Krater, entstanden etwa auf die gleiche Weise.

Dem bereits Gesagten kann man noch hinzufügen, daß durch die Untersuchung der Fotografien von der Mondoberfläche, die von künstlichen Mondsatelliten aufgenommen wurden, an einer ganzen Reihe von Stellen der Mondoberfläche erkaltete Lavaströme und -seen entdeckt worden sind. Die Fachleute nehmen an, daß die aktiven vulkanischen Prozesse auf dem Mond im wesentlichen während der ersten anderthalb Milliarden Jahre nach seiner Entstehung stattgefunden haben. Zugunsten dieser Aussage sprechen die Altersbestimmungen der Mondbodenproben, die vulkanisches Gestein enthalten. Sie sind mindestens 3 Milliarden Jahre alt.

Deutliche Spuren vulkanischer Tätigkeit kann man auch auf den kosmischen Fotografien vom Merkur, dem sonnennächsten Planeten, sehen. Die Merkuroberfläche ist fast ausnahmslos von einer riesigen Menge von Kratern bedeckt. Obwohl diese selbst, wie auch die Mondkrater, durch Einschläge entstanden sind, sind auf dem Boden von einigen die Spuren von Lavaausflüssen gut zu erkennen.

Es gibt auch eine Reihe von Hinweisen, die zugunsten der Vermutung sprechen, daß die vulkanische Aktivität auf der Venus bis in die Gegenwart fortgesetzt wird. Bekanntlich beträgt die Oberflächentemperatur dieses Planeten etwa 500 °C. Offensichtlich wird diese hohe Oberflächentemperatur im wesentlichen durch die Wirkung des Treibhauseffekts erklärt. Aufgrund dieses Effekts speichern die untersten Schichten der Venusatmosphäre die Wärme, die von der Sonne auftrifft. Es ist jedoch nicht ausgeschlossen, daß auch vulkanische Prozesse, insbesondere der Ausfluß glühender Lava auf die Oberfläche, einen bestimmten Beitrag zu dieser Temperatur leisten. Möglicherweise stehen auch die beträchtlichen Mengen fester Teilchen, die nach einigen Angaben in der Gashülle der Venus vorhanden sind, im Zusammenhang mit vulkanischen Ausbrüchen.

Weiterhin muß man auf die große Menge Kohlendioxid (97%) in der Atmosphäre dieses Planeten hinweisen. Bekanntlich ist die Freisetzung von Kohlendioxid für vulkanische Erscheinungen charakteristisch.

Wir wissen bisher nicht, ob die Venuskrater vulkanischer Herkunft oder durch Meteorite entstanden sind. Es wurden jedoch drei „helle" Flecke entdeckt, d. h. Gebiete, die Radiowellen besser reflektieren. Einer erreicht 400 km im Durchmesser. Nach Meinung der Fachleute handelt es sich bei diesen Flecken um Gebilde, die aus Lavaströmen entstanden sind.

Im Gebiet des Maxwell-Massivs, auf dem Gipfel des höchsten Venusberges, befindet sich eine 100 km große Caldera, die sehr wahrscheinlich vulkanischer Herkunft ist. Über dem mit dem griechischen Buchstaben β bezeichneten Gebiet wurde eine beträchtliche Störung des Gravitationsfeldes registriert. Derartige Erscheinungen zeigen sich unter irdischen Bedingungen über den Stellen, an denen sich junge (wenn auch nicht unbedingt tätige) Vulkane befinden. Man vermutet auch, daß die vielen Strahlen, die von β aus in verschiedene Richtungen laufen, erkaltete Lavaströme sind. Anscheinend ist β ein Vulkankegel, dessen Durchmesser an der Basis 800 km beträgt und der eine 80 km große Caldera auf dem Gipfel besitzt.

Zugunsten der Vermutung, daß gegenwärtig auch vulkanische Prozesse auf der Venus ablaufen, sprechen außerdem die zahlreichen elektrischen Entladungen von der Art der Blitze, die von den sowjetischen Stationen Venus-11, Venus-12 und Venus-13 im Gebiet einiger Venusberge registriert worden sind. Ähnliche Erscheinungen wurden beim Ausbruch irdischer Vulkane ebenfalls öfters festgestellt.

Weiterhin zog die riesige Geschwindigkeit, mit der sich die Gasmassen in der Venusatmosphäre bewegen, die Aufmerksamkeit auf sich. Bei einer relativ langsamen Eigenrotation des Planeten (eine Umdrehung im Laufe von 243 irdischen Tagen) beträgt die Geschwindigkeit der atmosphärischen Zirkulation 4 bis 5 Tage. Bei solchen orkanartigen Geschwindigkeiten müssen enorme Energien verausgabt werden. Möglicherweise kommt diese Energie nicht nur von der Sonne, sondern auch aus dem Schoß des Planeten.

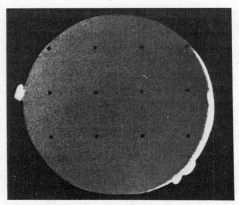

Abb. 12. Vulkanausbruch auf dem Jupitermond Io, aufgenommen von der Raumsonde Voyager-1

Die Analyse neuer Daten vom Mars, die hauptsächlich durch Raumsonden gewonnen wurden, ergab, daß vulkanische Prozesse auf diesem Planeten eine ziemlich wesentliche Rolle bei der Herausbildung des Reliefs gespielt haben. So besitzen einige Marskrater kleine zentrale Gipfel mit einem dunklen Punkt an der Spitze. Es ist nicht ausgeschlossen, daß es sich hierbei um erloschene Vulkane handelt.

Auf dem Mars gibt es Berge, an deren vulkanischer Herkunft keinerlei Zweifel besteht. Dazu gehört beispielsweise der Olymp, dessen Höhe 24 km beträgt. Zum Vergleich genügt es, daran zu erinnern, daß der höchste Gipfel der Erde, der Mount Everest, nicht einmal 9 km Höhe erreicht. Als 1971 auf dem Mars ein sehr starker Staubsturm tobte, erhob sich der Kegel des Olymps über die Staubschleier. In dem gleichen Gebiet befinden sich noch drei riesige Vulkane, die nur ein wenig niedriger sind. Die Fachleute schätzen, daß die Ausbrüche dieser Vulkangruppe vor einigen Dutzend bis hundert Millionen Jahren stattgefunden haben. Sie wurden vom Auswurf riesiger Aschemengen begleitet, die wahrscheinlich viele ebene Gebiete des Planeten bedecken. Die Existenz derartig hoher Berge vulkanischer Herkunft auf dem Mars zeugt von der großen Stärke der vulkanischen Prozesse, dank denen sich riesige Materiemengen über die Oberfläche des Planeten ergossen haben.

Vermutlich war die Entdeckung von 8 bis 9 tätigen Vulkanen auf dem Jupitermond Io eine der interessantesten Entdeckungen, die mittels Raumsonden gemacht wurden. Diese Vulkane werfen Staub und erhitzte Gase bis zu 200 km Höhe aus.

Die vulkanischen Prozesse, die auf der Erde ablaufen, hängen hauptsächlich mit der Erhitzung des Erdinnern durch den Zerfall radioaktiver Elemente zusammen. Auf dem Io dient anscheinend die Gezeitenwirkung der benachbarten Monde im mächtigen Gravitationsfeld vom Jupiter als Wärmequelle.

Die Tatsache, daß zwischen den Aufnahmen des Mondes Io durch die Sonden Voyager-1 und Voyager-2 einige Monate vergangen waren und dessen ungeachtet sechs der entdeckten Vulkane weiterhin tätig waren, ist zweifellos von Interesse. Wodurch kann solch eine lange Dauer des Ausbruchs erklärt werden? Der sowjetische Astronom G. A. Leikin schlug dazu eine interessante Hypothese vor.

Wenn Io ein eigenes Magnetfeld besitzt, läßt sich nicht ausschließen, daß auf seine Oberfläche Teilchen aus dem Strahlungsgürtel vom Jupiter auftreffen. Es ist auch durchaus möglich, daß in den Gebieten mit Vulkanausbrüchen magnetische Anomalien vorhanden sind, wodurch eine Konzentration solcher Teilchen gerade an diesen Stellen ermöglicht wird. Durch ihre Einwirkung könnte die Oberflächenmaterie verdampft werden, und dadurch werden vulkanische Erscheinungen begünstigt.

Vulkanische Prozesse können auch auf dem Saturnmond Titan ablaufen. Er ist einer der größten Monde im Sonnensystem. Bei Ausbrüchen auf dem Titan strömt allerdings keine heiße Lava aus, sondern flüssiges Methan und Ammoniaklösungen.

Aus den bisher erörterten Tatsachen können wir also schließen, daß die vulkanischen Prozesse, ungeachtet ihrer Vielfältigkeit, eine gesetzmäßige Etappe in der Evolution der erdähnlichen Himmelskörper darstellen. Darum wird die Untersuchung der vulkanischen Erscheinungen auf anderen Planeten des Sonnensystems zweifellos auch zu einem tieferen Verständnis der Gesetzmäßigkeiten des Innenlebens der Erde führen.

Der Mond und die Elementarteilchen

Ein unersetzliches natürliches Laboratorium für den Physiker, der den Aufbau der Materie untersucht, sind die kosmischen Strahlen. In den Strömen kosmischer Strahlung, die den Weltraum durchdringen, findet man Teilchen mit einer solchen Energie, wie wir sie selbst mit den leistungsstärksten Beschleunigern noch nicht erzeugen können.

Das „Labor der kosmischen Strahlen" hat aber auch einen wesentlichen Mangel. Sucht man Teilchen mit Eigenschaften, die nicht häufig auftreten, so kann die Wartezeit viele Jahrzehnte betragen. Schließlich kann man vorher nicht wissen, wann sich

das uns interessierende Teilchen gerade in dem Punkt des Raums aufhält, in dem sich im gegebenen Augenblick die Registriergeräte befinden.
Die Physiker versuchen, aus dieser Lage herauszukommen, indem sie in Gebirgsgegenden Spezialfotoplatten mit dicken Emulsionsschichten aufstellen. Die kosmischen Strahlen durchdringen diese Emulsionen und hinterlassen in ihnen ihre Spuren, die Tracks. Doch erstens wurden solche Beobachtungen bisher noch nicht sehr lange ausgeführt, und zweitens sind auch die höchsten Berggipfel noch lange kein Kosmos. Nicht alle Teilchen können bis hierher durch die Erdatmosphäre vordringen. Natürlich erhielten die Physiker mit der Entwicklung der Technik die Möglichkeit, ihre Geräte in Höhenflugzeugen, in Ballonsonden und in verschiedenen Raumflugkörpern zu installieren. Flugzeuge und Ballonsonden können jedoch nur kurze Beobachtungszeiten gewährleisten, und Raumflugkörper gibt es noch nicht lange.
Und doch können gerade die Raumflugkörper eine echte Wende in der Erforschung der kosmischen Strahlen bringen. Sie haben den Forschern ein Laboratorium zugänglich gemacht, in dem kosmische Strahlen schon seit Milliarden von Jahren registriert werden. Dieses Labor hat ebenfalls die Natur geschaffen. Wir meinen den Mond. Wie wir bereits wissen, wird die Mondoberfläche, die von keiner Atmosphäre geschützt ist, ständig von Teilchen der kosmischen Strahlung bearbeitet. Die Mondgesteine bewahren die Spuren solcher Stöße. Die Untersuchung dieser Spuren hat bereits begonnen.
Es erschienen die ersten, außerordentlich interessanten Veröffentlichungen. Die indischen Forscher D. Lal und N. Bhaudari entdeckten im Ergebnis einer speziellen Bearbeitung von Mondproben in den Kristallen des Mondgesteins ungewöhnlich lange Tracks irgendwelcher Teilchen. Einer von ihnen erreicht 18 µm. Als Vergleich kann man angeben, daß die Teilchen, die bei der spontanen Teilung von Urankernen entstehen, Tracks mit einer Länge von nur 14 µm ergeben. Der amerikanische Wissenschaftler B. Price entdeckte im Mondgestein eine noch fünfzigmal längere Spur.
Zu welchen Teilchen können solche langen Spuren gehören? Was die Spuren betrifft, die die indischen Wissenschaftler entdeckt haben, so ist die Möglichkeit nicht ausgeschlossen, daß sie von Splittern von Atomkernen superschwerer Transurane herrühren. Dank der Erfolge der Kernphysik konnten Wissenschaftler eine ganze Reihe von Transuranen synthetisieren.
Die Hauptschwierigkeit einer solchen Synthese besteht darin, daß die Transurane außerordentlich instabil sind. Je schwerer ein

Kern ist, um so schneller zerfällt er. Deshalb konnte erwartet werden, daß die Darstellung von Elementen mit Ordnungszahlen über 103 sehr schwer oder auch überhaupt nicht möglich ist. Als jedoch in Dubna das 104. Element synthetisiert wurde, das man „Kurtschatowium" nannte, stellte sich heraus, daß es eine Lebensdauer von etwa drei Sekunden hat.

Aus der Analyse dieser und einiger anderer Tatsachen schlossen die Theoretiker, daß es in der Welt der Transurane gewisse „Stabilitätsinseln" geben müsse. Hier liegen Atome, die eine stabile Zusammensetzung haben. Man nimmt an, daß sich solche Inseln im Bereich der Elemente 106 bis 114 und 124 bis 126 befinden.

Wenn einige Transurane tatsächlich eine große Lebensdauer haben, so müssen sie auch in der Natur vorkommen. Einmal entstanden – sagen wir, bei gewaltigen kosmischen Prozessen –, konnten sie auch bis zur Erde vordringen. Es hat also Sinn, ihre Spuren zu suchen.

In den letzten Jahren suchte man intensiv in verschiedenen Medien: in der Erdkruste, im arktischen Eis, in alten Sedimenten am Boden der Ozeane und sogar in alten Gläsern und Spiegeln. Doch ist es sehr gut möglich, daß man die besten Bedingungen für solche Untersuchungen auf unserem uralten Trabanten Mond vorfindet.

Was für ein ungeheures Teilchen konnte im Mondboden eine Spur von beinahe einem ganzen Millimeter hinterlassen? Es ist nicht ausgeschlossen, daß es sich um den geheimnisvollen Monopol handelt, ein hypothetisches Teilchen, das von dem englischen theoretischen Physiker P. Dirac bereits 1931 vorhergesagt wurde. Bekanntlich können elektrische Ladungen, positive und negative, unabhängig voneinander existieren. In der Natur gibt es Elektronen und Positronen, Protonen und Antiprotonen. Dagegen sind die magnetischen Ladungen, nördliche und südliche, untrennbar miteinander verbunden. Einen Monopol oder Antimonopol zu erzeugen oder wenigstens zu beobachten, d. h. die Magnetpole voneinander zu trennen, ist bisher noch niemandem gelungen.

Nach Diracs Berechnungen muß die magnetische Ladung eines Monopols ungefähr 70mal größer als die elektrische Ladung des Elektrons sein. Folglich kann der Monopol sogar in verhältnismäßig schwachen Feldern eine riesige Energie erhalten. Deshalb könnten wir mit Monopolen mit recht elementaren Mitteln ungewöhnlich leistungsfähige Beschleuniger schaffen. Dazu kommt noch, daß ein Nachweis der Existenz von Monopolen viele Probleme der Entstehungstheorie kosmischer Strahlen lösen

helfen würde; speziell könnte man die ungewöhnlich hohen Energien einiger kosmischer Teilchen erklären.
Außerdem haben die Monopole nach der Diracschen Theorie bedeutende Massen, und die Wechselwirkung zwischen ihnen ist einige tausendmal intensiver als die zwischen den elektrischen Elementarladungen. Deshalb ist die Aufspaltung in Monopol und Antimonopol wesentlich schwerer als bei gewöhnlichen Elementarteilchen. Doch andererseits ist auch ihre gegenseitige Annihilation viel unwahrscheinlicher. Darum wären die Monopole hervorragende „Geschosse" der Atomartillerie zum Bombardieren verschiedener Elementarteilchen, „Geschosse", die man auf gewaltige Energien bringen und mehrfach hintereinander benutzen kann. Das führte dazu, daß viele Physiker nach Monopolen suchen, bisher jedoch ohne Resultat.
Doch es geht nicht nur um die verlockenden praktischen Möglichkeiten, die die Erzeugung von Monopolen verheißt. Die Frage nach der Existenz magnetischer Elementarteilchen ist von großem theoretischem Interesse. Sowohl der Nachweis der Monopole als auch die Entdeckung eines Gesetzes, das ihre Existenz „verbietet", würden die gleiche große Bedeutung für die Entwicklung der physikalischen Vorstellungen vom Aufbau der Welt besitzen.

Für die Welt unsichtbare Trabanten

Die verschiedenen Planeten „besitzen" eine unterschiedliche Zahl von Monden. Dieser „Reichtum" ist im Sonnensystem ganz deutlich ungleichmäßig verteilt. Der Gigant Jupiter besitzt 15, der Saturn hat nach einigen Angaben mehr als 20 Monde. Je mehr man sich jedoch der Sonne nähert, um so rascher sinkt die Zahl der Monde. Der Mars hat nur zwei Monde – die berühmten Phobos und Deimos –, Merkur und Venus haben überhaupt keine.
Die Erde hat einen einzigen natürlichen Begleiter, den Erdmond. Im übrigen müssen wir noch präzisieren, was wir einen Trabanten oder Mond nennen. Wir sind daran gewöhnt, daß unser Mond ein kugelförmiger Körper ist, aber i. allg. können ja die Monde der Planeten auch anders aussehen. Wichtig ist nur, daß sie mit dem gegebenen Planeten durch die Gravitationskraft verbunden sind. In welchen Zuständen kann feste Materie überhaupt im Kosmos vorkommen? In Form einzelner formloser Klumpen und in Form von Staub, staubartigen Wolken. Was die einzelnen Klumpen betrifft, so ist es durchaus möglich, daß die Erde mehrere solcher Begleiter hat. Man konnte sie noch nicht registrieren, aber es gibt einige indirekte Hinweise auf ihre Existenz.

Und die staubförmigen Monde?
Schon im 18. Jh. kam der bekannte französische Mathematiker Lagrange bei der Untersuchung des Bewegungsproblems dreier wechselwirkender Körper zu dem Schluß, daß diese drei Körper unter bestimmten Bedingungen ein recht interessantes gleichseitiges Dreieck im Raum bilden können. Es versteht sich von selbst, daß sich im Laufe der Zeit jeder der drei Körper auf seiner Bahn bezüglich des gemeinsamen Massenmittelpunktes bewegt. Doch bei diesen Verschiebungen bleiben sie die ganze Zeit in den Eckpunkten eines gleichseitigen Dreiecks. Das Dreieck selbst verändert seine Gestalt ständig, verkleinert oder vergrößert sich, oder es dreht sich relativ zum Massenmittelpunkt. Doch dabei bleibt es immer gleichseitig. Auf diese Weise können in einem System aus drei Körpern gewisse „Gleichgewichtspunkte" (Librationspunkte) existieren.
Und wenn das System nur aus zwei Körpern besteht, wie z. B. das System Erde – Mond? Dann gibt es dennoch einen sozusagen „potentiellen" Gleichgewichtspunkt, der zusammen mit den beiden Körpern die Eckpunkte eines gleichseitigen Dreiecks bildet. Da man in einer Ebene, in der sich bereits zwei Körper bewegen, immer ein Paar gleichseitiger Dreiecke konstruieren kann, wobei zwei ihrer Eckpunkte zusammenfallen und durch die beiden Körper markiert werden, muß es in einem System aus zwei Körpern offensichtlich zwei „Gleichgewichtspunkte" geben. Doch diese Punkte können zeitweise nicht besetzt sein.
Wenn sich jedoch ein Körper im Lagrangepunkt befindet und dabei plötzlich an Geschwindigkeit relativ zur Erde und zum Mond verliert, so gerät der Körper in eine Art Gravitationsfalle und bleibt darin für immer oder wenigstens sehr lange.
Solange anfänglich die „Falle" noch leer ist, funktioniert sie noch schlecht. Teilchen durchfliegen ungehemmt die „Gleichgewichtszone" und verschwinden auf ihrer Bahn. Doch je mehr sich die „Falle" mit Materie anfüllt, um so mehr beschleunigt sich der Prozeß des „Einfangens". Jetzt können die heranfliegenden Teilchen mit denen zusammenstoßen, die bereits in die unsichtbaren Netze geraten sind, verlieren ihre Geschwindigkeit und ergänzen die „Beute".
Obwohl dieser Prozeß außerordentlich langsam abläuft, kann man doch erwarten, daß sich im Laufe von vielen hundert Millionen Jahren in den Lagrangepunkten des Systems Erde – Mond spürbare Mengen an Material angesammelt haben. Schließlich gibt es im erdnahen Raum zahlreiche Staubkörner und möglicherweise auch größere Körper.
Schon zu Beginn unseres Jahrhunderts wurden Trabanten in den

Lagrangepunkten des Sonne-Jupiter-Systems entdeckt. In der Nähe jedes dieser Punkte entdeckten die Astronomen einige Asteroiden. Sie erhielten alle Namen von Helden aus der Legende vom Trojanischen Krieg. Die große Gruppe wurde „Griechen" genannt, die kleine „Trojaner".
Doch lange Zeit gelang es nicht, Begleiter der Erde zu entdecken, deren Existenzmöglichkeit aus der Theorie folgt. Das liegt daran, daß man derartige Begleiter nur dann sieht, wenn der entsprechende Lagrangepunkt am Himmel in einem Gebiet liegt, das der Sonne gegenüberliegt und hinreichend weit vom hellen Band der Milchstraße entfernt ist. Dazu kommt noch, daß in dieser Nacht der Mond nicht scheinen darf.
Solche günstigen Verhältnisse ergeben sich in der Natur selten. Die Astronomen fotografierten jahrelang die Lagrangepunkte, doch wurden keinerlei Spuren fester Materie entdeckt. Erst vor einigen Jahren gelang es, die „unsichtbaren" Begleiter unseres Planeten zu fotografieren. Sie erwiesen sich von eindrucksvoller Größe. Der Querschnitt eines jeden ist mit dem Querschnitt der Erde vergleichbar.
Übrigens ist die Masse dieser Staubwolken für kosmische Verhältnisse recht unbedeutend. Sie beträgt nur etwa 20 000 t. Und die Dichte ist erst recht klein, nur ein Staubkorn pro Kubikkilometer. Es ist nicht verwunderlich, daß sie so schwer festzustellen waren.
Dennoch muß man Wolken kosmischer Materie in der Nähe der „Gleichgewichtspunkte" bei der Wahl der Bahn von Raumschiffen offenbar ernstlich berücksichtigen.
Andererseits ist es sehr verlockend, in den Lagrangepunkten Raumstationen zu errichten. Ihre Lage im Raum brauchte lange Zeit nicht korrigiert zu werden. Doch dann wird es wahrscheinlich notwendig, die Materie, die sich in diesen Gebieten angesammelt hat, zu beseitigen. Sie kann für die Anlagen der Station gefährlich werden und die wissenschaftlichen Beobachtungen stören.

Dem Halleyschen Kometen entgegen

Die manchmal als Schweifsterne bezeichneten Kometen haben schon immer nicht nur die Aufmerksamkeit der Fachleute auf sich gezogen, sondern weite Kreise interessiert. Nachdem die Wissenschaftler zu dem Schluß gekommen waren, daß diese eigentümlichen Himmelskörper aus jener „ursprünglichen" Materie bestehen, aus der sich in der fernen Vergangenheit die Planeten des Sonnensystems gebildet haben, wuchs das Interesse an ihrer

Erforschung noch weiter an. Darin liegt auch die Erklärung für die große Bedeutung, die Astronomen der Annäherung des Halleyschen Kometen an die Sonne und die Erde in den Jahren 1985/86 beimaßen.
Als der erwähnte Komet 1682 erschien, war der englische Astronom Edmund Halley einer der ersten, der ihn beobachtete. Nach den damaligen Vorstellungen waren die Kometen Himmelskörper, die aus dem interstellaren Raum in das Sonnensystem eindrangen und es später wieder verließen. Im Laufe der Menschheitsgeschichte waren am Himmel Hunderte von Kometen erschienen, und die Astronomen waren damals davon überzeugt, daß sie sich alle voneinander unterscheiden.
Halley entschloß sich, die Bahnen einiger Kometen zu berechnen, für die die entsprechenden Beobachtungsdaten zur Verfügung standen. Dieser Arbeit lagen die Methoden zur Bahnberechnung zugrunde, die von I. Newton ausgearbeitet worden waren. Dabei mußten große mathematische Schwierigkeiten überwunden werden, die Berechnungen dauerten ungefähr 20 Jahre. Halley gelang es, die Bahnen von etwa zwei Dutzend Kometen zu berechnen, die zu verschiedenen Zeiten erschienen waren. Dabei stellte sich ein erstaunlicher Umstand heraus: Die Bahnen der Kometen von 1531 und 1607 waren der Bahn des Kometen von 1682 äußerst ähnlich. Daraus schlußfolgerte Halley ganz richtig, daß es sich um ein und denselben Kometen handeln muß, der sich periodisch alle 75 bis 76 Jahre der Sonne nähert. Ausgehend davon mutmaßte er, daß dieser Komet im Jahre 1758 von neuem erscheinen würde. Tatsächlich erschien er Ende 1758. Seither trägt er den Namen Halleys.
Ähnlich vielen anderen bewegt sich der Halleysche Komet auf einer langgezogenen elliptischen Umlaufbahn um die Sonne, wobei er die 18fache Erdentfernung von der Sonne erreicht. Die Bahnebene, in der sich der Komet bewegt, ist bezüglich der Erdbahnebene um 18° geneigt. Im Gegensatz zu den Planeten, die sich entgegengesetzt zum Uhrzeigersinn um die Sonne bewegen (wenn man von der Seite des Nordpols der Erde auf die Bewegung schaut), bewegt sich der Halleysche Komet in Uhrzeigerrichtung, wobei ein Umlauf im Mittel 75 bis 76 Jahre dauert. Der kleinste Abstand zur Sonne beträgt etwa 900 Millionen Kilometer. Zu diesem Zeitpunkt (im sog. Perihel) befindet sich der Komet zwischen den Umlaufbahnen von Merkur und Venus.
Im 20. Jh. hat sich der Halleysche Komet bereits in den Jahren 1909 bis 1911 einmal in Sonnennähe befunden. Damals hatten die Wissenschaftler errechnet, daß die Erde in der Nacht vom 19. Mai 1910 den Kometenschweif passiert, was teilweise zu einer Welt-

untergangsstimmung geführt hatte. Dieses „kosmische Rendezvous" zweier Himmelskörper wurde von vielen mit Schrecken erwartet. Der Kometenschweif enthält nämlich giftige Zyangase. Auf Schritt und Tritt konnte man damals Gespräche über die bevorstehende Katastrophe hören, darüber, wie die giftigen Gase alles Leben auf der Erde auslöschen würden.
Natürlich wußten die Astronomen, daß die Kometenschweife äußerst verdünnt sind und keinerlei Gefahr für die Bewohner der Erde darstellten, die ja auch noch von der Atmosphärenhülle geschützt sind. Und dennoch hatte die „Kometenfurcht" nahezu die gesamte Welt erfaßt. Tatsächlich durchlief die Erde etwa am 18. Mai den Schweif des Halleyschen Kometen, aber das wurde von niemandem bemerkt. Darüber hinaus wurden auch mit Spezialinstrumenten keinerlei Veränderungen in der gewöhnlichen chemischen Zusammensetzung der irdischen Lufthülle festgestellt. Dies war ein weiterer Hinweis darauf, daß die Kometenschweife äußerst verdünnt sind.
Interessanterweise sind die überwältigende Mehrheit der Kometen relativ kurzlebige Himmelskörper. Wenn sie in die Nähe der großen Planeten gelangen, spüren sie deren mächtige Anziehungskraft, unter deren Wirkung sie allmählich zerstört werden. Demnach ist der Halleysche Komet eine Ausnahme von der allgemeinen Regel. Hinweise auf sein Erscheinen lassen sich aufgrund von gewissen Daten bis zum Jahre 240 v. u. Z. zurückverfolgen, also über einen Zeitraum von mehr als zwei Jahrtausenden. Kein anderer Komet seit Menschengedenken läßt sich in so ferne Vergangenheit zurückverfolgen. Höchstwahrscheinlich hängt die große „Lebensfähigkeit" des Halleyschen Kometen bis zu einem gewissen Grade damit zusammen, daß seine Bewegungsebene nicht mit der Ebene der Ekliptik übereinstimmt (in deren Nähe sich die Planeten bewegen) und daß aufgrund seiner entgegengesetzten Bewegungsrichtung die Treffen mit den Planeten relativ schnell verlaufen, er also nur kurzzeitig ihrer zerstörerisch wirkenden Kraft ausgesetzt ist. Nichtsdestoweniger gibt es bestimmte Störungen der Umlaufbahn des Halleyschen Kometen, die sich auf seine Umlaufzeit auswirken. Diese schwankt zwischen 74 und 79 Jahren.
Im Laufe der weiteren Entwicklung der Himmelsmechanik lernten die Astronomen, die Umlaufbahnen der Kometen äußerst genau zu bestimmen, wobei sie alle möglichen Einflüsse seitens anderer Körper im Sonnensystem berücksichtigten. Dennoch richteten sich diese „Himmelsgäste" hartnäckig nicht nach dem von den Wissenschaftlern berechneten „Fahrplan" ihrer Bewegung. Das sprach dafür, daß nicht nur die Gravitationskräfte die

Bewegung der Kometen beeinflussen, sondern auch Kräfte anderer physikalischer Natur.
Den Charakter dieser Kräfte konnte man erst in der Mitte unseres Jahrhunderts aufklären; es waren Rückstoßkräfte. Es stellte sich heraus, daß die Gase, die aus dem Kometenkern ausgeworfen werden, einen Rückstoßeffekt bewirken, der zwar verhältnismäßig klein ist, jedoch ausreicht, einen merklichen Einfluß auf die Bewegung des Kometen auszuüben.
Damit erhielt die Vorstellung, daß die Kometenkerne aus gefrorenen Gasen, genauer aus schmutzigem Schnee oder Eis, bestehen, eine erstaunliche Bestätigung. Dabei handelt es sich hauptsächlich um gewöhnliches Wassereis sowie um Eis aus Kohlendioxid und Kohlenmonoxid. Etwa ein Drittel der Masse der Kometenkerne besteht aus unterschiedlicher steiniger Materie.
Wenn sich der Komet der Sonne auf etwa 600 bis 700 Millionen Kilometer nähert, werden unter dem Einfluß der Sonnenstrahlung die im Kern enthaltenen Gase freigesetzt, wobei sie Eis- und feste Teilchen mit sich nach außen transportieren. Diese verdampfen dort und umhüllen den Kern mit einer Wolke – der Atmosphäre des Kometen. Diese zerstreut sich ständig in den luftleeren kosmischen Raum, wobei sie gleichzeitig wieder von den im Kern freigesetzten Gasen aufgefüllt wird. Unter der Einwirkung des Sonnenwinds (das sind Teilchen, die von der Sonne geflogen kommen) und des Lichtdruckes der Sonnenstrahlen werden die freigesetzten Gase und Teilchen von dem Kometen in die der Sonne entgegengesetzte Richtung weggetrieben. Auf diese Weise entsteht der leuchtende Schweif. Sobald sich der Komet wieder von der Sonne entfernt, verliert sich sein Schweif allmählich im Raum.
Kometen sind äußerst interessante kosmische Objekte. Wenn sie sich in großer Entfernung von der Sonne befinden, unterliegen sie physikalischen Einwirkungen, die ihren Zustand verändern. Wenn man solche Veränderungen beobachtet, kann man im Prinzip Schlüsse auf die physikalischen Bedingungen in verschiedenen Gebieten des Sonnensystems ziehen. Auf diese Weise können Kometen gewissermaßen als natürliche Sonden dienen, mit denen man einzigartige Informationen über physikalische Prozesse im interplanetaren Raum gewinnen kann.
Darüber hinaus sind der Aufbau und die Zusammensetzung des Kometenkerns von großem wissenschaftlichem Interesse, da das Material der Kometenkerne vermutlich jene „ursprüngliche" Materie ist, aus der in ferner Vergangenheit die Planeten des Sonnensystems entstanden sind.
Während der letzten Annäherung des Halleyschen Kometen an

die Sonne in den Jahren 1985/86 wurde er im Rahmen des Projekts „Vega" mit Raumsonden untersucht. An diesem Unternehmen haben neben sowjetischen Wissenschaftlern weitere Wissenschaftler aus den sozialistischen Ländern sowie aus Frankreich, Österreich und der BRD mitgewirkt. In den letzten Dezembertagen des Jahres 1984 starteten von einem sowjetischen Kosmodrom innerhalb einiger Tage zwei sowjetische interplanetare Sonden. Zunächst transportierten sie die Forschungsgeräte zur Venus und setzten dann den Flug zur Annäherung an den Halleyschen Kometen fort. Diese doppelte Aufgabe spiegelt sich auch in dem Namen „Vega" der Sonden wider, der aus den Anfangsbuchstaben der russischen Bezeichnungen dieser Himmelskörper – Venera und Galley – gebildet wurde.

Im März 1986 passierten diese beiden Sonden sowie die Sonde „Giotto" der Europäischen Raumfahrtagentur (ESA) und die zwei japanischen Sonden „Planet-A" („Suisei") und „MS-T5" („Sagigake") den Halleyschen Kometen, wobei zahlreiche Beobachtungen durchgeführt wurden.

Die Analyse der gewonnenen Daten ergab, daß der Kern des Kometen Halley ein unregelmäßig geformter monolithischer Körper ist, der etwa die Ausmaße 7,5 km × 8,2 km × 16 km besitzt. Er ist von einer schwerschmelzenden dunklen Kruste von etwa 1 cm Dicke umgeben, durch die von Zeit zu Zeit Wasserdampf und Gase dringen. Die Temperatur des Kerns selbst liegt etwa bei 100 °C. Der Kern rotiert, eine Umdrehung dauert etwa 50 bis 56 Stunden. Die direkten Untersuchungen von Raumsonden haben die Vorstellung bestätigt, daß Kometenkerne aus Eis bestehen, wobei einige Fragen zum Aufbau dieser Objekte ungeklärt blieben und damit Gegenstand weiterer wissenschaftlicher Diskussionen sind.

Häufig wurde die Vermutung ausgesprochen, die Kometen könnten Überträger von Leben sein. Darum war die Antwort auf die Frage nach der Existenz von organischer Materie im Kern des Kometen Halley besonders interessant. Bei der Bearbeitung der Daten über die Zusammensetzung des Kometenstaubs, die von Vega-1 gewonnen wurden, entdeckte man organische Moleküle, die Kohlenstoff und Wasserstoff oder Kohlenstoff, Stickstoff und Wasserstoff oder Kohlenstoff, Sauerstoff und Wasserstoff enthielten. Moleküle der Nukleinsäuren wurden nicht entdeckt; es ist jedoch nicht ausgeschlossen, daß die im Kometen enthaltenen organischen Moleküle auch Nukleinsäuren bilden können, wenn sie in warmes Wasser gelangen.

Gibt es eine Bewegung durch Trägheit?

Eine wichtige Rolle für das Verständnis der Bewegung der Himmelskörper – insbesondere der Planeten des Sonnensystems – spielt die Entdeckung des Trägheitsgesetzes durch Galilei.
Zu einer Zeit, als dieses Gesetz noch unbekannt war, versuchte der berühmte Kepler, die Ursache dafür zu finden, daß sich die Planeten fortwährend um die Sonne drehen. Er suchte die geheimnisvolle Kraft, die die Planeten vorantreibt und sie nicht zum Stillstand kommen läßt.
Heute ist gut bekannt, daß sich die Kreisbewegung der Planeten aus zwei Bewegungen zusammensetzt, aus der gleichförmig geradlinigen Bewegung durch die Trägheit und dem Fall auf die Sonne unter Einwirkung der Anziehungskraft.
Und nun eine etwas unerwartete Frage: Gibt es in der realen Welt eine Bewegung durch Trägheit?
Mein ganzes Leben werde ich einen lehrreichen Vorfall nicht vergessen. Ich ging damals zur Schule, ich glaube, in die achte Klasse, und wir behandelten in Physik die drei Newtonschen Gesetze. Zur abschließenden Stunde brachte unser Lehrer, ein erfinderischer Mensch, der die Physik ausgezeichnet beherrschte, einen Projektor und einen Karton mit Diapositiven mit.
„Ich werde jetzt Bilder zeigen", erklärte er. „Auf ihnen sind verschiedene Situationen zu sehen. Ihr sollt sie genau betrachten und sagen, welches der drei Newtonschen Gesetze in Erscheinung tritt. Beginnen wir."
Auf der Leinwand erschien das erste Bild. Ein Junge blieb beim Laufen an einem Stein hängen und fiel der Länge nach hin, wobei er die Hände nach vorn aufstützte.
„Nun, von welchem Newtonschen Gesetz ist die Rede?" „Vom ersten", antworteten wir im Chor.
Und wir hatten Grund zu einer solchen Antwort. Uns war nämlich einige Tage vorher die Erklärung zu der Diaserie „Die drei Newtonschen Gesetze" in die Hände gekommen. Ich weiß nicht mehr, wer sie zusammengestellt hatte, aber in der Erklärung zu Nummer eins, „Der fallende Junge", hieß es: „Illustration zum ersten Newtonschen Gesetz, dem Trägheitsgesetz. Der Junge bleibt im Lauf mit dem Fuß an einem Stein hängen, doch der obere Teil seines Körpers bewegt sich durch die Trägheit weiter. Dadurch fällt der Junge hin..." oder so ähnlich.
„Nehmen wir es an", meinte der Lehrer und rief mich zur Tafel. Ich fing munter an:
„Der Junge blieb im Lauf mit dem Fuß hängen..."
„So, also das erste Gesetz?"

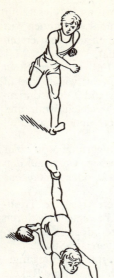

Abb. 13. Zur scheinbaren Illustration des ersten Newtonschen Gesetzes

Ich nickte.

„Gut, in diesem Falle wiederholen wir, wie es lautet!"

„Ein Körper befindet sich im Zustand der Ruhe oder der gleichförmig geradlinigen Bewegung, solange keine äußere Kraft ihn zwingt, diesen Zustand zu ändern", schnurrte ich die Newtonsche Formulierung herunter.

„Richtig... Und jetzt übersetzen wir das in die gewohnte physikalische Sprache. Wenn auf einen Körper keine äußeren Kräfte einwirken, ist seine Beschleunigung gleich Null. Nicht wahr?"

„Und die Ruhe?" fragte einer vom Platz. „Sie haben gar nichts über sie gesagt."

„Die Ruhe ist ein Spezialfall der Bewegung, wenn die Geschwindigkeit gleich Null ist. So, und wovon spricht das erste Gesetz und wovon *nicht*? Es spricht nur von dem Fall, wo die Kräfte Null sind. Und von nichts anderem! Und wenn die Kräfte von Null verschieden sind, so kann das erste Gesetz darüber nichts ‚wissen'."

Das war etwas Neues. Bis zu diesem Tag hatten wir nur versucht, uns die Formulierungen der drei Gesetze zu merken und Auf-

gaben zu lösen. Nun zeigte sich das erste Newtonsche Gesetz für uns irgendwie von einer anderen Seite. Auf einmal verstanden wir, daß das Hinfallen des Jungen auf dem Bildchen mit dem ersten Gesetz nichts, aber auch gar nichts zu tun hat.
In Wirklichkeit blieb der Junge mit dem Fuß an dem Stein hängen. Doch das bedeutet, daß auf ihn eine Kraft wirkte und in seiner Bewegung eine Beschleunigung entstand. Von diesem Augenblick an war seine Bewegung nicht mehr gleichförmig und geradlinig. Tatsächlich konnte das erste Gesetz über diesen Fall nichts aussagen.
Aber aus all dem ergibt sich eine wichtige Folgerung. Von einer Trägheitsbewegung kann man nur dann sprechen, wenn auf den gegebenen Körper überhaupt keine Kraft wirkt oder wenigstens die resultierende Kraft Null ist.
Recht häufig hört man Aussprüche folgender Art: „Die Triebwerke wurden abgeschaltet, und die Rakete bewegte sich durch die Trägheit weiter"; „Der Fahrer bremste, doch das Auto rutschte durch die Trägheit weiter über die vereiste Straße."
Sind solche Aussagen richtig? Doch wohl nur im umgangssprachlichen Sinn. In Wirklichkeit bewegt sich sowohl die Rakete nach dem Abschalten der Triebwerke als auch das Auto nach dem Bremsen beschleunigt. Im ersten Fall wird die Beschleunigung (positiv oder negativ) durch die Anziehungskraft der Erde hervorgerufen. Im zweiten Fall erhält das Auto eine negative Beschleunigung durch die Reibung zwischen den Reifen des Autos und der Straßendecke.
Wenn man sich auf einen völlig strengen Standpunkt stellt, so kann man i. allg. sicher kaum einen Fall reiner Trägheitsbewegung nennen, wie sie dem ersten Newtonschen Gesetz entspricht. Denn auf ein beliebiges Objekt, wo immer es sich auch befindet, wirkt stets die Anziehungskraft der zahlreichen Himmelskörper.
Es geht deshalb nur um solche Fälle, wo eine Idealisierung möglich ist, d. h., wo die Kräfte, die auf einen Körper wirken, so unbedeutend sind, daß sie auf seine Bewegung praktisch keinen Einfluß haben.
Doch ohne diesen wesentlichen Vorbehalt ist das erste Newtonsche Gesetz in der Natur praktisch nie erfüllt. Es ist nur ein Grenzfall der beschleunigten Bewegung.

Orbitalparadoxien

Wie wir bereits wissen, liegen der Bewegung der Himmelskörper die Keplerschen Gesetze und das Newtonsche Gravitationsgesetz

zugrunde. Diese Gesetze scheinen so grundlegend zu sein, daß man ungewollt den Eindruck erhält, man könnte auch ohne Rechnungen, sozusagen qualitativ, vieles über die Bewegung der Himmelskörper aussagen, wenn man nur vom physikalischen Inhalt dieser Gesetze ausgeht. Manchmal gelingt das tatsächlich nicht schlecht. Doch in einer Reihe von Fällen führen die Rechnungen zu Ergebnissen, die denen, die wir fast für offensichtlich halten würden, überhaupt nicht ähnlich sind.
Ein Raumschiff startet von Bord eines künstlichen Erdsatelliten, der sich auf einer elliptischen Bahn um unseren Planeten bewegt. In welchem Moment ist der Start am günstigsten, im Apogäum oder im Perigäum des Satelliten?
Die Antwort scheint vollkommen klar zu sein. Das Apogäum ist natürlich günstiger, denn je weiter man von der Erde entfernt ist, um so schwächer ist die Erdanziehung. Dementsprechend kleiner ist dann auch die Fluchtgeschwindigkeit und folglich auch der notwendige Treibstoffbedarf.
Doch man darf nicht vergessen, daß sich die Geschwindigkeit eines Sputniks auf seiner Umlaufbahn nach dem zweiten Keplerschen Gesetz ändert. Im Apogäum ist sie am niedrigsten, im Perigäum am größten.
Was ist vorteilhafter? Eine kleine Fluchtgeschwindigkeit im Apogäum, doch dafür eine kleinere Anfangsgeschwindigkeit, oder eine große Anfangsgeschwindigkeit im Perigäum und dafür eine höhere Fluchtgeschwindigkeit, die das Raumschiff erreichen muß?
Keinerlei qualitative Betrachtungen können diese Frage beantworten. Hier sind Berechnungen notwendig.
Man muß für Apogäum und Perigäum die Differenzen zwischen der Geschwindigkeit des Erdsatelliten und der Fluchtgeschwindigkeit im vorgegebenen Punkt des erdnahen Raums berechnen und diese beiden Differenzen miteinander vergleichen. Offensichtlich wird man die Startvariante vorziehen, für die diese Differenz kleiner ist.
Betrachten wir ein konkretes Beispiel. Das Raumschiff soll von Bord eines künstlichen Erdsatelliten gestartet werden, der sich auf einer Bahn mit einem Apogäum von 330 km und einem Perigäum von 180 km bewegt. Die Werte für die Fluchtgeschwindigkeiten in verschiedenen Höhen sind schon lange berechnet und in speziellen Tabellen zusammengestellt. Aus einer solchen Tabelle entnehmen wir, daß die Fluchtgeschwindigkeit für diesen Erdsatelliten im Perigäum 11 040 m/s und im Apogäum 10 918 m/s beträgt.
Ohne besondere Schwierigkeiten kann man auch die Geschwindigkeiten des Satelliten im Perigäum und Apogäum be-

rechnen. Sie betragen 7850 und 7680 m/s. Nun berechnen wir die gesuchten Differenzen. Für das Perigäum erhält man 11 040 − 7850 = 3190 m/s, für das Apogäum 10 918 − 7680 = 3238 m/s. Damit ist der günstigere Startpunkt nicht das Apogäum, wie man auf den ersten Blick vermutet hätte, sondern das Perigäum.
Es ist interessant, daß bei Erhöhung der Exzentrizität der Bahnellipse der Vorteil eines Starts im Perigäum noch stärker in Erscheinung tritt und damit das Paradoxe der Situation noch klarer sichtbar wird. So ist z. B. für eine stark auseinandergezogene Bahn mit einem Perigäum bei einer Entfernung von 40 000 km von der Erde und einem Apogäum jenseits der Mondbahn bei einer Entfernung von 480 000 km von der Erde das Erreichen der zweiten kosmischen Geschwindigkeit, das Entkommen aus der Umklammerung der Erdanziehung im Gebiet des Perigäums viermal (!) leichter als im Gebiet des Apogäums. Das ist erstaunlich, nicht wahr?
Dieses Beispiel demonstriert noch einmal, wie trügerisch viele anschauliche Vorstellungen sind. Wir wollen noch einmal unterstreichen, daß das Paradoxon, von dem hier die Rede ist, nur dann auftritt, wenn man die Startbedingungen vom gleichen Sputnik aus betrachtet, der sich auf einer vorgegebenen Bahn bewegt.
Interessant ist, daß bei der Landung eines künstlichen Erdsatelliten das umgekehrte Paradoxon auftritt. Es erschiene doch vorteilhafter, den Bremsvorgang durch Einschalten der Bremstriebwerke zu dem Zeitpunkt zu beginnen, an dem der Sputnik das Perigäum durchläuft, d. h., wenn er der Erdoberfläche am nächsten ist.
Berechnungen ergeben jedoch, daß auch in diesem Fall nicht die Entfernung von der Erde die wichtigste Rolle spielt, sondern die Geschwindigkeit des Sputniks auf seiner Umlaufbahn. Diese ist im Apogäum der Bahn geringer. Deshalb ist es für den Treibstoffverbrauch vorteilhafter, die Triebwerke gerade im erdfernsten Teil der Umlaufbahn zu zünden. Natürlich haben wir hier einen etwas idealisierten Fall betrachtet, denn wir haben die Eintrittsgeschwindigkeit in die dichten Schichten der Erdatmosphäre nicht berücksichtigt.
Wir betrachten noch ein weiteres kosmonautisches Paradoxon, das üblichen Vorstellungen der irdischen Mechanik entgegensteht. Nach unseren gewohnten Vorstellungen wissen wir, daß wir eine um so größere Entfernung zurücklegen, je schneller wir uns bewegen. Bei der Bewegung von Raumsonden im Gravitationsfeld der Himmelskörper ist diese Behauptung nicht immer richtig. Sie versagt z. B. bei Flügen von der Erde zur Venus.

Bekanntlich bewegt sich die Erde auf ihrer Umlaufbahn um die Sonne mit einer Geschwindigkeit von etwa 29,8 km/s. Folglich hat auch eine Sonde, die von der Umlaufbahn eines künstlichen Erdsatelliten aus startet, diese Anfangsgeschwindigkeit bezüglich der Sonne.

Die Umlaufbahn der Venus liegt näher an der Sonne. Deshalb muß man, um sie zu erreichen, die Anfangsgeschwindigkeit der Sonde relativ zur Sonne nicht erhöhen, wie z. B. bei Flügen zum Mars, sondern verringern. Doch das ist erst die erste „Hälfte" des Paradoxons. Es zeigt sich, daß die Raumsonde die Umlaufbahn der Venus um so schneller erreicht, je kleiner ihre Geschwindigkeit ist.

Berechnungen ergeben, daß der Flug bei einer Abfluggeschwindigkeit von 27,3 km/s bezüglich der Sonne 146 Tage dauert, bei einer Geschwindigkeit von 23,8 km/s jedoch nur 70 Tage. Somit sind unsere gewohnten irdischen Vorstellungen durchaus nicht immer auf die Bewegung von Raumsonden anwendbar.

Die unerwartete Lösung
(wissenschaftlich-phantastische Erzählung)

Das Transportraumschiff „Omikron" befand sich mit 12 Besatzungsmitgliedern und 360 Passagieren an Bord auf seinem planmäßigen Flug zum „Megos". Der Kommandant Meng und der Pilot Gascondi schauten schweigend auf den Kontrollschirm, und beide sahen klar, daß die Lage hoffnungslos war. Der Fehler war in dem Augenblick geschehen, als sie den Hyperraum verließen. Irgend etwas hat in der komplizierten Anlage zur automatischen Steuerung des Raumschiffes nicht funktioniert. Es handelte sich um eine kleine Abweichung vom Programm, eine kaum bemerkbare Fluktuation. Nichtsdestoweniger erwies sie sich als so groß, daß das Raumschiff an eine fünf Parsec vom berechneten Punkt entfernte Stelle gelangte. Und hier wurde es von einem Weißen Zwerg erwartet, einem kleinen Stern mit riesiger Dichte und einer mächtigen Anziehungskraft.

Alle Antriebe waren auf volle Leistung geschaltet. Allein dadurch wurde die „Omikron" vor dem Sturz in den glühenden Abgrund bewahrt. Aber es reichte nicht aus, um die Ketten der Anziehung zu sprengen. In einem mittleren Abstand von 20 000 km vom Zentrum des Sterns kreiste das Raumschiff jetzt auf einer geschlossenen Bahn um den Zwerg. Die gesamte Leistung seiner Triebwerke reichte nicht aus, um sich aus der Gefangenschaft loszureißen. Außerdem verfloß die berechnete Zeit, und es neigten sich auch die Energiereserven dem Ende entgegen, die zur

Aufrechterhaltung des Schutzfeldes notwendig waren, das sie vor der Gluthitze der Sternkugel bewahrte.
„Wieviel?" fragte Meng schroff, ohne das Auge vom Kontrollschirm zu wenden, auf dem ein kleiner, roter Punkt akkurat die Ellipse um den Stern zeichnete.
Der Pilot war seit langem gewohnt, seinen Kommandanten mit einem halben Wort zu verstehen. Er betätigte schnell einige Tasten auf dem Pult des Computers.
„Sechseinhalb Stunden. Wollen wir SOS senden?"
Der Zwerg war ziemlich nah. Meng fühlte nahezu physisch den heißen Atem des Sterns, obwohl das Schutzfeld das Raumschiff davor bewahrte. Vorläufig gewährte es noch Schutz. Aber in sechseinhalb Stunden versiegt die Energie, und dann...
„Kann man nicht das Schutzfeld abschwächen?" fragte Meng.
„Das Feld hat schon seinen Minimalwert", äußerte Gascondi kurz. „Wie sieht es hinsichtlich SOS aus?"
Meng antwortete nicht. Er ließ sich in seinen Sessel nieder und schloß die Augen. Jetzt stand ihm eine Aufgabe bevor, die zu lösen selbst die Kräfte des modernsten Computers überstieg.
Es versteht sich von selbst, daß er in der entstandenen Situation verpflichtet gewesen wäre, SOS zu senden. Das forderte das „Kosmische Reglement". Meng wußte allerdings genau, daß sich zur Zeit kein einziges Raumschiff in ihrem Sektor befand, das in der Lage gewesen wäre, der „Omikron" Hilfe zu leisten. Die nächste Station befand sich auf dem Megos. Das Raumschiff war jedoch so weit von ihm entfernt, daß ein gewöhnlicher Funkspruch ihn erst in vielen Monaten erreichen würde. Das Notsignal müßte durch den Hyperraum geschickt werden, damit es rechtzeitig ankäme. Solch eine Radioübertragung würde einen ziemlich hohen Energieaufwand erfordern. Die Energie wurde aber zum Schutz vor dem Weißen Zwerg benötigt, sie gab der „Omikron" zusätzliche Sekunden und Minuten.
Dennoch hätte sich Meng zu einer Übertragung durch den Hyperraum entschlossen, wenn es nur die geringste Hoffnung gegeben hätte. In der galaktischen Flotte gab es nur drei oder vier Raumschiffe, die in der Lage gewesen wären, sich in dieser Situation der „Omikron" zu nähern, um deren Energievorräte aufzufüllen oder sie ins Schlepptau zu nehmen, ohne dabei selbst in die Gravitationsfalle zu geraten. Meng wußte jedoch genau, daß sie sich in dem Augenblick alle in entfernten Sektoren befanden und unter keinerlei Umständen die „Omikron" rechtzeitig hätten erreichen können.
„Wir können ein wenig Zeit gewinnen", sagte Gascondi, „etwa 30 Minuten."

Der Kommandant schaute fragend auf den Piloten.
„Wir könnten die künstliche Schwerkraft ausschalten", erläuterte Gascondi.
„Nein!" sagte Meng entschlossen. „Unter den Passagieren sind Frauen und Kinder."
Ein weiteres Problem, das kein anderer als der Kommandant des Raumschiffes lösen kann. Passagiere! Im Augenblick erholen sie sich noch ruhig in ihren Kabinen, fest davon überzeugt, daß sie nach ein paar Tagen wohlbehalten am Bestimmungsort ankommen werden. Niemand unter ihnen kann auch nur ahnen, daß dem Raumschiff in sechseinhalb Stunden eine unvermeidliche Katastrophe droht. Soll er die Passagiere von dem Vorfall benachrichtigen? Oder soll er sie in glücklicher Unwissenheit bis zum bitteren Ende belassen?
Während seines langen kosmischen Dienstes war der Kommandant Meng öfters in eine kritische Lage geraten. Das waren jedoch immer Situationen, aus denen es einen Ausweg gab. Da entschieden Erfahrung und Findigkeit des Kommandanten alles. In sehr kurzer Zeit mußte eine optimale Lösung gefunden werden. Bisher hatte Meng immer eine gefunden.
Jetzt gab es aber keinen Ausweg. Das bewies unerbittlich eine Rechnung, die jeder Student ausführen konnte. Von dem Kommandanten Meng hing gar nichts mehr ab. Er konnte alle möglichen Mittel anwenden, der Ausgang blieb dennoch der gleiche.
Das bedeutete, daß er sich mit seiner Lage abfinden und ergeben warten mußte, bis der heiße Atem des Sterns die „Omikron" in eine leuchtende Fackel verwandelt haben würde.
Sich kampflos ergeben? So etwas war Meng noch nicht widerfahren. „So etwas geschieht auch nur einmal im Leben", dachte er, bitter lächelnd.
„Nein, man muß trotzdem kämpfen. Man darf sich unter keinen Umständen ergeben, auch dann nicht, wenn die Situation hoffnungslos erscheint."
„Hast du alle Möglichkeiten in Betracht gezogen?" fragte er, den Piloten anschauend.
Gascondi wendete langsam seinen Kopf. Das erste Mal, seit der Kontrollschirm die nahe Katastrophe angekündigt hatte, schauten sie einander in die Augen. Gascondi zuckte die Schultern.
„Du weißt es doch selbst."
„Trotzdem müssen alle Varianten noch einmal überprüft werden."
„Das ist doch ein elementarer Fall!" empörte sich Gascondi.
„Welche Varianten könnte es denn geben?"
Kommandant Meng wußte das nicht schlechter als sein Pilot. Es

war die klassische Situation, die man am Anfang der kosmischen Flüge lang und breit untersucht hatte und für die sich seit vielen Jahren niemand mehr interessierte. Die neuesten Navigationsmittel verschonten die Kosmonauten vor solchen drohenden Gefahren. Zumindest während der letzten fünfzig Jahre war kein einziges Raumschiff in eine Gravitationsfalle geraten. Nur die „Omikron" hatte kein Glück.
Vielleicht lag gerade darin ihre einzige Chance, nämlich darin, daß man sich mit diesem Problem schon lange nicht mehr theoretisch befaßt hatte. Die Wissenschaft bleibt jedoch nicht auf der Stelle stehen. Wenn man die ausweglose Situation, in der sie sich befanden, nochmals vom Standpunkt des neuesten Wissens betrachtete, ließ sich möglicherweise eine Variante ausfindig machen, die die Klassiker der Navigation nicht berücksichtigt hatten.
Auf jeden Fall mußte man suchen. Wie sollte er jedoch Gascondi überzeugen? Er ist ein ausgezeichneter Pilot, der fehlerfrei arbeitet. Meng konnte sich an keinen Fall erinnern, bei dem Gascondi auch nur ein klein wenig von der „Anweisung" abgewichen wäre. Aber in dieser Hinsicht war er jedoch auch leicht verletzbar. Derjenige, der Fehler macht und sie korrigieren kann, muß wohl oder übel in unvorhergesehenen Situationen handeln. Gascondi betete jedoch einen unfehlbaren und allmächtigen Gott an – die „Anweisung".
„Schade", dachte der Kommandant, „daß sein Gehirn nicht auf die Entdeckung des Neuen programmiert ist." Und mit Bedauern dachte er daran, daß er selbst sich immer mehr für die technische Seite interessiert hatte und der Theorie der Raumschiffbewegung bedeutend weniger Aufmerksamkeit gewidmet hatte. Die Grundlagen kannte er selbstverständlich zur Genüge, und bei Gelegenheit konnte er auch an Gascondis Stelle treten, aber jetzt reichten seine Kenntnisse nicht aus.
„Du schlägst vor zu warten", fragte Meng, sich umdrehend, „so zu sitzen und zu warten, bis es zu Ende geht?"
„Ich schlage vor, SOS zu senden", wiederholte der Pilot mürrisch, „wie es die Anweisung fordert."
„Nein", schnitt ihm Meng das Wort ab, „unseren Untergang mitzuteilen, haben wir noch Zeit. Vorläufig sind wir dazu angehalten, etwas zu unternehmen, sogar allen Anweisungen zum Trotz."
Gascondi zuckte gekränkt mit den Schultern.
„Ich könnte ja mal nachschauen."
Meng stand auf und ging zum Pilotensessel.
„Denken wir gemeinsam nach. Was wäre, wenn ..."

Sie hatten nicht bemerkt, wie Werin in den Kommandoraum gekommen war, und sahen ihn erst, als er schon nahe am Hauptpult stand und auf den Kontrollschirm schaute.
Im allgemeinen war es den Passagieren auf das strengste verboten, den Kommandoraum zu betreten. Werin war jedoch nicht einfach ein Passagier. Die „Omikron" war auf der Grundlage einer von ihm entwickelten physikalischen Theorie konstruiert worden. Von Werin stammten zahllose originelle Ideen, die merklichen Einfluß auf die Entwicklung der Physik und Astrophysik ausgeübt hatten. Er beabsichtigte, an der Universität auf Megos eine Vorlesung über die Theorie des Hyperraums zu halten.
Dennoch flog Werin auf der „Omikron" als Passagier. Meng dachte unruhig daran, daß ihre klägliche Lage nun kein Geheimnis mehr war.
„Eine interessante Situation, nicht wahr?"
In der entstandenen Lage klangen diese Worte ziemlich seltsam. Und wie sie hervorgebracht wurden, war das nicht mit einem Anflug von Sarkasmus oder von unverständlicher Befriedigung? Gascondi zuckte nur mit den Schultern.
„Die Leistung reicht nicht aus, ja?" fragte Werin, wobei er sich endlich vom Kontrollschirm losriß.
„Sie sehen es", murmelte Gascondi nicht besonders freundlich.
„Und das Wärmeschutzschild hält nur noch einige Stunden?"
„Sechseinhalb Stunden", antwortete Meng mechanisch.
„So, so", sagte der Theoretiker gedehnt.
In seinen tiefliegenden Augen blitzten Fünkchen auf, und in diesem Augenblick erinnerte er Meng ungewollt an einen Jäger, der unerwartet ein seltenes Wild erblickt hat. Es schien so, als würde es ihn gar nicht interessieren, daß er selbst in der entstandenen Situation das Wild war. Sein Blick erlosch und strebte in die Ferne, so als ob Werin durch die undurchsichtige Wand des Raumschiffes auf irgend etwas in den Tiefen des Alls schaute, das allein ihm zugänglich war.
„Man sagt nicht ohne Grund", dachte Meng, „daß er nur für die Wissenschaft lebt."
Werin lebte jedoch nicht nur für die Wissenschaft. Als er den Kontrollschirm sah, dachte er in erster Linie an seine alte Mutter, die auf der Erde geblieben war. Er dachte daran, wie schwer sie den Tod des Sohnes ertragen würde. Und augenblicklich begann sein Erfindungsgeist nach einem Ausweg zu suchen. Werin warf mit der gewohnten Zielstrebigkeit alles von sich und konzentrierte sich auf die ungewöhnliche Aufgabe, die durch das absurde Zusammentreffen der Umstände entstanden war. Es war eine Aufgabe, die nach allen existierenden Normen keine positive

Lösung besaß. Aber Werin hatte sein Leben lang gerade solche Aufgaben gelöst.
„Kann ich ihren Computer benutzen?" fragte er, sich sekundenlang aus seiner Versonnenheit aufrichtend.
„Gleichgültig, was ...", begann Gascondi.
Meng legte ihm schweigend die Hand auf die Schulter.
Werin schien auf diesen kleinen Zwischenfall keinerlei Aufmerksamkeit zu richten. Ohne Zeit zu verlieren, trat er an das Pult und begann rasch hintereinander verschiedene Tasten zu betätigen. Während er das tat, schaute er von Zeit zu Zeit zur Ausgabeeinrichtung.
Meng versuchte, seinen Berechnungen zu folgen, verlor aber sehr schnell den Faden. Er vermochte nur festzustellen, daß Werins Berechnungen in keinem direkten Zusammenhang mit ihrer Situation standen.
„Merkwürdig", dachte Meng plötzlich, „wir führen uns trotzdem unsinnig auf. Uns verbleiben nur noch sechs Stunden, in denen Gascondi sich um die Anweisungen sorgt, Werin sich mit irgendwelchen theoretischen Aufgaben vergnügt und ich sie ruhig dabei beobachte, so als wäre nichts geschehen. Vielleicht hängt alles davon ab, daß der Wert der Zeit relativ ist und sechs Stunden nicht so wenig Zeit sind, wenn es sich um die sechs Stunden bis zum Ende handelt."
Der Theoretiker wandte sich unerwartet vom Pult ab und fragte, den Piloten anschauend: „Sie halten die Aufgabe für unlösbar?"
Der ehrgeizige Gascondi schaute Werin durchdringend an, um herauszufinden, ob dieser ihm einen bösen Streich spiele.
„Es handelt sich um einen elementaren Fall", brachte er endlich hervor, wobei er zur Seite schaute. „Zwei Kräfte sind vorhanden: die Anziehungskraft des Zwerges und unsere Antriebskraft. Hier ist schon alles klar. Die Antriebskraft reicht offensichtlich nicht aus, um die zweite kosmische Geschwindigkeit zu erlangen."
„Nun ja", murmelte Werin. „Die Möglichkeit, eine Aufgabe zu lösen, hängt davon ab, wie sie formuliert ist. Bei ihrer Aufgabenstellung", er schaute auf den Kontrollschirm, „ist diese Aufgabe tatsächlich unlösbar."
„Leider habe ich diese Aufgabe nicht gestellt", entgegnete Gascondi.
Werin hörte ihm allerdings schon nicht mehr zu. Er dachte von neuem nach, wobei er sich sofort von seiner Umgebung abkoppelte.
In diesem Augenblick regte sich bei Meng zum ersten Mal die Hoffnung. Er verstand besser als jeder andere, daß sie jetzt nur durch ein Wunder gerettet werden konnten. Da es keine Wunder

gibt, war eine superoriginelle, unerwartete, aus der Reihe tanzende Lösung erforderlich. Wenn man überhaupt von jemandem so etwas erwarten konnte, dann nur von Werin.
Der Kommandant blickte ehrfurchtsvoll auf den Theoretiker. Wer würde ihm das zutrauen? Er war klein, schmächtig und hatte eine spitze Nase, er war überhaupt kein Titan. Wie gelang es ihm, das zu sehen, was andere nicht erkennen konnten?
„Kennen Sie die Anekdote von dem Hund?" fragte Werin plötzlich. Da die Kosmonauten schwiegen, fuhr er fort: „‚Stellen Sie sich vor', sagte ein Physiker zu einem anderen, ‚daß man einem Hund eine metallene Bratpfanne an den Schwanz bindet. Wenn der Hund rennt, wird die Bratpfanne auf dem Pflaster scheppern. Wie schnell muß der Hund laufen, damit er den Lärm nicht hört?' Merkwürdigerweise konnte jener andere Physiker die richtige Antwort auf diese Frage nicht finden."
„Was meinen Sie? Mit welcher Geschwindigkeit muß der Hund rennen?" fragte Werin unerwartet. Rätselhaft lächelnd schaute er Gascondi unverwandt an.
„Ich weiß es nicht", murmelte der Pilot kaum vernehmbar. Flehend blickte er zu Meng. Man merkte, daß er sich nur mühsam beherrschte.
Als Gascondi den gespannten Blick des Kommandanten traf, nahm er sich zusammen und stieß zähneknirschend und widerwillig hervor: „Wenn man alles in Betracht zieht, so müßte er sich mit Überschallgeschwindigkeit bewegen."
„Schau an", lachte Werin, „genau das hat auch jener Physiker vorgeschlagen. Die richtige Antwort ist jedoch ganz einfach. Die Geschwindigkeit des Hundes muß nämlich gleich Null sein. Das ist elementar. Es handelt sich nur darum, daß die Aufgabe folgendermaßen formuliert war: ‚Wie groß muß die Geschwindigkeit sein?' Geschwindigkeit, gerade in diesem Wort liegt der ganze Trick. Sogar die Physiker vergessen manchmal, daß die Geschwindigkeit Null ebenfalls eine Geschwindigkeit ist."
Der geradlinige und offenherzige Gascondi schaute Werin mit weit aufgerissenen Augen an. Auch Meng fühlte sich irgendwie unangenehm berührt, obwohl er ausgezeichnet verstand, daß der Theoretiker diese Anekdote natürlich jetzt nicht zum Vergnügen erzählt hatte, sondern als eine Art von Atempause. Jetzt arbeitete das Unterbewußtsein, dem Bewußtsein mußte Erholung gegönnt werden. „Im übrigen", dachte Meng, „wird ihm diese Anekdote wohl nicht von ungefähr in den Sinn gekommen sein. Möglicherweise hat er doch schon etwas ausfindig gemacht."
Und wie um seine optimistische Vermutung zu stützen, vertiefte sich Werin erneut in das Pult. Auf kindliche Weise komisch die

Lippen zusammenpressend, begann er, virtuos auf der Tastatur zu spielen.
Meng und Gascondi warteten schweigend. Endlich riß sich Werin wieder von der Tastatur los. Er seufzte auf – war es erleichtert oder enttäuscht? –, jedenfalls blitzten in seinen zusammengekniffenen Augen erneut die leichtsinnigen Fünkchen auf.
„Spielen Sie Schach?" erkundigte er sich mit alltäglicher Stimme.
„Ja", antwortete Meng.
„Wissen Sie, was ein Opferzug ist? Die Position ist gänzlich verfahren, aber es gibt einen Zug, der anscheinend zu einer beschleunigten Niederlage führt. Aber gerade dieser unverständliche Zug führt zum Sieg."
Jetzt wußte Meng genau, daß Werin doch einen Ausweg gefunden hatte.
„Was sagen Sie da?" fragte er. Er konnte seine Ungeduld nicht zügeln.
Werin schaute den Kommandanten aufmerksam an.
„Wir müssen einen solchen Zug tun", brachte er langsam heraus, so, als würde er nochmals etwas abwägen.
Im Kommandoraum herrschte Schweigen. Der Kommandant stand unbeweglich da, wobei er die Lehne seines Sessels umfaßt hatte.
„Wir müssen das Triebwerk anschalten", sagte Werin. Er warf schnell einige Ziffern auf einen Zettel und reichte ihn Meng.
„Aber das hilft doch sowieso nicht", murmelte Gascondi verwirrt.
„Es sei denn, die Umlaufbahn wird gestreckter."
„Genau, genau", sagte Werin.
„Aber der Antrieb verschlingt die gesamte Energie. Folglich wird das Wärmeschild..."
„Warte", unterbrach ihn Meng. „Ist es nicht gleichgültig", dachte er, „ob in sechs oder in drei Stunden –"
Im Geist gab der Kommandant jedoch Werin recht. Ohne zu zögern, streckte er den Arm nach dem Hauptpult aus und verschob vier rote Hebel um einige Teilstriche. Gascondi erblaßte. Man hörte das charakteristische Summen der Triebwerke, das Überlastungsrelais knackte.
„Könnten Sie vielleicht jetzt alles erklären?" bat Meng.
„Wenn ich mich nicht irre", begann Werin langsam, „besteht die ‚Omikron' aus zwei isolierten Teilen."
„Ja", bestätigte Meng, „in einem befinden sich der Kommandokomplex und die Triebwerke, im anderen die Kajüten und zusätzliche Räumlichkeiten."
„Und diese Teile kann man voneinander trennen und in beträchtlichen Abstand bringen?"

„Ja, solch eine Möglichkeit ist für den Fall einer Havarie oder einer Reparatur an den Kraftanlagen vorgesehen. Beide Teile werden mittels eines speziellen ‚Pulsators' auseinandergezogen und zusammengefügt."
„Wie groß ist der maximale Abstand zwischen ihnen?"
„150 Kilometer."
„140 Kilometer reichen auch aus", murmelte Werin.
„Wollen Sie sich von der Passagiersektion lösen?" begann schließlich Gascondi. „Die Antriebskraft reicht trotzdem nicht aus."
„Nein", widersprach Werin energisch. „Das wäre zu einfach. So leicht läßt uns der Zwerg nicht frei. Ich habe eine ganz andere Idee."
„Wir verlieren Zeit", mischte sich Meng ein. „Es könnte sein..."
„Oh, Zeit haben wir genug", sagte Werin gelassen. „Also, Ihnen ist die Idee des pulsierenden Raumschiffes natürlich bekannt?"
Verlegen wechselten Gascondi und Meng einen Blick.
„Ja", bemerkte Werin, „das ist eine sehr alte und lange vergessene Idee."
„Verschwommen erinnere ich mich an so etwas", sagte Meng langsam. „Ich habe das in alten Lehrbüchern gefunden. Wenn ich mich nicht irre, handelt es sich darum, daß ein Raumschiff kein Punkt ist, sondern seine Masse über ein gewisses Volumen verteilt ist."
„Genau, genau." Werin lebte auf. „Wenn wir unser Raumschiff in zwei Teile auseinanderziehen, ist die auf das Raumschiff wirkende resultierende Schwerkraft kleiner als die Kraft, die jetzt auf die ‚Omikron' wirkt."
Er sprach klar und deutlich, als würde er vor Studenten einen Vortrag halten.
„Das bedeutet wohl", führte Meng weiter, „daß auf ein auseinandergezogenes Raumschiff eine Abstoßungskraft wirkt?"
„Wenn man nun im Apastron die beiden Teile verbindet und sie im Periastron trennt, dann verläßt die ‚Omikron' die Keplersche Umlaufbahn und beginnt, sich auf einer Spiralbahn nach außen zu bewegen."
„Nun ja", sagte Meng gedehnt.
„Ich erinnere mich ebenfalls", sagte Gascondi unerwartet.
„Wunderbar, vortrefflich, genial!" Nervös begann er zu lachen.
„Aber soweit ich mich erinnern kann, benötigt ein Raumschiff selbst zum Überwinden der Erdanziehungskraft auf diese Weise einige Jahre. Die Anziehungskraft des Zwerges ist jedoch weitaus größer."

„Darin besteht ja gerade der ganze Witz", meinte Werin ungerührt.
„Erstaunlich", dachte der Kommandant, „wie es diesem zerbrechlichen Menschen wohl gelingt, in dieser komplizierten Situation völlig ruhig zu bleiben. Er muß viel weitblickender als andere sein."
„Darin besteht ja gerade der ganze Witz", wiederholte Werin. „Die Anziehungskraft arbeitet in diesem Fall für uns. Es ist paradox, aber je massiver der Stern oder Planet ist, um so schneller wird die Entweichgeschwindigkeit erreicht."
„Wieviel Stunden werden wir benötigen?" fragte Meng. „Ich denke, etwa anderthalb Stunden, nicht mehr."
„Sie sind ein Genie", äußerte der Kommandant lächelnd. Er nahm den Platz am Steuerpult ein.
„Man muß nur den optimalen Augenblick für die Trennung bzw. für die Annäherung wählen", warnte Werin.
„Ich verstehe", antwortete Meng, wobei er die Tasten des Computers betätigte. „Ich beginne in sechs Minuten mit der Operation."
Das war ein noch nie gesehenes Schauspiel. Das riesige Raumschiff zerfiel in zwei Teile. Einmal trennten sie sich und entfernten sich voneinander, dann näherten sie sich wieder und bildeten eine Einheit. Im Laufe dieses unerhörten „kosmischen Tanzes" verließ die „Omikron" ihre tödliche Umlaufbahn und entfernte sich langsam.
Die gewaltige Naturkraft der Gravitation, die der Kraft des menschlichen Verstandes unterworfen war, führte das Raumschiff sicher immer weiter von dem drohenden Stern weg.

Anziehungskraft gegen – Anziehungskraft

Die Autoren wissenschaftlich-phantastischer Romane beschreiben gern alle möglichen Schutzschilde, mit denen man die Wirkung der Schwerkraft abschirmen kann. Leider gibt es bisher keine solchen Schutzschilde. Um die Anziehungskraft der Erde zu überwinden, muß ein Raumschiff mit Raketentriebwerken beschleunigt werden. Kann man dafür auch eine andere Möglichkeit nutzen, nicht Raketentriebwerke, sondern – die Erdanziehungskraft?
Das scheint ungewöhnlich zu sein. Gerade die Schwerkraft der Erde hindert ja ein Raumschiff daran, in den Weltraum davonzueilen. Paradoxerweise ist jedoch zumindest in einem Fall solch eine Variante möglich. Das wurde von den sowjetischen Wissenschaftlern W. W. Belezki und M. E. Giwerz bewiesen.

Es handelt sich hier darum, daß bei allen Berechnungen, die mit der Bewegung von Raumfahrzeugen in Zusammenhang stehen, diese i. allg. als punktförmig angenommen werden. Das ist durchaus begründet. Die Ausmaße eines Raumschiffes sind ja im Vergleich zu den Ausmaßen der Himmelskörper verschwindend gering.
Genau betrachtet ist das Raumschiff jedoch kein Punkt, sondern ein ausgedehnter Körper, der bestimmte Ausmaße und eine bestimmte Form besitzt. Tatsächlich unterscheidet sich die Anziehungskraft, die von der Erde auf ein Raumschiff wirkt, ein wenig von der Kraft, die auf das Raumschiff wirken würde, wenn seine gesamte Masse in einem Punkt konzentriert wäre. Für gewöhnliche Raumschiffe und Satelliten ist die Differenz allerdings so gering, daß man sie ruhig unberücksichtigt lassen kann. Diese Differenz kann nur unter einer Bedingung wahrnehmbar werden: Das Raumschiff besitzt eine beträchtliche Länge.
Wir wollen z. B. ein Raumschiff betrachten, das aus zwei Kugeln besteht, die durch eine Achse verbunden sind, die senkrecht auf dem Lot zur Erde steht. In diesem Fall wirkt auf jede der Kugeln eine Anziehungskraft, die einen gewissen Winkel zur Verbindungsachse bildet. Man kann die resultierende Kraft durch Vektoraddition leicht bestimmen. Eine einfache Rechnung beweist, daß diese resultierende Kraft ein wenig geringer ist als die Anziehungskraft, die auf den Mittelpunkt der Achse wirken würde, wenn die gesamte Masse des ungewöhnlichen Raumschiffes dort konzentriert wäre.
Mit anderen Worten gesagt, ergibt sich, daß ein „Ausdehnen" des Raumschiffes dem Auftreten einer gewissen abstoßenden Kraft in radialer Richtung äquivalent ist. Folglich erfolgt seine Bewegung um die Erde auf einer Umlaufbahn, die sich von der gewöhnlichen „Keplerschen" etwas unterscheidet.
Diesen Umstand kann man scharfsinnig ausnutzen. Wir gehen folgendermaßen vor. Wir wählen solch eine Konstruktion unseres Raumschiffes, die es erlaubt, die Kugeln hinreichend schnell einander zu nähern und erneut voneinander auf große Abstände zu entfernen.
In dem Augenblick, wenn das Raumschiff den entferntesten Punkt seiner Umlaufbahn – das Apogäum – erreicht hat, verbinden wir die Kugeln. Von diesem Augenblick an wird das Raumschiff praktisch „punktförmig", und es bewegt sich im weiteren auf der Keplerschen Umlaufbahn.
Im Perigäum führen wir die umgekehrte Operation durch, wir bringen die Kugeln wieder auf die ursprüngliche Entfernung. Dann tritt die oben erwähnte „abstoßende Kraft" auf. Die weitere

Umlaufbahn ist ein wenig gestreckter als die entsprechende Keplersche Bahn. Folglich ist das Apogäum beim zweiten Umlauf etwas weiter entfernt als beim ersten.

Die gesamte Operation wiederholen wir, wobei sich der Abstand des Apogäums erneut erhöht. Wenn wir diese Taktik weiterhin anwenden, zwingen wir unser Raumschiff auf eine Spiralbahn, bis es schließlich das Schwerefeld der Erde verläßt.

Diese theoretischen Möglichkeiten stimmen durchaus nicht immer mit den praktischen überein. Wieviel Zeit wird benötigt, um mit dieser eigenartigen „Pulsationsmethode" ein Raumschiff zu beschleunigen?

Belezki hat berechnet, daß ein Raumschiff von 140 km Länge, dessen Bewegung in einem Schwerefeld, das dem der Erde entspricht, in 2000 km Entfernung vom Zentrum beginnen würde, mit der oben beschriebenen Methode etwa zwei Jahre für die Überwindung der Anziehungskraft benötigen würde.

Das gleiche Raumschiff würde 80 Jahre brauchen, um den Anziehungsbereich der Sonne zu verlassen, wenn der anfängliche Abstand ungefähr 700 000 km vom Sonnenzentrum betragen würde.

Hier tritt noch ein Paradoxon auf: Je größer die Masse des Himmelskörpers und je näher das Raumschiff, um so schneller kann man mit der „Pulsationsmethode" die Ketten der Anziehung sprengen.

In utopischen Romanen trifft man häufig tragische Situationen an, wenn ein Raumschiff in die Gefangenschaft eines massiven Sterns gerät. Die Berechnungen von Belezki zeigen, daß ein Raumschiff, das sich um einen Stern bewegt, ziemlich rasch die zweite kosmische Geschwindigkeit erreichen kann, wenn es die Pulsationsmethode anwendet. Wenn es sich in 20 000 km Entfernung vom Zentrum des bekannten superdichten Sterns, des Weißen Zwerges Sirius B, befinden würde, könnte solch ein Raumschiff auf einer Spiralbahn in nur anderthalb Stunden in den Kosmos entkommen.

Es steht auf einem ganz anderen Blatt, in welchem Grad solch ein Projekt in der Praxis zu verwirklichen ist. Kann man pulsierende Raumschiffe konstruieren? Das ist eine Sache der künftigen Technik. Auf jeden Fall ist die prinzipielle theoretische Möglichkeit dazu gegeben.

„Eine eigentümliche Übereinstimmung"

Es gibt im Sonnensystem eine interessante Gesetzmäßigkeit. Wir erwähnten bereits, daß der Mond der Erde immer eine Seite

zuwendet. Ungefähr in 28 Tagen vollführt unser natürlicher Trabant eine Umdrehung um die Erde, und im gleichen Zeitabschnitt dreht er sich einmal um die eigene Achse.
Gerade dank der Übereinstimmung der Umlaufperiode mit der Rotationsperiode des Mondes sehen wir auch immer nur eine Seite der Mondkugel. Aber ist das denn eigentlich eine Übereinstimmung?
Im allgemeinen „liebt" die Natur zufällige Übereinstimmungen solcher Art nicht so sehr, und man trifft sie gar nicht so häufig. Das ist auch verständlich, denn die Wahrscheinlichkeit der Verwirklichung rein zufälliger komplizierter Übereinstimmungen ist in der Regel außerordentlich klein. Und wenn wir dennoch in der Natur irgendeine erstaunliche Verbindung von Ereignissen treffen, so liegt darin höchstwahrscheinlich eine versteckte Gesetzmäßigkeit.
Das „Benehmen" des Mondes ist keine Ausnahme: Etwas Ähnliches treffen wir auch bei anderen Himmelskörpern an, die zum Sonnensystem gehören. So vollführt der Merkur, der sonnennächste Planet, eine Umdrehung um die Sonne im Verlauf von 88 Erdtagen und eine Umdrehung um seine Achse in 59 Tagen. Es scheint so, als gäbe es hier keinerlei Übereinstimmung. Dem ist jedoch nicht so: Die Planeten bewegen sich nach dem 2. Keplerschen Gesetz auf ihrer elliptischen Umlaufbahn mit veränderlicher Geschwindigkeit. Je näher sie der Sonne sind, um so schneller laufen sie. Wenn man nun die Winkelgeschwindigkeiten der Merkurbewegung berechnet, so zeigt sich, daß die Winkelgeschwindigkeit seiner Eigenrotation mit der seiner Umdrehung um die Sonne gerade in dem Augenblick übereinstimmt, wenn der Planet den zum Tagesgestirn nächsten Abschnitt seiner Umlaufbahn durchläuft.
Ein noch komplizierteres Zusammentreffen entdecken wir bei der Venusbewegung. Wie wir bereits wissen, vollführt dieser Planet seinen Umlauf um die Sonne in 225 Erdtagen. Nach jeweils 584 Tagen befindet sich die Venus auf einer Linie, die die Erde mit der Sonne verbindet. Und in diesem Augenblick wendet die Venus der Erde immer ein und dieselbe Seite zu.
Worin liegt aber der Grund all dieser „Übereinstimmungen"?
Allen ist die Erscheinung der Gezeiten bekannt. Die Anziehung des Mondes bildet auf der Wasserhülle der Erde zwei „Buckel". Da unser Planet rotiert, verschieben sich diese Buckel auf seiner Oberfläche – die Flutwelle läuft. Gezeiten gibt es nicht nur in der Wasserhülle, sondern auch in der festen Erdkruste. So hebt und senkt sich der Boden in Moskau infolge Flut und Ebbe im Verlauf eines Tages zweimal um etwa 40 bis 50 cm. Da sich die Flutwellen

entgegen der täglichen Erdrotation verschieben, bremsen sie diese unvermeidlich, und die Rotationsgeschwindigkeit unseres Planeten verringert sich allmählich. Irgendwann waren die Erdtage merklich kürzer als gegenwärtig.

Wenn aber auf der Erde vom Mond hervorgerufene Gezeiten stattfinden, so müssen auch in der Mondmaterie von der Erde bewirkte Gezeiten auftreten, überdies bedeutend mächtigere, hat doch die Erde eine 81mal größere Masse als der Mond. Infolgedessen mußte die Verlangsamung der Eigenrotation des Mondes ziemlich schnell vor sich gehen, bis die Rotation relativ zur Erde überhaupt aufhörte. Jetzt ist der Mond dazu verdammt, immer mit einer Seite auf die Erde zu „schauen".

Anscheinend führt die Wirkung der gleichen Ursache auch zur Übereinstimmung der Winkelgeschwindigkeiten der Rotation und des Umlaufs des Merkurs im sonnennächsten Punkt seiner Bahn. Die Gravitationskraft wird mit dem Abstand schnell schwächer, sie fällt proportional zum Abstandsquadrat. Daher sind die von der Sonne hervorgerufenen Gezeiten im Vergleich zu den vom Mond hervorgerufenen auf der Erde unbedeutend. Auf dem Merkur aber, dem sonnennächsten Planeten, sind diese Gezeiten wahrscheinlich hinreichend stark und in der Lage, einen merklichen Einfluß auf seine Rotation zu nehmen. Die Übereinstimmung der Winkelgeschwindigkeit, über die gesprochen wurde, ist höchstwahrscheinlich gleichfalls eine Folge der Abbremsung durch Gezeitenwirkung.

Was die Venus betrifft, so bleibt die Ursache für die konstante Orientierung bezüglich der Erde in Perioden der größten Annäherung vorläufig unklar. Ob diese Erscheinung gesetzmäßig ist oder ob wir hier doch auf eine rein zufällige Übereinstimmung treffen, ist vorläufig unbekannt. Möglicherweise spielt der Umstand, daß sich in den Perioden der Annäherung die Venus beträchtlich näher bei der Erde als bei der Sonne befindet, eine Rolle. Jedoch liegt die Lösung dieses Rätsels noch in der Zukunft.

Droht uns eine Katastrophe?

Es schien, als würde es im Weltall nichts Einfacheres und Zuverlässigeres als unser Sonnensystem geben. Hier spielt eine Kraft die entscheidende Rolle – die Gravitationskraft. Die Bewegung eines jeden Planeten unterliegt klaren und eindeutigen Gesetzen, den Keplerschen Gesetzen. Alle Planeten außer Pluto bewegen sich fast in ein und derselben Ebene.

In Wirklichkeit ist es aber nicht so einfach. Auf jeden Planeten wirkt nämlich nicht nur die Gravitationskraft der Sonne, sondern auch die Anziehungskraft der übrigen Planeten des Sonnensystems. Letztere ruft Störungen in der Bewegung eines jeden Planeten hervor. Der Planet weicht dann ein wenig von seiner normalen Bahn ab, die durch die Keplerschen Gesetze vorgezeichnet ist, kehrt jedoch jedesmal auf sie zurück. Wenn man berücksichtigt, daß sich die gegenseitige Lage der Planeten ständig ändert, so wird klar, daß das allgemeine Bild ihrer Bewegungen ziemlich kompliziert ist.

Es tritt eine berechtigte Frage auf. Können denn die Störungen der Planetenbahnen nicht zu einer unabwendbaren Katastrophe führen? Wo ist die Garantie, daß der Planet jedesmal, wenn er die unsichtbaren kosmischen Gleise verläßt, unbedingt auf die „heimatliche" Bahn zurückkehrt? Wenn sich nun die Abweichung als allzu groß erweist? Kann denn nicht diese „innere Schaukelbewegung", diese eigentümliche Vibration, zum vollständigen Zerfall des Sonnensystems führen?

Eine Antwort auf diese Frage können nur Berechnungen geben. Man muß die Bewegung jedes Planeten unter Berücksichtigung aller möglichen Störungen, die durch den Einfluß der anderen Planeten hervorgerufen werden, berechnen, dann wird alles klar.

Aber „berechnen" läßt sich leicht sagen. Sicherlich ist eine solche Aufgabe im Prinzip lösbar, zumindest mit einem bestimmten Genauigkeitsgrad. Die Gravitationskräfte, die zwischen den Himmelskörpern wirken, steuern deren Bewegung. Der Betrag dieser Kräfte hängt von der Masse der Himmelskörper und ihrem gegenseitigen Abstand ab. Außerdem wird die weitere Bewegung eines beliebigen Körpers noch durch die Geschwindigkeit bestimmt, die er besitzt. Man kann behaupten, daß im jetzigen Zustand des Systems der Himmelskörper, d. h. in ihren gegenseitigen Positionen und Geschwindigkeiten, eindeutig (wiederum mit irgendeinem Genauigkeitsgrad) ihre Zukunft enthalten ist. Daher besteht die Aufgabe darin, die künftigen Verschiebungen der Planeten zu berechnen, wenn man ihre gegenseitigen Positionen und Geschwindigkeiten im gegebenen Moment kennt. Allerdings ist die Aufgabe in mathematischer Hinsicht ziemlich kompliziert. In einem beliebigen System kosmischer Körper geht nämlich eine ständige Umverteilung der Massen vonstatten. Durch diese Umverteilung ändern sich Betrag und Richtung der Kräfte, die auf jeden Körper wirken. Sogar für den einfachsten Fall der Bewegung dreier wechselwirkender Körper existiert bisher noch keine vollständige mathematische Lösung in allgemeiner Form.

Eine strenge Lösung dieses Problems, das in der Himmelsmechanik unter der Bezeichnung „Dreikörperproblem" bekannt ist, gelingt nur in gewissen Fällen, wenn man die Möglichkeit hat, bestimmte Vereinfachungen einzuführen.

Um so schwieriger ist die absolut strenge Berechnung der Bewegung der neun miteinander wechselwirkenden und sich ständig verschiebenden Planeten des Sonnensystems. Nicht einmal die moderne Mathematik mit ihrer mächtigen Computertechnik ist hierzu fähig.

Benötigt man aber wirklich für eine Antwort auf die obige Frage eine absolut strenge und genaue Rechnung? Letzten Endes ist es doch nicht wichtig, die gesamte zukünftige gegenseitige Lage der Planeten zu kennen, sondern nur eine Antwort auf eine einzige Frage zu bekommen: Können die Störungen der Planeten einen gewissen „kritischen Wert" übersteigen, hinter dem ein irreversibler Zerfall des Sonnensystems beginnt, oder können sie es nicht? Mit anderen Worten: Uns interessiert nicht eine quantitative, sondern eine qualitative Lösung der Aufgabe.

Zwischen den Begriffen „qualitativ" und „quantitativ" gibt es einen wesentlichen Unterschied. Eine quantitative Lösung zeigt, wievielmal sich eine physikalische Größe in Abhängigkeit von der Änderung einer anderen physikalischen Größe ändert. Eine qualitative Lösung gibt dagegen nur eine Vorstellung davon, in welchen Richtungen oder in welchen Grenzen sich die uns interessierende Größe bei einer bestimmten Variation anderer Größen ändert.

In einer Reihe von Fällen genügt aber dieses Wissen vollkommen. Dazu gehören auch viele Stabilitätsaufgaben. Nehmen wir etwa an, daß ein gewisser chemischer Prozeß ablaufe. Um die Möglichkeit einer Explosion auszuschließen, muß man wissen, welche Abweichungen von den gegebenen Parametern zulässig sind.

Oder eine andere Aufgabe: Es ist die Konstruktion einer Eisenbahnbrücke so zu berechnen, daß keinerlei Schwingungen, die bei Transporten auftreten können, die Sicherheitsreserve des Bauwerks überschreiten. In beiden Fällen ist es nicht notwendig, alle Zwischenzustände des Systems zu berechnen. Es reicht aus, den Zusammenhang zwischen Änderungen irgendwelcher Anfangs- und Endparameter aufzufinden.

Die Berechnung der Störungen der Planeten ist auch ein Stabilitätsproblem, eine Frage der Stabilität des Sonnensystems. Und sie erlaubt auch eine qualitative Lösung.

Eine derartige Aufgabe wurde erstmals von dem russischen Mathematiker A. M. Ljapunow gelöst. Es gelang ihm zu zeigen, daß bei keiner denkbaren Lage der Planeten ihre gegenseitige

Störung einen kritischen Wert überschreiten kann. So können keinerlei innere Kräfte und Wechselwirkungen das Sonnensystem „locker rütteln" und es bis an die Grenze des Zerfalls führen. Die Planetenfamilie der Sonne ist stabil.

Die Sonne und die Neutrinos

Wir sprachen schon davon, daß unser Tagesgestirn Sonne eine Black box (ein schwarzer Kasten) ist, von dem die Astronomen nur den „Ausgang" beobachten können. Alles Wissen über die Sonne, über das die moderne Astronomie verfügt, erhielt man durch die Untersuchung verschiedener Strahlungen, die in der obersten Schicht unseres Tagesgestirns entstehen. Direkt aus dem Schoße der Sonne dringt keinerlei Information zu uns. So ist die Theorie des inneren Aufbaus der Sonne, gemäß der sich ihre Energie auf thermonukleare Reaktionen stützt, genaugenommen nur ein theoretisches Modell.
Der Ausdruck „nur" ist jedoch im vorliegenden Fall nicht so recht am Platze. Die thermonukleare Theorie erklärt die Prozesse der Sternevolution gut genug, und sie befindet sich in bester Übereinstimmung mit beobachtbaren physikalischen Parametern der Sonne und Sterne. Dennoch benötigt diese Theorie, wie ein beliebiges theoretisches Modell des inneren Aufbaus der Black box, nicht nur indirekte Aussagen, sondern auch direkte Bestätigungen. Dafür aber sind Informationen erforderlich, die unmittelbar aus dem Schoße des Sterns stammen.
In den letzten Jahren ergab sich eine solche Möglichkeit, wenigstens im Prinzip. Es handelt sich um die sog. Neutrinoastronomie oder, genauer gesagt, um die Neutrinoastrophysik.
Das Neutrino, ein „schwer zugängliches" Teilchen, nimmt unmittelbar an den thermonuklearen Reaktionen teil. Das Neutrino wird insbesondere im Prozeß der thermonuklearen Umwandlung des Wasserstoffs in Helium gebildet, der entsprechend den heutigen Vorstellungen eine innere Energiequelle des Sterns darstellt. Die Energie dieser Teilchen und der Betrag des Teilchenstroms hängt vom Charakter der Kernreaktionen und von der Temperatur ab.
Während ein Photon, das sich im Innern der Sonne gebildet hat, ungefähr 10 Milliarden Stößen ausgesetzt ist, bevor es nach außen gelangt, durchläuft das Neutrino, das ein ungeheures Durchdringungsvermögen besitzt, die gesamte Schicht der Sonnenmaterie praktisch widerstandslos und erreicht die Erde. Wenn es uns gelänge, das Sonnenneutrino „einzufangen", würden wir im gewissen Sinne „sehen", was im Zentrum der Sonne vor sich geht.

Allerdings kann man Neutrinos nur auf indirektem Wege beobachten, indem man sie zwingt, mit anderen Teilchen wechselzuwirken, und die Resultate derartiger Wechselwirkungen beobachtet.

Die Wechselwirkung des Neutrinos mit dem Chlorisotop der relativen Atommasse 37 kann als geeignete Kernreaktion dienen. Solch ein Kern verwandelt sich in den Kern des Argon-37, indem er das Neutrino einfängt. Dabei wird ein Elektron gebildet, das man mit den Physikern gut bekannten Verfahren registrieren kann. Außerdem ist Argon-37 radioaktiv. Das bedeutet, daß man nach einem bestimmten Zeitabschnitt messen kann, wieviel sich angesammelt hat.

Man muß jedoch die anderen störenden Teilchen kosmischer Strahlung, die auch die Kernreaktion der Verwandlung von Chlor in Argon veranlassen können, noch „ausschalten". Um sich von solchen Störungen zu befreien, muß man alle Messungen tief unter der Erde durchführen, wohin die üblichen kosmischen Teilchen offensichtlich nicht durchdringen können.

Der sowjetische Physiker B. Pontecorvo schlug vor, einen „Chlordetektor" zur Registrierung der solaren Neutrinos zu benutzen. Diese Idee verwirklichte der amerikanische Physiker R. Davis mit seinen Mitarbeitern. Als „Neutrinoteleskop" diente eine riesige Zisterne, die mit 600 t Perchlorethylen gefüllt war. Das ist eine ganz alltägliche Flüssigkeit, die zur Reinigung von Kleidungsstücken benutzt wird. Die Apparatur wurde in einer stillgelegten Goldgrube im Staate Süddakota nahe der Stadt Homestake aufgestellt.

Die Beobachtungen erfolgten während eines langen Zeitraums in mehreren Serien, sie ergaben ein unerwartetes Ergebnis. Die Anzahl der registrierten Wechselwirkungsereignisse war kleiner, als von der Theorie vorausgesagt wurde.

Zur Erklärung dieses Umstandes wurden verschiedene Hypothesen vorgeschlagen, darunter auch ziemlich extravagante. So vermuteten beispielsweise einige Wissenschaftler, daß der solare thermonukleare Reaktor in „Impulsarbeitsweise" funktioniert. Wegen bestimmter Besonderheiten des Ablaufs der physikalischen Prozesse im Sonneninnern soll die thermonukleare Reaktion von Zeit zu Zeit abbrechen. Dann leuchtet die Sonne nur aufgrund der Energiereserven, die im vorhergehenden Zyklus angelegt wurden. Es sei daran erinnert, daß die Photonen der elektromagnetischen Strahlung, die uns von der Sonne erreicht, tatsächlich bereits vor etwa einer Million Jahre erzeugt wurden. So lange benötigen sie nämlich noch, um sich zur Sonnenoberfläche „durchzuschlagen". Das Neutrino liefert uns dagegen praktisch Informationen über

den Zustand der Sonne im Beobachtungsmoment. Darum wäre es keineswegs erstaunlich, wenn das „elektromagnetische" Bild nicht mit dem von den Neutrinos übermittelten Bild übereinstimmen würde. Könnten nicht die fehlenden solaren Neutrinos in den Versuchen von Davis bedeuten, daß in unserer Epoche der solare thermonukleare Reaktor gerade nicht arbeitet?
Einiges ist klar, weitere Neutrinobeobachtungen der Sonne sind erforderlich, um das aufgetretene Problem zu lösen. Gegenwärtig entsteht die dazu notwendige Registrierungsapparatur.
Andererseits ist auch die Möglichkeit nicht ausgeschlossen, das Beobachtungsresultat von Davis durch die Eigenschaften der Neutrinos selbst zu erklären. Auf diese Frage werden wir im nächsten Kapitel zurückkommen.

In den Tiefen des Alls

Das Universum

In mondlosen Nächten kann man am Himmel den langen Nebelstreifen der Milchstraße gut erkennen. Es handelt sich hierbei jedoch gar nicht um Nebelansammlungen, sondern um eine große Anzahl von Sternen, um unser Sonnensystem, die Galaxis. In der Galaxis gibt es nach heutigen Abschätzungen ungefähr 200 Milliarden Sterne. Ein Lichtstrahl benötigt bei einer Geschwindigkeit von 300 000 km/s ungefähr 100 000 Jahre, um sie von einem Ende zum anderen zu durchmessen.
Ungeachtet dieser riesigen Ausmaße ist unsere Galaxis nur eine aus einer Vielzahl derartiger Sterneninseln im Universum. Sie besitzt mehrere Begleiter. Die größten sind die Große und die Kleine Magellansche Wolke. Mit unserer Galaxis rotieren sie um den gemeinsamen Massenmittelpunkt. Unsere Galaxis, die Magellanschen Wolken und noch einige Sternsysteme, darunter der bekannte Andromedanebel, bilden die sog. Lokale Galaxiengruppe. Mit modernen optischen und Radioteleskopen sowie anderen astronomischen Beobachtungsmitteln ist ein riesiges Raumgebiet zugänglich. Sein Radius beträgt zehn bis zwölf Milliarden Lichtjahre. In diesem Gebiet liegen Milliarden von Galaxien. Ihre Gesamtheit wird als Metagalaxis bezeichnet.
Im Laufe des Erkenntnisprozesses des Menschen sondert er aus der unendlichen Vielfalt der materiellen Welt bestimmte Objekte, Erscheinungen, Zusammenhänge und Wechselwirkungen aus. Daher ist es angebracht, die Begriffe des astronomischen Universums und der gesamten materiellen Welt zu unterscheiden.

Der sowjetische Wissenschaftler P. N. Fedossejew schreibt: „Vom Evolutionsprinzip ausgehend, gibt es allen Grund anzunehmen, daß das Universum, das von der modernen Wissenschaft untersucht wird, ein sich zeitlich entwickelndes Gebilde ist, das aus irgendwelchen ihm vorangegangenen Zuständen und Materieformen entstanden ist und von neuen Zuständen und Formen abgelöst wird.
Der materialistischen Philosophie sind Vorstellungen über die Erzeugung der physikalischen Welt durch das Bewußtsein, einen Schöpfungsakt des Universums durch ein höheres Wesen fremd. Wenn das von uns heute untersuchte Universum vor 20 Milliarden Jahren entstanden ist, so ist es vom philosophischen Standpunkt aus wichtig, den objektiven Charakter dieses Prozesses als kosmische Etappe der Entwicklung der Materie anzuerkennen. Es ist eine Angelegenheit der konkreten Wissenschaft, diesen Prozeß physikalisch zu verstehen und zu beschreiben. Die Existenz vieler Kosmen mit einer komplizierten Topologie ist denkbar. Darum ist es nützlich, den Terminus Universum des Naturwissenschaftlers, mit dem zum gegebenen Zeitpunkt unsere Kenntnisse über den Kosmos bezeichnet werden, von dem philosophischen Begriff der materiellen Welt zu unterscheiden. Dieser Begriff beinhaltet in verdeckter Form auch alle künftigen Errungenschaften bei der Erforschung des Universums durch die Naturwissenschaftler."

In der expandierenden Metagalaxis

Unbestreitbar ist die in unserem Jahrhundert entstandene Theorie des „expandierenden Weltalls" oder, genauer gesagt, die Theorie der expandierenden Metagalaxis eine der verblüffendsten astronomischen Theorien.
Die Grundidee dieser Theorie besteht darin, daß die Metagalaxis vor ungefähr 15 bis 20 Milliarden Jahren im Ergebnis einer grandiosen kosmischen Explosion eines kompakten Klumpens superdichter Materie entstand.
Verlieren wir einige Worte darüber, wie diese Theorie entstand.
Die Konstruktion verschiedener theoretischer Modelle, d. h. vereinfachter theoretischer Schemata des Weltgebäudes, ist eine der effektivsten Methoden der Untersuchung des Alls. Lange Zeit untersuchte man in der Kosmologie die sog. homogenen isotropen Modelle. Was bedeutet das?
Stellen wir uns einmal vor, wir würden das All in eine große Zahl „elementarer" Gebiete zerlegen, und jedes würde zahlreiche Galaxien enthalten. Dann bedeuten Homogenität und Isotropie,

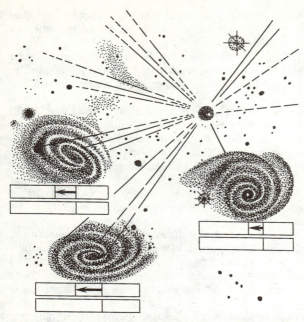

Abb. 14. Schema der Expansion der Metagalaxis. Die Rotverschiebung der Spektrallinien wächst mit der Entfernung

daß die Eigenschaften und das Verhalten des Alls zu jeder Zeit in allen hinreichend großen Gebieten und in allen Richtungen gleich sind.
Albert Einstein schlug das erste Modell eines homogenen isotropen Universums vor. Es beschrieb das sog. stationäre Universum, d. h. ein Universum, das sich im Laufe der Zeit nicht nur nicht in allgemeinen Zügen ändert, sondern in dem überhaupt keine Bewegung in hinreichend großem Maßstab stattfindet.
Der talentierte Leningrader Wissenschaftler A. A. Friedman zeigte jedoch 1922, daß die Einsteinschen Gleichungen auch eine Anzahl nichtstationärer, nämlich expandierender und kontrahierender, homogener isotroper Modelle zulassen. Später stellte man fest, daß das statische Einsteinsche Modell notwendig in ein nichtstationäres übergeht. Das bedeutet, daß das homogene isotrope Universum mit Notwendigkeit entweder expandiert oder kontrahiert. Der amerikanische Astronom Slipher hatte schon vorher die Rotverschiebung der Spektrallinien in den Galaxienspektren entdeckt. Eine derartige Erscheinung, die in der Physik

unter der Bezeichnung Dopplereffekt bekannt ist, beobachtet man in den Fällen, in denen sich der Abstand zwischen Lichtquelle und Empfänger vergrößert.

Erst nach der Arbeit von Friedman bewies der amerikanische Astronom Hubble endgültig, daß die Linienverschiebung im Spektrum einer Galaxie um so größer ist, je weiter sie von uns entfernt ist.

Überdies entdeckte man, daß sich die Rotverschiebung direkt proportional zum Abstand vergrößert. Vom Standpunkt des Dopplereffektes aus bedeutet das, daß sich alle Galaxien voneinander mit um so größerer Geschwindigkeit entfernen, je größer der Abstand zwischen ihnen ist. Auf der Grundlage dieser Vorstellung der Galaxienbewegung, die man als Resultat der Erklärung der Rotverschiebung mit Hilfe des Dopplereffektes gewann, wurde auch die Theorie der expandierenden Metagalaxis ausgearbeitet.

Diese Theorie wurde jedoch durchaus nicht einmütig anerkannt. Zu verschiedenen Zeiten wurden alle möglichen Versuche unternommen, die Rotverschiebung nicht dadurch zu erklären, daß sich die Galaxien voneinander entfernen, sondern mit Hilfe anderer Ursachen. Keine der vorgeschlagenen Hypothesen hatte Erfolg.

Nichtsdestoweniger werden die Versuche, den Dopplercharakter der Rotverschiebung in den Galaxienspektren zu widerlegen, auch in unseren Tagen fortgesetzt.

Versuchen wir zu verstehen, ob es möglich ist, die Rotverschiebung in den Galaxienspektren durch eine andere Ursache als den Dopplereffekt zu erklären, und ob es eine ernstzunehmende Grundlage dafür gibt, an der Expansion der Metagalaxis zu zweifeln.

Als verbreitetster Einwand gegen die kosmologische Interpretation der Rotverschiebung trat die Annahme eines „Alterns" der Photonen hervor, d. h. ihres allmählichen „Verfalls" und einer Verringerung ihrer Energie (d. h. Vergrößerung der Wellenlänge) auf ihrem langen Weg durch den kosmischen Raum.

Der „Streit" zwischen Dopplereffekt und Alterungseffekt kann aber ganz eindeutig mit Hilfe astronomischer Beobachtungen entschieden werden, da diese Effekte nicht vollkommen identisch sind.

Berechnungen zeigen, daß die Änderung Δv der Frequenz v (d. h. die Verschiebung der Spektrallinien) *bei der Alterung der Photonen* im gesamten Spektrum gleich sein muß. Mit anderen Worten, *die Größe der Verschiebung hängt nicht von der Frequenz ab*.

Dagegen ist im Falle des Dopplereffektes die Frequenzänderung proportional der Frequenz. Hier ist die Größe Δv selbst nicht konstant, sondern ihr Verhältnis zur entsprechenden Frequenz $\Delta v/v$. Mit anderen Worten, in diesem Fall ist die Größe der Verschiebung für verschiedene Spektrallinien verschieden.

Was sagen die Beobachtungen? Sie sagen uns, daß die in den Spektren der Galaxien beobachtbare Rotverschiebung gerade so ist, daß für verschiedene Linien ein und desselben Spektrums nicht die Frequenzänderung, sondern das Verhältnis dieser Änderung zur Frequenz selbst eine Konstante ist. Und das spricht eindeutig zugunsten einer Erklärung der Rotverschiebung in den Galaxienspektren mit Hilfe des Dopplereffektes.

Eine andere Frage ist, ob die kosmischen Photonen überhaupt altern. Wenn eine Verschiebung der Spektrallinien frequenzunabhängig ist, so muß sie offensichtlich zuerst im Gebiet verhältnismäßig kleiner Frequenzen, d. h. im Radiowellenbereich, bemerkbar sein. Hier muß, wie auf der „ausgedehnten" Skale des Radioempfängers, sogar eine kleine Frequenzänderung sofort „ins Auge fallen". Es wurden jedoch keinerlei Anzeichen einer derartigen Erscheinung bei astrophysikalischen Beobachtungen entdeckt.

Man muß zwar gerechterweise bemerken, daß es im Prinzip noch eine physikalische Erscheinung gibt, die die gleichen Besonderheiten wie der Dopplereffekt hat. Wenn sich die Strahlung im Schwerefeld ausbreitet, so ändert sich ihre Frequenz ebenso wie bei gegenseitiger Entfernung der Quelle und des Empfängers. Aber die Berechnungen zeigen, daß dieser Effekt, der unter der Bezeichnung „gravitative Rotverschiebung" oder „Einsteineffekt" bekannt ist, im Falle der metagalaktischen Rotverschiebung seiner Größe nach nur eine ziemlich kleine Ergänzung zum Dopplereffekt darstellen kann.

Die moderne Physik kennt also keine anderen Erscheinungen, außer dem Dopplereffekt, mit deren Hilfe man die in den Galaxienspektren beobachtbare Rotverschiebung erklären könnte.

Gibt es eigentlich überhaupt einen Anlaß dafür, andere, nicht mit dem Dopplereffekt verbundene Erklärungen zu suchen? Das wäre offensichtlich in dem Falle berechtigt, wenn die mit dem Dopplereffekt verbundene Vorstellung zu ernsten Widersprüchen führen würde. Aber existieren solche Widersprüche wirklich?

Seinerzeit kamen Einwände auf, die mit dem Alter der kosmischen Objekte im Zusammenhang stehen. Es handelt sich darum, daß entsprechend der Theorie der expandierenden Metagalaxis die Dauer der Expansionsepoche zu 10 bis 20 Milliarden Jahren

errechnet wurde. Führt das nicht etwa zu einem Widerspruch mit den vorhandenen Abschätzungen des Alters der Sterne, Sternhaufen und Galaxien?
Eine Zeitlang schien es tatsächlich so, als ob die Dauer der Expansion und das Alter der kosmischen Objekte unvereinbar miteinander wären. Man kann jedoch jetzt die Tatsache als allgemein anerkannt betrachten, daß der Zeitraum seit der Entstehung aller uns bekannten Gebilde von der Größenordnung 10 Milliarden Jahre ist.
Nichtsdestoweniger begegnet man auch jetzt noch Altersabschätzungen einzelner kosmischer Objekte von 20 und mehr Milliarden Jahren. Es taucht die Frage auf, ob es verheerende Folgen für die Expansionstheorie hat, wenn diese Abschätzungen tatsächlich bestätigt werden.
A. L. Selmanow unterstrich, daß man lediglich im Rahmen der Theorie des homogenen isotropen Universums auf eine Expansionsdauer der Metagalaxis von 10 bis 20 Milliarden Jahren geschlossen hatte. In allgemeineren Theorien kann diese Frist etwas größer sein.
Es sind jedoch auch in der Theorie des homogenen isotropen Universums einige Varianten möglich, bei denen die Epoche der Expansion der Metagalaxis länger sein kann. Zu Beginn der Expansion überwiegt bei der Mehrheit der theoretischen Varianten die gegenseitige gravitative Anziehung der Massen, die die Expansion bremst und verlangsamt. Aber mit der Ausdehnung wird die gravitative Anziehung schwächer, und die kosmische Abstoßung, deren Existenz die Gleichungen der Allgemeinen Relativitätstheorie unter bestimmten Bedingungen zulassen, vergrößern sich. Der Fall, daß die Abstoßung zu guter Letzt die Anziehung ausgleicht und sie dann übertrifft, ist möglich. Dann wird die verlangsamte Expansion von einer beschleunigten abgelöst.
Nehmen wir einmal an, daß sich die Metagalaxis gerade so verhielt und wir in einer Epoche der beschleunigten Expansion leben. Das bedeutet aber, daß die Expansion in der unmittelbaren Vergangenheit langsamer verlief und sich folglich länger hinzog als bei nicht abgebrochener Abbremsung.
Andererseits kann die Altersabschätzung durchaus auch zu kleineren Werten führen.
Nach der Theorie des heißen expandierenden Universums mußte einige Zeit nach dem Beginn der Expansion eine Phase eintreten, während der die gesamte Materie ein Plasma bildete, das aus Elektronen, Protonen und Kernen der leichten Elemente bestand. Außerdem existierte noch elektromagnetische Strahlung: Radio-

wellen, Licht- und Röntgenstrahlen. In dieser Periode befanden sich Stoff und Strahlung im Gleichgewicht. Die Teilchen (hauptsächlich die Elektronen) strahlten ungefähr die gleiche Zahl Photonen aus, wie sie absorbierten.

Im weiteren fiel die Temperatur jedoch so weit, daß die Elektronen begannen, sich mit den Ionen zu verbinden, wobei sie die Wasserstoff- und Heliumatome sowie Atome anderer chemischer Elemente bildeten. Infolgedessen wurde das Medium für die Strahlung durchsichtig. Mit anderen Worten, es wurden keine Photonen mehr ausgestrahlt und absorbiert.

Im weiteren hat sich die Temperatur dieser Strahlung allmählich verringert, und nach den Berechnungen, die sich aus dem Modell des heißen expandierenden Universums ergeben, muß der Weltraum heute von einer Strahlung mit der Temperatur von ungefähr 3 bis 4 K ausgefüllt sein.

Diese hypothetische Strahlung wurde 1965 registriert, sie erhielt die Bezeichnung Reliktstrahlung. Der Nachweis der Reliktstrahlung bestätigt direkt, daß die Expansion des Universums bereits viele Milliarden Jahre andauert und von einem weitaus dichteren Zustand als heute ausging.

In den allerletzten Jahren gab es jedoch einen Anlaß zum Zweifel. Einige Forscher nahmen an, daß man vermutlich nur einen Wärmehintergrund der Metagalaxis registriert hat, der völlig anderer physikalischer Natur ist.

Es wurden gleichfalls Hypothesen bekannt, nach denen die als Reliktstrahlung betrachtete Strahlung in Wirklichkeit in ferner Vergangenheit von irgendwelchen einzelnen kosmischen Objekten emittiert wurde und sich danach allmählich im Weltraum zerstreute.

Auf dem Kongreß der Internationalen Astronomischen Union, der 1970 in England stattfand, kamen die Wissenschaftler jedoch zu der einhelligen Meinung, daß es heute keinerlei ernste Anlässe gibt, an dem Reliktcharakter der registrierten kosmischen Radiostrahlung zu zweifeln.

Was die Hypothese der isolierten Quellen der Reliktstrahlung betrifft, so müßte man an den Stellen, wo sie sich irgendwann einmal befanden, kleine Intensitätsschwankungen der Radiostrahlung beobachten. Die Untersuchungen, die der sowjetische Radioastronom J. N. Parijski durchführte, zeigten aber, daß man mit großer Genauigkeit behaupten kann, daß es derartige Fluktuationen nicht gibt.

Sogar wenn es sich erwiesen hätte, daß die Reliktstrahlung überhaupt nicht existiert, würde das durchaus nicht bedeuten, daß man die Expansionstheorie verwerfen müßte. Im Rahmen dieser

Theorie ist auch eine Variante möglich, bei der keine Reliktstrahlung entsteht.
Die Untersuchung der Quasare gibt uns ein sehr wichtiges Argument zugunsten der Theorie des expandierenden Universums. Die räumliche Dichte dieser Objekte ist in den uns verhältnismäßig nahen Gebieten des Universums ziemlich klein. In einem Abstand von der Größenordnung 7 bis 9 Milliarden Lichtjahre steigt sie dagegen beträchtlich an, um danach wieder bis Null zu fallen. Das bedeutet aber, daß die räumliche Dichte der Quasare in ferner Vergangenheit größer war; und in noch früheren Epochen waren sie noch nicht vorhanden.
So geben uns die Quasare eine unabhängige Bestätigung dafür, daß das Universum durchaus nicht stationär ist. Nichtsdestoweniger werden Zweifel daran geäußert, ob uns überhaupt die notwendigen Eichmaße zur Messung der Größe der Rotverschiebung zur Verfügung stehen.
Wenn sich nämlich die Wellenlängen der elektromagnetischen Strahlung ebenso wie die metagalaktischen Abstände ändern und die Ausmaße der Atome ebenso wie die Wellenlängen, dann könnte man tatsächlich nichts entdecken.
Zuallererst muß man bemerken, daß die moderne Physik davon ausgeht, daß sich bei der Expansion der Metagalaxis nur die kosmologischen Maßstäbe ändern. Die mikroskopischen und makroskopischen Maßstäbe bleiben dagegen im Verlaufe der Expansion erhalten. Das ist nicht nur einer der möglichen Standpunkte, sondern eine Frage, die eng mit den Fundamenten der gesamten heutigen Physik überhaupt verbunden ist.

Befinden wir uns im Zentrum?

Wir leben also in der expandierenden Metagalaxis und beobachten, wie sich die uns umgebenden Galaxien in allen Richtungen von uns entfernen. Dabei kann unwillkürlich der Eindruck entstehen, daß gerade wir uns im Expansionszentrum befinden, in einem unbeweglichen Punkt, von dem aus die übrigen Sterninseln in alle Richtungen wegfliegen. Ein solcher Fall stimmt aber schlecht mit der Wahrscheinlichkeitstheorie überein und ruft berechtigte Zweifel hervor: Warum gerade wir?
Tatsächlich ist der Eindruck unserer zentralen Lage in der Metagalaxis auch falsch. Wir wollen ein Beispiel zur Klärung anführen, das von A. L. Selmanow vorgeschlagen wurde. Stellen wir uns einmal vor, daß von einem Platz aus eine große Anzahl Autos auf einer vollkommen geraden Chaussee mit verschiedenen Geschwindigkeiten in einer Richtung gleichzeitig losfahren. Nach

einer gewissen Zeit werden sie sich offensichtlich ihren Geschwindigkeiten entsprechend angeordnet haben: Die, die sich schneller bewegen, kommen nach vorn, die langsameren bleiben zurück. Dann wird sich offensichtlich jedes voranfahrende Auto mit größerer Geschwindigkeit bewegen als das ihm folgende. Stellen wir uns nun einen Beobachter vor, der sich auf einem der mittleren Wagen befindet und der nur die übrigen vor sich und hinter sich sieht. Dann kommt es ihm – unabhängig davon, in welchem Auto er fährt – so vor, als ob gerade er sich im Zentrum der „Expansion" der Autoschlange befinden würde, da sich alle übrigen Autos, sowohl die vorderen als auch die hinteren, von ihm entfernen werden: Die vorderen fahren immer weiter und weiter fort, die hinteren bleiben immer mehr zurück.

Ebenso bestätigt die metagalaktische Rotverschiebung nur die Vergrößerung der Abstände zu den sich von uns und voneinander entfernenden anderen Galaxien. Sie bestätigt durchaus nicht, daß gerade wir uns im Zentrum befinden. Würden wir in eine beliebige andere Galaxie versetzt, so würde es uns so vorkommen, als wäre gerade sie die zentrale Galaxie.

Im Zusammenhang mit der Expansion der Metagalaxis tritt noch eine Frage auf. Bekanntlich benutzen wir die Rotverschiebung, um den Abstand zu dieser oder jener Galaxie mit Hilfe des Hubblegesetzes zu bestimmen: Je größer die Rotverschiebung ist, um so weiter ist die Galaxie entfernt. Die Galaxie muß sich aber, bis der von ihr ausgesandte Lichtstrahl die Erde erreicht hat, noch weiter entfernt haben. Nicht genug damit, wir empfangen auch zu ein und demselben Zeitpunkt Licht von verschiedenen Galaxien, das zu unterschiedlichen Zeiten ausgesandt wurde. Wird das nicht das gesamte Bild des Aufbaus der Metagalaxis völlig durcheinanderbringen?

Eine derartige Befürchtung ist aus dem einfachen Grund unbegründet, weil die Theorie diesen Umstand berücksichtigt. Sie ist so aufgebaut, daß alle Abstände automatisch umgerechnet und auf ein und dieselbe Zeit (Beobachtungszeit) gebracht werden.

Noch eine Frage: Warum wächst die Rotverschiebung mit dem Abstand, mit anderen Worten, warum entfernen sich weiter entfernte Galaxien mit größerer Geschwindigkeit? Die Abhängig-

Abb. 15. Analogie, die das Fehlen eines Expansionszentrums der Metagalaxis verständlich macht

keit der Rotverschiebung vom Abstand ist keineswegs die Folge eines „Auswurfs" der Galaxien mit verschiedenen Geschwindigkeiten aus einem „Anfangspunkt". Die Expansion der Metagalaxis verläuft so, daß die Geschwindigkeit der Abstandsvergrößerung zwischen zwei beliebigen Punkten dem Betrag dieses Abstandes proportional ist. Das wurde durch Beobachtungen bereits 1929 endgültig festgestellt.

Das Universum im Licht der Gammastrahlen

Bekanntlich war die Astronomie ziemlich lange Zeit eine rein „optische" Wissenschaft. Der Mensch untersuchte am Himmel das, was er erblickte, zuerst mit bloßem Auge, später mit Fernrohren. Mit der Entwicklung der Radiotechnik wurde die Radioastronomie geboren, die unsere Kenntnisse über das Universum bedeutend erweiterte. Schließlich gibt es seit einigen Jahren auch direkt im Kosmos Forschungsgeräte. Damit wurde die Untersuchung der anderen elektromagnetischen Boten des Universums ermöglicht. Dies sind die infrarote Strahlung, die ultraviolette, die Röntgen- und die Gammastrahlung. Die Astronomie verwandelte sich in eine Wissenschaft, die alle Wellenbereiche nutzt.

Eine der neuen Untersuchungsmethoden für kosmische Objekte ist die Röntgenastronomie. Ungeachtet dessen, daß diese Methode noch verhältnismäßig jung ist, kann man sich heutzutage das Universum gar nicht mehr ohne jene Daten vorstellen, die man dank der Beobachtungen im Röntgenbereich erhalten hat.

Vermutlich sind die Gammastrahlen eine noch vielversprechendere Quelle für Informationen aus dem Kosmos. Die Energie der Gammaquanten kann nämlich die Energie der Photonen des sichtbaren Lichts um das Hunderttausendfache oder Millionenfache übersteigen. Für solche Gammaquanten ist das Universum praktisch durchsichtig. Sie bewegen sich geradlinig von ziemlich entfernten Objekten zu uns und können uns außerordentlich wertvolle Kenntnisse über viele physikalische Prozesse, die im Kosmos ablaufen, vermitteln.

Die Gammaquanten sind in der Lage, uns besonders wichtige Informationen über die ungewöhnlichen und extremen Zustände der Materie im Universum zu verschaffen. Gerade an diesen Zuständen sind die Astrophysiker gegenwärtig in erster Linie interessiert. So entsteht beispielsweise bei der Wechselwirkung von Materie mit Antimaterie Gammastrahlung. Weiterhin entsteht sie auch dort, wo die kosmische Strahlung, also Ströme von Teilchen hoher Energien, gebildet wird.

Die Hauptschwierigkeit bei der Beobachtung des Universums durch Gammastrahlung besteht darin, daß die Energie dieser kosmischen Gammaquanten zwar sehr groß, die Zahl dieser Quanten im erdnahen Raum jedoch verschwindend gering ist. Die modernen Gammateleskope registrieren selbst von den hellsten Gammaquellen ungefähr nur ein Quant innerhalb einiger Minuten.

Eine beträchtliche Schwierigkeit besteht auch darin, daß die primäre kosmische Strahlung vor dem Hintergrund zahlreicher Störungen untersucht werden muß. Unter der Einwirkung geladener Teilchen der auf die Erde treffenden kosmischen Strahlung – das sind Protonen und Elektronen – beginnen sowohl die Erdatmosphäre als auch die Teile der Raumsonde, auf der das Registriergerät installiert ist, hell im Gammabereich zu „leuchten".

Wie sieht nun das Universum im Gammastrahlungsbereich aus? Stellen Sie sich einen Augenblick vor, daß Ihre Augen nicht gegenüber dem sichtbaren Licht empfindlich wären, sondern gegenüber Gammaquanten.

Was würden Sie dann erblicken? Wenn wir zum Himmel schauen würden, würden wir weder die Sonne noch die gewöhnlichen Sternbilder erblicken, und die Milchstraße erschiene uns als schmaler leuchtender Streifen. Übrigens bekräftigt diese Verteilung der galaktischen Gammastrahlung die seinerzeit von dem bekannten sowjetischen Physiker W. L. Ginsburg ausgesprochene Behauptung, daß die kosmische Strahlung im wesentlichen galaktischer und nicht extragalaktischer Herkunft sei.

Bisher wurden mit auf Raumsonden installierten Gammateleskopen einige Dutzend kosmische Gammastrahlungsquellen registriert. Vorläufig kann man noch nicht genau sagen, was das für Objekte sind. Es können Sterne oder andere kompakte Objekte sein, möglicherweise auch ausgedehnte Gebilde. Es gibt Gründe dafür, anzunehmen, daß Gammastrahlung bei nichtstationären explosiven Prozessen entsteht. Zu diesen Prozessen gehören beispielsweise Supernovaausbrüche. Bei der Überprüfung von 88 bekannten Supernovaüberresten wurden allerdings nur zwei Gammastrahlungsquellen entdeckt.

Gleichzeitig wurden auch extragalaktische Gammastrahlungsquellen gefunden, die mit aktiven Galaxien und Quasaren in Zusammenhang stehen. In diesen Gebilden laufen explosive Prozesse ab, die viele millionenmal stärker sind als Supernovaausbrüche. Es läßt sich nicht ausschließen, daß die Astronomie gegenwärtig an der Schwelle der Entdeckung einer prinzipiell neuen Klasse kosmischer Objekte steht, deren physikalische Natur uns unbekannt ist.

Im Sternbild Schlangenträger (Ophiuchus) wurde eine sehr interessante Gammastrahlungsquelle entdeckt. An dieser Stelle befindet sich eine dichte Wolke aus Gas und Staub, in der eine Gruppe junger, heißer Flaresterne gelegen ist. Von einem anderen Nebel, dem Orionnebel, wurde ebenfalls Gammastrahlung registriert. Er enthält junge Sterne, und einigen Angaben zufolge wird dort ein expandierendes System solcher Sterne, eine Sternassoziation, beobachtet.

Nach heutigen Vorstellungen ist das Aufleuchten einer Supernova eine der Endetappen im Leben eines Sterns. Ausbruchserscheinungen sind dagegen allem Anschein nach für die frühen Etappen jener Himmelskörper charakteristisch. Man gewinnt den Eindruck, daß die Gammastrahlung und der sie erzeugende Prozeß der Entstehung kosmischer Strahlung nicht mit dem Tod der Sterne verbunden sind, sondern eher mit ihrer Geburt.

Durch die Registrierung der Gammastrahlung hoher Energien können im Prinzip die Objekte entdeckt werden, in denen die kosmische Strahlung entsteht. Damit kann eine Aufgabe gelöst werden, die schon seit langem eine der wichtigsten in der Astrophysik ist. Bei der Wechselwirkung hochenergetischer Kerne, die zum Bestand der kosmischen Strahlung gehören, mit dem interstellaren Medium (Gas- oder Staubteilchen), das die Quelle der kosmischen Strahlung umgibt, entstehen die sog. π^0-Mesonen. Das sind Elementarteilchen, die eine kurze Lebensdauer besitzen. Sie zerfallen in γ-Quanten, und diese können mit Gammateleskopen registriert werden. Das Gammaleuchten ist dabei um so heller, je größer die Dichte der kosmischen Strahlung ist. Die Beobachtungen im Gammabereich erlauben es also nicht nur, die Lage der Objekte zu bestimmen, die kosmische Strahlung aussenden, sondern auch die Intensität der Strahlung zu beurteilen.

Die Neutronensterne (Pulsare) sind ebenfalls Gammastrahlungsquellen. So ist der hellste Stern im Gammabereich ein Pulsar im Sternbild Segel (Vela). Ihn kann man nicht mit optischen Teleskopen beobachten. Es stellte sich heraus, daß ein anderer „Gammastern" mit dem berühmten Pulsar im Krebsnebel identisch ist. Vorläufig gibt es allerdings keine unmittelbaren Beweise dafür, daß in den Pulsaren hochenergetische Kerne erzeugt werden und die Pulsare somit Quellen der kosmischen Strahlung sind. Höchstwahrscheinlich wird die Gammastrahlung der Pulsare von schnellen Elektronen emittiert.

Vor einigen Jahren wurden mit Meßgeräten, die auf künstlichen

Erdsatelliten oder hochfliegenden Ballons installiert waren, starke kosmische Gammaausbrüche entdeckt, bei denen gewaltige Energiemengen ausgestrahlt werden. Die während eines Ausbruchs dieser geheimnisvollen Quellen freigesetzte Energie übersteigt die Energie der sichtbaren Sonnenstrahlung millionenfach.

Obwohl die physikalische Natur dieser Erscheinungen bisher ungeklärt ist, gibt es gewisse Gründe zu der Vermutung, daß diese Ausbrüche mit bestimmten Prozessen in Doppelsternsystemen, deren eine Komponente ein Neutronenstern ist, zusammenhängen. Möglicherweise entstehen diese gewaltigen Gammastrahlungsausbrüche durch Materie, die von dem zweiten Stern des Doppelsternsystems ausgeschleudert wird und auf den Neutronenstern überströmt.

Die weitere Erforschung der Gammastrahlung muß auf viele Fragen eine Antwort geben, die von grundlegender Bedeutung für das Verständnis des Aufbaus der kosmischen Objekte und die Erklärung physikalischer Prozesse im Universum sind. Da sich die γ-Quanten geradlinig ausbreiten, ist es insbesondere möglich, nicht nur sehr weit entfernte Gammastrahlungsquellen zu entdecken, sondern auch die Richtungen zu bestimmen, in denen sie sich befinden.

Da der Entstehungsmechanismus der Gammastrahlung mit dem Einfluß „nichtthermischer" Teilchen hinreichend hoher Energien verbunden ist, trägt diese Strahlung immens wichtige Informationen über physikalische Prozesse mit sich, die in den Gebieten des Universums ablaufen, in denen eine hohe Konzentration solcher nichtthermischer Teilchen herrscht.

Die Supernova SN 1987A

Eine der auffälligsten und großartigsten Erscheinungen der Sternenwelt ist das Aufleuchten einer Supernova. Nach modernen theoretischen Vorstellungen können Supernovaausbrüche während der Endstadien der Sternentwicklung stattfinden, wenn sich hinreichend massereiche Sterne vom Zustand eines weißen Zwerges zu einem Neutronenstern oder Schwarzen Loch entwickeln.

Als sich der französische Astronom Charles Messier 1758 mit der Suche nach Kometen beschäftigte, entdeckte er im Sternbild Stier (Taurus) einen leuchtenden Nebelfleck, den er als unbekannten Kometen identifizierte. Im weiteren stellte es sich jedoch heraus, daß dieser Nebel im Gegensatz zu einem Kometen, der sich unter den Sternen bewegt, an Ort und Stelle verharrte. Als stärkere

Teleskope verfügbar waren, konnte man ihn genauer betrachten. Es zeigte sich, daß dieser Nebel eine äußerst bizarre Form besitzt, die in gewisser Weise an einen riesigen Krebs erinnert. So erhielt er die Bezeichnung Krebsnebel.

Später stellte man fest, daß sich die Gase, aus denen der Krebsnebel besteht, mit einer Geschwindigkeit von 1000 km/s radial von einem Zentrum wegbewegen. Das bedeutet, daß die gesamte Materie des Krebsnebels vor etwa 900 Jahren an einem Platz konzentriert war. Was war in diesem Himmelsgebiet am Beginn des zweiten Jahrtausends unserer Zeitrechnung geschehen?

Die Antwort auf diese Frage wurde in alten chinesischen Chroniken gefunden. Im Jahre 1054 war im Sternbild Stier ein ungewöhnlich heller Stern aufgeleuchtet. Er strahlte so hell, daß er drei Wochen lang bei Sonnenlicht am Tageshimmel gut zu sehen war. Danach verlöschte der Stern, und an der Stelle, an der er aufgeleuchtet war, bildete sich ein Nebel, der später Krebsnebel genannt wurde.

Der Beschreibung nach handelte es sich um einen Supernovaausbruch. Dabei leuchtete ein Stern auf, der zwar bereits vorher existierte, jedoch solch eine geringe Leuchtkraft besaß, daß er mit den damaligen Hilfsmitteln der Astronomen nicht zu beobachten war. Während eines Supernovaausbruchs kann ein schwacher Stern so hell werden, daß er plötzlich gut zu bemerken und auch mit bloßem Auge zu beobachten ist. So ist der Eindruck entstanden, ein neuer Stern wäre erschienen.

Supernovaausbrüche entwickeln sich relativ schnell, im Mittel innerhalb von 10 Tagen, danach verringert sich die Helligkeit des Sterns allmählich. Dabei wird eine ungeheuer große Energiemenge freigesetzt, 10^{42} J bis 10^{44} J. Solch eine Energie strahlt die Sonne innerhalb einiger Milliarden Jahre aus! Beobachtungen und Berechnungen zeigen, daß während eines Supernovaausbruchs ein bedeutender Teil der Sternmasse mit Geschwindigkeiten bis zu 20 000 km/s in verschiedene Richtungen in den Raum geschleudert wird. Das Zentralgebiet des Sterns kontrahiert dagegen und verwandelt sich in einen sehr kleinen Neutronenstern mit ungeheuer hoher Dichte.

Der physikalische Mechanismus eines Supernovaausbruchs ist bis heute noch nicht völlig geklärt. In nicht geringem Maße hängt das damit zusammen, daß Supernovaausbrüche ziemlich seltene Erscheinungen sind und daher schwer untersucht werden können. Berechnungen von Astronomen haben ergeben, daß im Mittel in einer Galaxie nur alle 360 Jahre ein Supernovaausbruch zu beobachten ist.

Daher hat die Supernova, die der kanadische Astronom I. Shelton am 24. Februar 1987 entdeckte, sogleich die ganze Aufmerksamkeit der Astronomen auf sich gezogen. Dieser Supernovaausbruch geschah in einem der uns nächsten Sternsysteme, in der Großen Magellanschen Wolke, die sich in einem (nach kosmischen Maßstäben geringen) Abstand von nur etwa 180 000 Lichtjahren von uns befindet.

Später stellte sich heraus, daß Neutrinodetektoren, die sich an verschiedenen Stellen der Erde befinden, kurz vor dem Aufleuchten im optischen Bereich, das von Shelton registriert wurde, einen merklichen Anstieg des Neutrinoflusses aus dem kosmischen Raum angezeigt hatten.

In den folgenden Tagen, Wochen und Monaten haben die Astrophysiker die einzigartige Möglichkeit besessen, die weitere Entwicklung dieser kosmischen Erscheinung zu beobachten. Die Beobachtungen wurden nicht nur von irdischen Observatorien aus durchgeführt, sondern auch mit Apparaten des astrophysikalischen Moduls „Quant" auf der sowjetischen Raumstation „Mir".

Die gewonnenen Daten sind von hohem wissenschaftlichem Wert, gestatten sie es doch, die theoretischen Vorstellungen von dem physikalischen Mechanismus des Supernovaausbruchs mit dem tatsächlichen Ablauf dieser Erscheinung zu vergleichen. Die weitere Bearbeitung und Analyse der Beobachtungsergebnisse von SN 1987A wird eine Präzisierung dieser Vorstellungen ermöglichen.

Anmerkung des Übersetzers: Im Zirkular 4735 der Internationalen Astronomischen Union gaben J. Middletitch und Mitarbeiter bekannt, daß sie im Januar 1989 am Platz der Supernova 1987A einen optischen Pulsar mit der Frequenz $f = 1968{,}629\,\text{Hz}$ entdeckt hätten. Wenn sich diese Entdeckung bestätigt, wäre ein Pulsar gefunden, der mit einer Periode von 0,51 ms dreimal schneller als der bisherige Rekordhalter PSR 1957 + 20, der 1,5 ms-Pulsar, rotiert. Bei einem angenommenen Radius von 10 km würde die Geschwindigkeit an der Oberfläche dieses Neutronensterns 40 % der Lichtgeschwindigkeit erreichen.

Kosmische Explosionen

Noch vor 40 Jahren nahmen die Astronomen an, daß sich kosmische Objekte im Laufe der Zeit wenig verändern. Es schien so, als würden sich Sterne und Galaxien so langsam entwickeln, daß sich ihr physikalischer Zustand in überschaubaren Zeitabschnitten nicht wesentlich ändert. Es waren zwar physikalisch

veränderliche Sterne bekannt, die sich z. B. durch schnell aufeinanderfolgende Helligkeitswechsel auszeichneten, weiterhin Sterne, die Materie auswerfen, sowie Nova- und Supernovaausbrüche, bei denen riesige Energiemengen freigesetzt werden. Obwohl diese Erscheinungen die Aufmerksamkeit der Forscher auf sich lenkten, waren sie doch nur zufällig und ohne prinzipielle Bedeutung.
In den fünfziger Jahren breitete sich allerdings die Überzeugung aus, daß die nichtstationären Erscheinungen gesetzmäßige Entwicklungsetappen der Materie im Universum sind, die für die Entwicklung der kosmischen Objekte eine außerordentlich wichtige Rolle spielen. Tatsächlich wurden im Universum eine ganze Reihe von Erscheinungen entdeckt, die mit der Freisetzung riesiger Energiemengen oder sogar explosiven Prozessen im Zusammenhang stehen.
So stellte sich u. a. heraus, daß einige Galaxien mächtige Radioquellen sind.
Eine dieser Radiogalaxien, die Radioquelle Cygnus A, befindet sich im Sternbild Schwan (Cygnus). Es handelt sich hier um eine sehr starke Radioquelle. Die von ihr auf der Erde empfangene Radiostrahlung besitzt die gleiche Intensität wie die Radiostrahlung der ruhigen Sonne, obwohl die Entfernung zur Sonne ungefähr 8 Lichtminuten, zu der Galaxie im Sternbild Schwan jedoch etwa 700 Millionen Lichtjahre beträgt.
Berechnungen ergaben, daß die Gesamtenergie der relativistischen Elektronen, die die Radiostrahlung der Radiogalaxien erzeugen, einen riesigen Wert erreichen kann. So übersteigt diese Energie in der Radioquelle Cygnus A die Anziehungsenergie aller Sterne dieser Radiogalaxie um mehr als das Zehnfache und die Rotationsenergie um mehr als das Hundertfache.
Zwei Fragen drängen sich auf: Durch welchen physikalischen Mechanismus wird die Radiostrahlung erzeugt? Woher wird die Energie genommen, die für die Aufrechterhaltung der Radiostrahlung erforderlich ist?
Beobachtungen ergaben, daß der Krebsnebel eine ungewöhnlich starke Radioquelle ist. Im allgemeinen muß jedes kosmische Objekt – sei es eine Galaxie, ein Stern, ein Planet oder ein Nebel – elektromagnetische Strahlung im Radiowellenbereich emittieren, wenn seine Temperatur über dem absoluten Nullpunkt liegt. Es handelt sich dabei um die sog. thermische Radiostrahlung. Erstaunlicherweise stellte sich heraus, daß die Radiostrahlung des Krebsnebels viel stärker als die thermische Radiostrahlung ist, die er seiner Temperatur entsprechend emittieren müßte. In diesem Zusammenhang erfolgte eine der herausragendsten Entdeckungen

der modernen Astrophysik. Sie gestattete es nicht nur, die Natur der Radiostrahlung des Krebsnebels zu erklären, sondern gab den Wissenschaftlern den Schlüssel zum Verständnis der physikalischen Natur sehr vieler Prozesse, die im Universum ablaufen, in die Hand. Übrigens ist das in keiner Weise erstaunlich. In jedem einzelnen kosmischen Objekt findet man ja die Widerspiegelung der allgemeinsten Gesetzmäßigkeiten der Naturereignisse.
Hauptsächlich durch die Bemühungen sowjetischer Wissenschaftler wurde die Theorie der nichtthermischen elektromagnetischen Strahlung kosmischer Objekte erarbeitet. Diese Strahlung wird durch die Bewegung sehr schneller Elektronen in Magnetfeldern erzeugt. In Analogie zu gewissen Prozessen, die in Teilchenbeschleunigern auftreten, erhielt diese Strahlung die Bezeichnung Synchrotronstrahlung.
Später stellte sich heraus, daß die Synchrotronstrahlung für eine ganze Reihe kosmischer Prozesse charakteristisch ist. Unter anderem ist auch die Radiostrahlung der Radioquellen von dieser Art.
Ein Supernovaausbruch war im Krebsnebel die Energiequelle. Woher kommt in den Radiogalaxien die Energie? Viele Umstände sprechen dafür, daß aktive physikalische Prozesse, die im Kern dieser Sternsysteme ablaufen, als Energiequelle für die Radiostrahlung dienen.
In den Zentralgebieten der Mehrzahl der uns bekannten Galaxien befinden sich, wie astronomische Beobachtungen zeigen, kompakte Gebilde, die ein ziemlich starkes Magnetfeld besitzen. Diese Gebilde werden als Kerne bezeichnet. Häufig kommt aus dem Kern ein bedeutender Teil der Strahlung der gesamten Galaxie. Auch unsere Galaxis besitzt einen Kern. Radiobeobachtungen ergaben, daß aus ihm unablässig Wasserstoff ausströmt. Innerhalb eines Jahres werden anderthalb Sonnenmassen an Gas ausgeworfen. Das ist nicht sehr viel. Wenn man jedoch berücksichtigt, daß unser Sternsystem seit mehr als 10 Milliarden Jahren existiert, kann man leicht ausrechnen, daß in diesem Zeitraum aus dem Kern eine riesige Materiemenge ausgeworfen wurde. Dabei hat man allen Grund anzunehmen, daß die gegenwärtig registrierten Erscheinungen nur ein schwacher Nachhall jener um vieles stürmischeren Prozesse sind, die im Kern unserer Galaxis abgelaufen sind, als diese jünger und energiereicher war. Die äußerst aktiven Prozesse, die wir in den Kernen einiger anderer Galaxien beobachten, legen diese Annahme nahe.
So beobachtet man beispielsweise in der Galaxie M 82 Gas, das in alle Richtungen mit Geschwindigkeiten bis zu 1500 km/s aus-

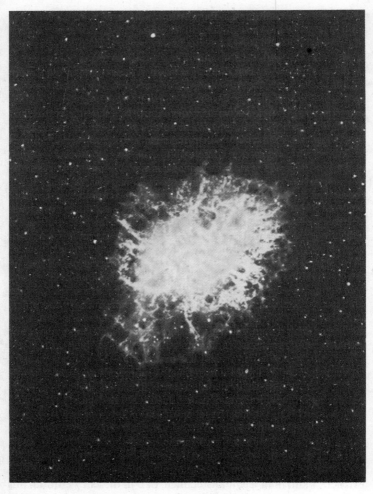

Abb. 16. Krebsnebel (M1) im Sternbild Taurus

strömt. Offensichtlich hängt diese Erscheinung mit einer Explosion zusammen, die vor einigen Millionen Jahren im Kern dieses Sternsystems stattgefunden hat. Nach einigen Berechnungen war die dabei freigesetzte Energie wahrhaft kolossal. Sie entsprach der Explosionsenergie einer thermonuklearen Ladung mit der Masse einiger zehntausend Sonnen. In letzter Zeit werden zwar bezüglich der Explosion von M 82 gewisse Zweifel geäußert, aber es sind noch eine ganze Reihe anderer Galaxien bekannt, in deren Kernen ungeheuer starke nichtstationäre Erscheinungen ablaufen.

Im Jahre 1963 wurden in sehr großer Entfernung von unserer Galaxis erstaunliche Objekte entdeckt, die man als Quasare bezeichnete. Im Vergleich zu den riesigen Sterninseln, den Galaxien, sind die Quasare verschwindend klein. Jeder Quasar strahlt jedoch Hunderte Male mehr Energie aus als die größten uns bekannten Galaxien, die aus hunderten Milliarden von Sternen bestehen.

Wie jede derartige Entdeckung kam die Entdeckung der Quasare unerwartet. Es war eine jener erstaunlichen Überraschungen, die uns das unendlich vielfältige Universum von Zeit zu Zeit beschert hat und bescheren wird. Die Physiker und Astrophysiker konnten vorher nicht vermuten, daß derartige Objekte existieren. Selbst wenn man den Wissenschaftlern die Eigenschaften der Quasare vor deren Entdeckung beschrieben hätte, so wären sie nach Meinung des Astrophysikers I. D. Nowikow vermutlich zu dem Schluß gekommen, daß solche Objekte in der Natur überhaupt nicht existieren können.

Nichtsdestoweniger existieren Quasare, und ihr physikalischer Charakter muß geklärt werden. Bisher gibt es allerdings noch keine allgemein anerkannte Erklärung. Es wurden verschiedene Vermutungen ausgesprochen, von denen einige in der Folgezeit wieder verworfen wurden, andere werden weiter erörtert. Welche physikalischen Prozesse zur Freisetzung solcher gewaltigen Energiemengen führen, bleibt immer noch offen.

Gleichzeitig wurden bedeutende Erfolge bei der Beantwortung der Frage erreicht, welchen Platz die Quasare in der Reihe der verschiedenen kosmischen Objekte einnehmen. Handelt es sich bei den Quasaren um eine Ausnahme von der allgemeinen Regel, oder stellen sie eine gesetzmäßige Entwicklungsetappe kosmischer Systeme dar?

Diese Fragestellung ist für den Geist der modernen Astrophysik charakteristisch. Vor verhältnismäßig kurzer Zeit interessierten sich die Astronomen hauptsächlich für die Untersuchung der physikalischen Eigenschaften dieses oder jenes Himmelskörpers, die seinen heutigen Zustand charakterisieren. Jetzt wird dagegen die Erforschung seiner Geschichte an die erste Stelle gerückt, also die Erforschung vorhergehender Zustände und der Gesetzmäßigkeit seiner Herkunft und Entwicklung. Dieser Zugang wurde gewählt, nachdem man begriffen hatte, daß wir in einem expandierenden nichtstationären Universum leben. Der frühere Zu-

stand des Universums unterscheidet sich von dem heutigen, und der heutige unterscheidet sich von dem künftigen.
Im Lichte dieser Ideen gewann die Frage besonderes Interesse, ob unterschiedliche nichtstationäre Objekte miteinander verwandt sind. So stellte sich heraus, daß der Aufbau und die optischen Eigenschaften der Radiogalaxien in keiner Weise ungewöhnlich sind. Zu einer beliebigen Radiogalaxie kann man nämlich eine ihr ähnliche „normale" Galaxie finden, die sich nur durch die fehlende Radiostrahlung unterscheidet. Das spricht offensichtlich dafür, daß die Fähigkeit, im Radiobereich stark zu strahlen, nur in gewissen Entwicklungsstadien von Galaxien dieses oder jenes Typs auftritt. Sie ist eine eigentümliche „altersmäßig" bedingte Erscheinung, die in einer bestimmten Etappe im Leben der Sternsysteme auftritt und dann wieder verschwindet. Da es bedeutend weniger Radiogalaxien als „normale" Galaxien gibt, ist eine derartige Annahme um so glaubwürdiger.
Aber stellen in diesem Fall die Quasare, diese superstarken „Energiefabriken", nicht auch ein gewisses Entwicklungsstadium kosmischer Objekte dar, vielleicht eines der frühesten? Auf jeden Fall zeigt die Analyse der elektromagnetischen Strahlung der Quasare eine offenkundige Ähnlichkeit zwischen ihnen und den Kernen einiger Typen von Radiogalaxien.
Der Moskauer Astronom B. A. Woronzow-Weljaminow lenkte die Aufmerksamkeit auf einen sehr interessanten Umstand. Fast alle uns bekannten Quasare (bereits mehr als 1500) sind Einzelobjekte. Andererseits gehören die ihnen ähnlichen Radiogalaxien in der Regel zu Galaxienhaufen, und zwar als ihr zentrales, hellstes und aktivstes Mitglied.
In diesem Zusammenhang sprach Woronzow-Weljaminow die Vermutung aus, daß Quasare nichts anderes als „Protogalaxienhaufen" sind, d. h. Objekte, aus denen im Laufe der weiteren Entwicklung später Galaxien und Galaxienhaufen entstehen.
Zugunsten einer derartigen Hypothese spricht beispielsweise die Tatsache, daß die Galaxienkerne eine ähnliche, nur weniger heftige Aktivität wie die Quasare zeigen. Besonders stürmische Prozesse finden in den Kernen der sog. Seyfert-Galaxien statt. Sie haben sehr kleine Ausdehnungen, die mit den Ausmaßen der Quasare vergleichbar sind. Ähnlich den Quasaren emittieren sie ungewöhnlich starke elektromagnetische Strahlung. In diesen Kernen bewegen sich Gasmassen mit riesigen Geschwindigkeiten, die einige tausend Kilometer in der Sekunde erreichen. An vielen Seyfert-Galaxien werden Auswürfe kompakter Gasmassen beobachtet, deren Masse Zehner bis Hunderte von Sonnenmassen beträgt. Dabei wird eine enorme Energie freigesetzt. Im Kern der

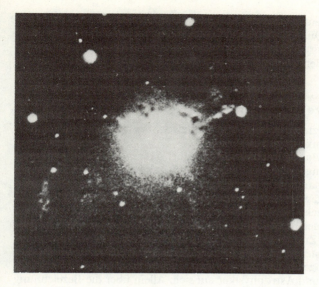

Abb. 17. Seyfert-Galaxie NGC 1275 bzw. Radioquelle Perseus A

Seyfert-Galaxie NGC 1275 (das ist die Radioquelle Perseus A) erfolgte beispielsweise vor etwa 5 Millionen Jahren (in der Zeitrechnung dieser Galaxie) eine ungeheuer starke Explosion. Dabei wurde ein Gasstrahl mit einer Geschwindigkeit von 3000 km/s ausgeworfen. Die Energie dieses herausfliegenden Gases ist um zwei Größenordnungen größer als in der Galaxie M 82.

Eine weitere Klasse von Galaxien mit aktiven Kernen, die eine anormal starke Ultraviolettstrahlung emittieren, wurde von dem sowjetischen Astronomen B. E. Markarjan entdeckt. Anscheinend durchlebt der größte Teil dieser Galaxien gegenwärtig ein dem Ausbruch folgendes Stadium, das von den Astronomen als nacheruptives Stadium bezeichnet wird.

Möglicherweise wird die Strahlungsenergie der Quasare und der aktiven Galaxienkerne durch ähnliche physikalische Prozesse erzeugt.

Wir haben bereits festgestellt, daß die Quasare äußerst entfernte Objekte sind. Je weiter ein kosmisches Objekt von uns entfernt ist, um so mehr schauen wir in die Vergangenheit. Die Galaxien, darunter auch die mit aktiven Kernen, sind im Mittel nicht so weit von uns entfernt wie die Quasare. Folglich gehören diese Objekte einer späteren Generation an, sie müssen später als die

Quasare entstanden sein. Dies ist ein wichtiger Hinweis darauf, daß die Quasare möglicherweise Galaxienkerne sind.
Bezüglich der physikalischen Prozesse, die die Energiefreisetzung der Quasare gewährleisten, gibt es eine interessante Hypothese.

Schwarze Löcher im All

In den letzten Jahren errangen die sog. Schwarzen Löcher in der Astrophysik große Popularität.
Das 20. Jahrhundert brachte eine ganze Reihe erstaunlicher Entdeckungen in der Physik und Astronomie mit sich. Dabei läuft eine eigenartige Kettenreaktion ab. Sonderbare Erscheinungen treten zutage, ihre weitere Untersuchung und Erforschung führt zur Entdeckung von Erscheinungen, die noch frappierender sind. Das ist der gesetzmäßige Entwicklungsweg der Naturwissenschaften. Zu den seltsamsten, vorläufig allerdings nur „theoretisch" existenten Objekten gehören die Schwarzen Löcher. Gerade sie zogen in den letzten Jahren die Aufmerksamkeit der Physiker und Astrophysiker auf sich. Allein über die Bezeichnung lohnt es nachzudenken: Löcher im Universum, und noch dazu schwarze!
Die Einsteinsche Allgemeine Relativitätstheorie sagt aus, daß die Schwerkraft unmittelbar mit den Eigenschaften des Raums zusammenhängt. Ein beliebiger Körper existiert nicht einfach im Raum an und für sich, sondern bestimmt dessen Geometrie.
Ein findiger Zeitungsreporter wandte sich mit der Bitte an Einstein, er möge das Wesen seiner Theorie so in einem Satz darlegen, daß es einem weiten Publikum verständlich sei. „Früher meinte man", antwortete Einstein darauf, „daß Raum und Zeit erhalten blieben, wenn im Universum die gesamte Materie verschwinden würde; die Relativitätstheorie behauptet, daß mit der Materie auch Raum und Zeit verschwinden würden."
Jede Masse krümmt den sie umgebenden Raum. Im täglichen Leben fühlen wir diese Krümmung praktisch nicht, da wir es gewöhnlich mit verhältnismäßig kleinen Massen zu tun haben. In sehr starken Gravitationsfeldern kann dieser Effekt jedoch eine große Bedeutung erlangen.
In den letzten Jahren wurden im Universum eine ganze Reihe von Erscheinungen entdeckt, die davon zeugen, daß riesige Massekonzentrationen in verhältnismäßig kleinen Raumgebieten möglich sind.
Wenn sich eine gewisse Masse in einem kleinen Volumen befindet, das für diese Masse kritisch ist, beginnt sich diese Masse unter der

Wirkung der eigenen Schwerkraft zusammenzuziehen. Dann tritt eine der Gravitation eigentümliche Katastrophe ein, der Gravitationskollaps.

Während des Kollapsprozesses wächst die Massekonzentration an. In Übereinstimmung mit der Allgemeinen Relativitätstheorie vergrößert sich auch die Raumkrümmung. Zu guter Letzt tritt der Moment ein, von dem an weder ein Lichtstrahl noch ein Teilchen, noch ein physikalisches Signal aus einem derartigen Gebilde nach außen dringen kann. Das ist dann ein Schwarzes Loch.

Für einen äußeren Beobachter hört solch ein Objekt gewissermaßen auf zu existieren, er erhält von ihm keinerlei Information. Die Information kann sich ja nicht von selbst ausbreiten, sie benötigt einen materiellen Träger.

Der Radius, bei dem ein kollabierender Körper in ein Schwarzes Loch verwandelt wird, wird als Gravitationsradius bezeichnet. Für eine Sonnenmasse beträgt der Gravitationsradius 3 km, für die Erdmasse sind es 0,9 cm. Wenn sich die Sonne auf eine Kugel von 3 km Radius zusammenziehen würde, würde sie sich in ein Schwarzes Loch verwandeln.

Auf der Oberfläche, deren Radius dem Gravitationsradius der gegebenen Masse gleich ist, wird die Anziehungskraft unendlich groß. Um sie zu überwinden, müßte eine zweite kosmische Geschwindigkeit erreicht werden, die größer als die Lichtgeschwindigkeit ist. Aus diesem Grund läßt das Schwarze Loch nichts nach außen. Gleichzeitig kann es jedoch die Materie aus der Umgebung in sich hineinziehen, wobei es seine Ausdehnung vergrößert. So gesehen, kann man die mögliche Existenz Schwarzer Löcher auch vom Standpunkt der Newtonschen klassischen Mechanik erklären. Man muß aber die Allgemeine Relativitätstheorie anwenden, um den Gesamtkomplex der Erscheinungen, die mit Schwarzen Löchern zusammenhängen, beschreiben zu können.

So sagt diese Theorie aus, daß die Zeit im starken Gravitationsfeld langsamer abläuft. Deshalb muß der Fall eines Körpers in ein Schwarzes Loch für den äußeren Beobachter unendlich lange dauern. Für solch einen Beobachter kommt der Kontraktionsprozeß der Materie praktisch bei der Annäherung an den Gravitationsradius zum Stillstand. Ein gedachter Beobachter, der mit der Materie zusammen in das Schwarze Loch fällt, würde ein anderes Bild sehen. Er würde nach einem endlichen Zeitintervall den Gravitationsradius passieren und weiter zum Zentrum des Schwarzen Lochs fallen. Das gleiche geschieht mit der kollabierenden Materie. Sie überschreitet den Gravitationsradius und kontrahiert weiter.

Die Schwarzen Löcher können laut den Schlußfolgerungen der modernen theoretischen Astrophysik Endstadien im Leben massereicher Sterne sein. Solange im Zentralgebiet eines Sterns eine Energiequelle arbeitet, führt die hohe Temperatur zu einer Ausdehnung des Gases, das dadurch bestrebt ist, die höher liegenden Schichten nach außen zu „treiben". Gleichzeitig „zieht" die riesige Anziehungskraft des Sterns diese Schichten zum Zentrum. Nachdem jedoch der „Brennstoff" im Innern des Sterns vollständig verbraucht ist, verringert sich die Temperatur in seinem Zentralgebiet allmählich. Das Gleichgewicht wird gestört, und der Stern beginnt unter der Wirkung seiner eigenen Anziehungskraft zu kontrahieren. Sein weiteres Schicksal hängt von seiner Masse ab. Berechnungen haben ergeben, daß die Kontraktion eines Sterns in der Endetappe zum Gravitationskollaps und zur Entstehung eines Schwarzen Lochs führen kann, wenn er drei- bis fünfmal schwerer als die Sonne ist.

Vor einigen Jahren wurde im Sternbild Schwan (Cygnus) ein kosmisches Objekt entdeckt, das durchaus ein Schwarzes Loch sein könnte. Es ist ein dunkles Objekt, dessen Masse gleich 14 Sonnenmassen ist. Übrigens steht ein endgültiger Beweis dafür noch aus, daß das Objekt im Sternbild Schwan tatsächlich ein Schwarzes Loch ist.

Immer häufiger wird die Vermutung ausgesprochen, daß sich in den Kernen der Galaxien und in den Quasaren supermassive Schwarze Löcher befinden könnten, die die Quellen für die Aktivität dieser kosmischen Objekte sind.

Solche Schwarzen Löcher sind in der Lage, die sie umgebende Materie in sich hineinzuziehen. Die Bewegungsenergie der Materie im Gravitationsfeld kann in andere Energieformen umgewandelt werden. So wurde an der Galaxie M 87 (der Radioquelle Virgo A), die schon lange die Aufmerksamkeit auf sich zieht, eine interessante Entdeckung gemacht. Auf Fotografien dieser Galaxie ist deutlich ein Strahl zu erkennen, der aus dem Kern ausgeworfen wird. Dieser Strahl besteht aus einzelnen Gasverdichtungen, deren Gesamtmasse etwa 10 Millionen Sonnenmassen beträgt. Er bewegt sich mit einer Geschwindigkeit von etwa 3000 km/s. Das spricht von der Gewalt der Explosion, die im Kern stattgefunden hat.

Die Beobachtungen ergaben folgendes. Wenn die Materieverteilung in M 87 in gewisser Entfernung vom Kern der gewöhnlichen Sternverteilung in Galaxien entspricht, dann muß in einem sehr kleinen Raumgebiet in der Nähe des Kerns eine riesige schwachleuchtende Materieanhäufung von etwa 6 Milliarden Sonnenmassen konzentriert sein. Möglicherweise ist das ein gigantisches

Schwarzes Loch, das die Aktivität des Kerns hervorruft. Möglicherweise handelt es sich aber auch um ein dichtes Gebilde von uns bisher unbekannter Natur.

Das Universum und die Neutrinos

Wir haben schon mehrfach den engen Zusammenhang zwischen Physik und Astrophysik hervorgehoben. Einerseits wird das Universum zum Laboratorium der modernen Physik, andererseits beeinflussen neue physikalische Entdeckungen, die auf diese oder jene Weise durch astrophysikalische Untersuchungen oder astronomische Probleme veranlaßt wurden, unvermeidlich die weitere Entwicklung der astronomischen Vorstellungen. So besteht eine eigentümliche Rückkopplung in der Wechselbeziehung und der gegenseitigen Durchdringung dieser Wissenschaften. Das ist die Dialektik der Erkenntnis!

Zu den mehr als 200 Elementarteilchen, die die Physiker heute kennen, gehört auch das erstaunliche Neutrino. Seit langem bestehen theoretische Vorstellungen, wonach dieses Teilchen keine Ruhmasse besitzt. Es bewegt sich immer exakt mit Lichtgeschwindigkeit. Andererseits verbietet die Theorie die mögliche Existenz einer von Null verschiedenen Neutrinomasse auf keinerlei Weise. Dieser Umstand veranlaßte eine Wissenschaftlergruppe im Institut für Theoretische und Experimentelle Physik der Akademie der Wissenschaften der UdSSR, eine Reihe von Experimenten durchzuführen, um den tatsächlichen Wert der Masse der sog. Elektronenneutrinos zu bestimmen. Das zwar bisher noch vorläufige Ergebnis erwies sich in gewisser Weise als Sensation: Die Wissenschaftler kamen zu dem Schluß, daß die Neutrinomasse nicht gleich Null ist, sondern in Energieeinheiten 14 bis 16 eV beträgt. Das ist keine allzu große Masse. Sie liegt in den Grenzen von 1/30 000 bis 1/10 000 Elektronenmassen. Aber allein der Umstand, daß eine Masse existiert, zieht, falls er bestätigt wird, ziemlich ernste Konsequenzen für unsere Vorstellungen vom Universum nach sich.

Das Problem der Energie im Innern der Sonne und der Sterne ist eines der aktuellsten der modernen Astronomie. Bis vor kurzem nahm man an, daß die thermonukleare Reaktion der Heliumsynthese aus Wasserstoff die Quelle dieser Energie ist. Diese Vorstellung hatte sich so festgesetzt, daß man sie für eine der unstreitigen Ideen der modernen Astrophysik hielt. Und plötzlich kamen Zweifel auf.

Wir haben bereits davon gesprochen, daß Neutrinos im Schoß unseres Tagesgestirns entstehen müssen, wenn dort tatsächlich thermonukleare Reaktionen ablaufen. Dank der ungeheuren Durchdringungsfähigkeit, die diese äußerst schwach mit der Materie wechselwirkenden Teilchen besitzen, können sie frei in den sonnennahen Raum „austreten". Ein bestimmter Teil erreicht die Erde. Zum Nachweis der solaren Neutrinos wurde eine Spezialapparatur erbaut, mit der Beobachtungen durchgeführt wurden. Das Resultat war jedoch im höchsten Maße unerwartet. Der Neutrinostrom war um einige Male schwächer, als von der Theorie vorausgesagt. Wie oben erwähnt, wurden zur Erklärung dieses Phänomens eine Reihe von Hypothesen vorgeschlagen bis hin zu der Vermutung, daß als Hauptenergiequelle der Sonne und der Sterne nicht die thermonuklearen Reaktionen dienen, sondern andere, möglicherweise uns noch unbekannte physikalische Prozesse. Die Frage bleibt vorläufig offen. Wenn jedoch bestätigt wird, daß das Neutrino eine endliche Masse besitzt, wird noch eine Möglichkeit eröffnet, das negative Ergebnis der Experimente zur Registrierung der solaren Neutrinos zu erklären. In der Natur existieren nämlich drei verschiedene Typen von Neutrinos. Die Theoretiker meinen, daß sich die Neutrinos des einen Typs mit von Null verschiedenen Massen spontan in Neutrinos eines anderen Typs verwandeln können. Deshalb kann man sich folgendes Bild vorstellen: Die Neutrinos, die im Sonneninnern entstehen und zu deren Nachweis die modernen Detektoren bestimmt sind, können auf dem Wege zur Erde in Neutrinos übergehen, die von diesen Detektoren nicht registriert werden.

Die Existenz einer endlichen Neutrinomasse bedingt auch sehr wesentliche Änderungen in den vorhandenen kosmologischen Vorstellungen. Bekanntlich hängen die geometrischen Eigenschaften unseres Universums mit der mittleren Materiedichte äußerst eng zusammen. Wenn diese Dichte einen gewissen kritischen Wert übersteigt, der ungefähr 10^{-29} g/cm^3 beträgt, ist der Raum des Universums geschlossen und endlich. Aus den gegenwärtig vorhandenen astrophysikalischen Daten erhält man für die reale mittlere Dichte einen Wert, der kleiner als die kritische Dichte ist. Durch die Neutrinos kann zu diesem Wert ein ziemlich bedeutender Zusatz hinzugefügt werden. Nach heutigen Kenntnissen kommen auf jedes im Universum existierende Proton (wir sprechen von Protonen, da der Wasserstoff das in der Natur am meisten verbreitete Element ist) ungefähr eine Milliarde Neutrinos. Falls nun das Neutrino tatsächlich eine endliche Masse besitzt, so wird demnach sogar dann, wenn diese Masse viele Millionen Male geringer als die des Protons ist, die Gesamtmasse der Neutrinos im Universum die Masse der „gewöhnlichen"

Materie um das 30fache übertreffen. Es könnte sich herausstellen, daß Sterne, Planeten, Nebel und Galaxien nur ein verschwindend kleiner Zusatz zum Neutrinohintergrund des Universums sind. Das würde wiederum bedeuten, daß die mittlere Dichte die kritische um ein Vielfaches übersteigt. Folglich wäre das Universum geschlossen und endlich. Die Expansion müßte einmal (in vielen Milliarden Jahren) in Kontraktion übergehen.

Das ist aber noch nicht alles. Bekanntlich ist das heutige Universum nur über große Abstände homogen. Wenn man verhältnismäßig kleine Raumgebiete betrachtet, stellt man keine Homogenität fest. Die kosmische Materie konzentriert sich in Sterninseln, den Galaxien, und in Galaxienhaufen. Diese kosmischen Objekte müssen nach der Theorie des heißen expandierenden Universums während einer bestimmten Expansionsetappe infolge der Entwicklung von Inhomogenitäten im Medium entstanden sein. Dieser Prozeß muß etwa folgendermaßen abgelaufen sein: Während einer verhältnismäßig frühen Etappe der Expansion gab es eine homogene Phase mit kleinen Fluktuationen infolge der gravitativen Instabilität. In irgendwelchen Raumgebieten war ein wenig mehr Materie vorhanden, in anderen etwas weniger. Wenn die Elastizitätskräfte die gravitativen übersteigen, kann sich die Inhomogenität zurückbilden. Wenn jedoch das von der Störung eingenommene Volumen groß genug ist, kann sie sich nicht zurückentwickeln. Demnach müssen Fluktuationen von hinreichend großem Maßstab anwachsen. Die Hypothese, daß die Galaxien durch die Fragmentation des Mediums aufgrund der gravitativen Instabilität entstanden sind, wurde von Ja. B. Seldowitsch und seinen Mitarbeitern erfolgreich ausgearbeitet.

Diese Hypothese stößt allerdings auf bestimmte Schwierigkeiten. Eine hängt mit Ergebnissen radioastronomischer Beobachtungen zusammen.

Das Universum ist heute für die Quanten der Reliktstrahlung [1] völlig durchsichtig. Sie bewegen sich praktisch absorptionsfrei. In der Vergangenheit, als alle Maßstäbe ungefähr 1000mal kleiner waren, war das Universum für die Quanten der elektromagnetischen Strahlung absolut undurchlässig. Sie wurden vollständig gestreut. Wenn das Medium in dieser Zeit völlig homogen war, muß die Reliktstrahlung absolut isotrop sein, ihre Intensität muß in jeder Richtung gleich sein.

Das heutige Universum ist aber, wie bereits weiter oben gesagt wurde, nicht ideal homogen. In ihm befinden sich die Galaxien

---

[1] Siehe Seite 109.

und Galaxienhaufen. Wenn sich diese Objekte tatsächlich aus „Keimen" gebildet haben, die unter der Wirkung einer gravitativen Instabilität entstanden sind, war das kosmische Medium während der entsprechenden Entwicklungsetappe bereits nicht mehr völlig homogen. In solch einem Fall kann die Reliktstrahlung auch nicht absolut isotrop sein. In ihr müssen kleine Fluktuationen beobachtet werden. Um diese Fluktuationen zu entdecken, wurden mit großen Radioteleskopen, darunter auch mit dem einzigartigen sowjetischen Radioteleskop RATAN-600, zahlreiche Intensitätsmessungen der Reliktstrahlung durchgeführt. Ausgehend von den Ausmaßen der heutigen Galaxienhaufen, kann man die Größe der „Keime" berechnen. Allerdings konnten auf einem sehr hohen Genauigkeitsniveau keinerlei entsprechende kleine Fluktuationen entdeckt werden. Ein schwer lösbares Rätsel tritt auf! Die Galaxien und Galaxienhaufen müssen ja aus irgend etwas entstanden sein. Wenn sie nicht aus Inhomogenitäten des Mediums entstanden sind, woraus dann? Bisher sind keinerlei andere glaubwürdige Möglichkeiten in Sicht.

Die Existenz einer endlichen Neutrinomasse könnte diese Schwierigkeiten beseitigen. Während einer sehr frühen Expansionsphase des Universums konnten in dem Neutrinogas, das den Weltraum ausfüllte, kleine, zufällige Inhomogenitäten entstehen. Während dieser Periode besaßen die Neutrinos allerdings sehr hohe Energien und bewegten sich nahezu mit Lichtgeschwindigkeit. Die Anziehungskraft der kleinen Verdichtungen reichte nicht aus, um solche Neutrinos festzuhalten. Diese Verdichtungen zerfielen langsam, sie bildeten sich zurück.

Im Laufe der Expansion verringerte sich jedoch die Geschwindigkeit der Neutrinos. Berechnungen ergaben, daß hinreichend massereiche Verdichtungen etwa 300 Jahre nach dem Beginn der Expansion die Neutrinos bereits „einfangen" konnten. Diese Verdichtungen mußten eine Masse von ungefähr 10^{15} Sonnenmassen besitzen. Sie wurden immer massereicher, indem sie mit ihrem starken Gravitationsfeld neue Neutrinos anzogen. Eine Million Jahre nach dem Beginn der Expansion wurde auch gewöhnliche Materie angezogen, nämlich neutrales Gas. Dieses Gas sammelte sich im zentralen Teil der unsichtbaren Neutrinoinhomogenität an. Daraus bildeten sich dann die Galaxienhaufen, die wir beobachten. Die Masse dieser Materie ist nach den Berechnungen dutzendemal kleiner als die Gesamtmasse der Neutrinoverdichtung. Der überwältigende Teil der ursprünglichen Inhomogenität, aus der später die Galaxienhaufen entstanden sind, war also für die Reliktstrahlung „unsichtbar" und konnte daher nicht zur Zerstörung deren Isotropie führen. Die Masse der gewöhnlichen Materie, die in die Zusammensetzung der Neutrinoinhomogenität mit einging, war offensichtlich nicht groß genug, um solche Intensitätsfluktuationen der Reliktstrahlung hervorzurufen, die man mit modernen Apparaturen nachweisen könnte. Wenn die Neutrinos also eine endliche Masse besitzen, werden die Widersprüche, die zwischen der modernen Theorie der Galaxienentstehung und den Ergebnissen der Reliktstrahlungsbeobachtungen klaffen, vollständig beseitigt.

Es gibt schließlich noch ein äußerst wichtiges Problem, bei dem durch die Entdeckung einer endlichen Neutrinomasse die dringend benötigte Klarheit geschaffen werden könnte.

Seit einer Reihe von Jahren beunruhigt das Problem der sog. verdeckten Massen die Astrophysiker. Es handelt sich hierbei darum, daß man die Masse von Galaxienhaufen auf zwei Wegen bestimmen kann. Man kann sie erstens nach der Leuchtkraft bestimmen. Je größer die Masse des Haufens ist, um so größer ist seine Leuchtkraft. Zweitens kann sie nach dem Gravitationsgesetz bestimmt werden, wenn man von den beobachteten gegenseitigen Bewegungen der Galaxien im Haufen ausgeht. Es stellte sich heraus, daß die Massen von ein und demselben Haufen, die auf verschiedene Weise bestimmt wurden, nicht übereinstimmten. Die aus dem Gravitationsgesetz berechnete Masse ist um vieles größer als die nach der Leuchtkraft berechnete. Eine der möglichen Erklärungen besteht darin, daß es in den Haufen nichtleuchtende Objekte gibt. Sie würden einen Beitrag zur Gesamtmasse leisten, sich aber in keinerlei Weise auf die Leuchtkraft auswirken. Diese „verdeckten Massen" bringen die Galaxien in den Haufen auf hohe Geschwindigkeiten. Es stellt sich die Frage, welcher physikalischen Natur diese „verdeckten Massen" sind.

Eine Reihe von Vorschlägen wurde geäußert: Gas, Staub, schwach leuchtende Sterne, Schwarze Löcher. Aber aus diesem oder jenem Grunde konnte mit keinem eine befriedigende Antwort auf die entstandene Frage gegeben werden. Die Lage bleibt bis zum heutigen Tag in gewisser Weise unbestimmt. Die Neutrinos könnten Klarheit schaffen. Wenn diese Teilchen eine endliche Masse besitzen, könnte ihr Beitrag zur Gesamtmasse des Galaxienhaufens die rätselhafte Massendifferenz erklären, die bei unterschiedlichen Massebestimmungen auftritt.

Wir haben immer „wenn" gesagt. Kehren wir jetzt noch einmal zur Frage der Neutrinomasse zurück. In welchem Maße ist die Schlußfolgerung, daß die Neutrinomasse ungleich Null ist, glaubwürdig?

Bekanntlich wurde die Existenz des Neutrinos im Ergebnis der Untersuchung des sog. β-Zerfalls vorausgesagt. Das ist ein physikalischer Prozeß, bei dem der Atomkern eines chemischen Elements ein Elektron aussendet und sich dabei in den Kern eines anderen chemischen Elements verwandelt. Man stellte fest, daß die Energie des wegfliegenden Elektrons in einer Reihe von Fällen geringer war, als das aus theoretischen Berechnungen folgte. Der bekannte Schweizer Physiker W. Pauli vermutete, daß die fehlende Energie von einem noch unbekannten neutralen Teilchen weggetragen wird, das mit der Materie nur schwach wechselwirkt und daher nicht bemerkt wird. Es stellte sich heraus, daß dieses Teilchen das Neutrino ist.

Der gleiche Prozeß des β-Zerfalls kann im Prinzip als indirekter Indikator dienen, um die Frage der Neutrinomasse zu klären. Genau dieser Weg wurde von den sowjetischen Wissenschaftlern beschritten. Für die Untersuchung wurde der β-Zerfallsprozeß von Tritium benutzt. Die Atomkerne dieses Wasserstoffisotops senden ein Elektron aus und verwandeln sich dabei in Atomkerne eines Heliumisotops. Wenn die Neutrinomasse gleich Null ist, müssen sich unter den vom Tritium ausgesandten Elektronen solche befinden, die die bei diesem Prozeß maximal mögliche Energie besitzen. Wenn die Neutrinos eine endliche Masse besitzen, wird die maximale Energie der wegfliegenden Elektronen etwas geringer sein. Diese Differenz hängt von der Neutrinomasse ab.

Das Ergebnis einer Reihe solcher Experimente, die im Institut für Theoretische und Experimentelle Physik durchgeführt wurden, war die vorläufige Schlußfolgerung, daß die Neutrinos eine von Null verschiedene Masse besitzen müssen.

In den letzten Jahren haben sich auch amerikanische Physiker mit dem Problem der Neutrinomasse beschäftigt. Bei ihren Messungen gingen sie davon aus, daß die Neutrinos einer „Sorte" sich in Neutrinos einer anderen „Sorte" verwandeln können, wenn sie eine endliche Masse besitzen. Wenn die Masse gleich Null ist, finden solche Umwandlungen nicht statt. Die Wissenschaftler, die die entsprechenden Experimente durchgeführt haben, teilten mit, daß sie die Übergänge, von denen gesprochen wurde, entdeckt hätten. Sie bestimmten allerdings einen etwas geringeren Wert für die Neutrinomasse.

Nach einiger Zeit erschienen jedoch Mitteilungen, die dieses Ergebnis anzweifelten.

Demnach bleibt die Lage unbestimmt. Noch eine Vielzahl von Experimenten ist erforderlich, um eine unanfechtbare Aussage machen zu können. Es drängt sich eine interessante Gegenüberstellung auf. Zur Entdeckung der Neutrinos führte die Notwendigkeit, die fehlende Energie beim β-Zerfall zu erklären.

Durch seine Existenz allein löste das Neutrino das entstandene Rätsel. Vielleicht wiederholt sich gewissermaßen diese Situation? Wir hatten festgestellt, daß es in der modernen Astrophysik eine Reihe von Rätseln gibt, die gelöst würden, wenn die Neutrinos eine endliche Masse besäßen. Einmal gelang es, mit den Neutrinos eine fehlende Energie zu erklären; vielleicht gelingt es jetzt, die fehlende Masse zu erklären. Ein bekannter Astrophysiker bemerkte ganz richtig, daß man ein anderes Teilchen „erfinden" müsse, das sehr schwach mit der Materie wechselwirkt und eine endliche Masse besitzt, wenn sich herausstellen sollte, daß die Neutrinomasse doch Null ist.

Verständlicherweise haben Analogien in Physik und Astronomie keine Beweiskraft. Sie können und müssen jedoch die weitere Erforschung und Untersuchung der Frage stimulieren, welche Masse die Neutrinos besitzen. Gerade aus diesem Grund verdient die Frage nach möglichen astrophysikalischen Konsequenzen einer endlichen Neutrinomasse bereits heute eine ausführliche Erörterung, obwohl es noch zu früh ist, eine endgültige Meinung darüber zu fassen, ob solch eine Masse vorhanden ist oder nicht.

Die Suche nach vernunftbegabtem Leben im All

Es gibt wohl in der modernen Wissenschaft kein anderes Problem, das über einen Zeitraum von so vielen Jahrzehnten so unverändert und stabil die Aufmerksamkeit der Fachleute und weiter Kreise der Bevölkerung auf sich gezogen hätte wie die Frage nach Leben im Weltall. Zum Teil ist das ein Verdienst der Autoren wissenschaftlich-phantastischer Romane, für die Kontakte mit außerirdischen vernunftbegabten Lebewesen ein Lieblingsthema sind, doch haben auch alle möglichen sensationellen Mitteilungen über angeblich gefundene Spuren eines Besuchs kosmischer Fremdlinge auf der Erde das Interesse eines großen Publikums geweckt. Aber Phantasie bleibt Phantasie, halbwissenschaftliche Mythologie bleibt Mythologie, die Wissenschaft jedoch entwickelt sich in geordneten Bahnen.

Ernsthafte wissenschaftliche Forschungen werden auf diesem Gebiet seit über dreißig Jahren durchgeführt. Bei dem heutigen Entwicklungstempo der Wissenschaft ist das ein langer Zeitraum. Es gelang jedoch bisher nicht, konkrete Ergebnisse, die sowohl von den Wissenschaftlern als auch von den Laien ungeduldig erwartet werden, zu erhalten. Das bedeutet übrigens absolut nicht, daß die Wissenschaft vom Leben im Universum auf der Stelle tritt oder sich in einem kritischen Zustand befindet. Sie entwickelt sich

durchaus, und viel wurde bereits erreicht; die Aufgabe ist jedoch außerordentlich kompliziert.
In den letzten Jahrzehnten wurden eine ganze Reihe wertvoller Resultate erzielt, die das Problem kosmischer Zivilisationen betreffen, und viele sprechen unzweideutig zugunsten weitverbreiteten Lebens und Verstandes in unserem Universum. Dazu gehört die mittels radioastronomischer Methoden nachgewiesene spontane Entstehung komplizierter organischer Moleküle im Kosmos bis hin zu den Aminosäuren, also jenen biologischen Verbindungen, die Bausteine des Lebens darstellen. Dazu gehört auch die vielversprechende Voraussage der jungen Wissenschaft von der Synergetik, daß eine der Hauptbedingungen für die Selbstorganisation der Materie in einer Abweichung des Systems vom Gleichgewichtszustand besteht, denn auf Nichtgleichgewichtszustände stößt man im Universum sehr oft.
Dazu gehören schließlich auch die erst kürzlich bei einigen nahen Sternen entdeckten Staubwolken. Vermutungen über ihre Existenz wurden erstmalig ausgesprochen, als man bei diesen Sternen einen Infrarotüberschuß registrierte, denn staubförmige Materie ist gerade eine der Quellen dieser Strahlung. Durch Beobachtungen mit dem Teleskop wurden diese Vermutungen bestätigt. Die gewonnenen Ergebnisse lassen den Schluß zu, daß in der Umgebung vieler Sterne Bedingungen herrschen, die für die Entstehung von Planetensystemen geeignet sind. Nach den gängigen Vorstellungen ist unser eigenes Sonnensystem aus einer Gas-Staub-Wolke entstanden, die die Sonne vor Milliarden von Jahren umhüllt hat.
Erst kürzlich wurde ein weiterer äußerst interessanter und möglicherweise bedeutsamer Fakt entdeckt. Es stellte sich heraus, daß die „Staubscheiben" in der Regel die Form eines Rings haben, in dessen Zentrum sich der Stern befindet. Der Raum in unmittelbarer Umgebung des Sterns ist frei von Staub. Unwillkürlich wird man auf eine weitere Analogie zum Sonnensystem gestoßen, wo sich in sehr großem Abstand von der Sonne die hypothetische Kometenwolke befinden soll, die aus jener ursprünglichen Materie besteht, aus der irgendwann einmal die Planeten entstanden sind. Bedeutet nicht vielleicht die Leere in den Zentralgebieten der Staubscheiben, die die Sterne umgeben, daß an diesen Stellen aus dem Staub schon Planeten entstanden sind? Die Planeten sind für die Entstehung des Lebens die geeignetsten und möglicherweise sogar die einzigen geeigneten kosmischen Objekte.
Man darf auch unsere eigene Existenz nicht aus dem Auge verlieren. Sie zeugt unumstößlich davon, daß die Entstehung

lebender und vernunftbegabter Organismen weder den Naturgesetzen noch den grundlegenden Eigenschaften unseres Universums widerspricht. Das ist ein wichtiges Argument zugunsten eines besiedelten Weltalls!

All das zusammen gibt gute Gründe zu vermuten, daß das Leben mit großer Wahrscheinlichkeit im Universum weit verbreitet ist und daß darüber hinaus Leben und Vernunft unverzichtbare Eigenschaften und ein wesentlicher Evolutionsfaktor der Materie sind.

Das ist die eine Seite. Andererseits hat man während all der Jahre von Beobachtungen und Untersuchungen keinerlei direkten oder indirekten Hinweis auf die Existenz oder Tätigkeit anderer kosmischer Zivilisationen gefunden.

Eine paradoxe Situation war entstanden. Im Universum müßte im Grunde genommen die soziale Form der Bewegung der Materie auch außerhalb der Erde existieren, aber sie tritt durch nichts in Erscheinung. Bildlich gesprochen, schweigt der Kosmos. Einige Forscher sind sogar geneigt, diesen Umstand das „große Schweigen" zu nennen. Der Widerspruch zwischen der hier erwarteten und der tatsächlichen Lage der Dinge hat seinerzeit in der Wissenschaft die Bezeichnung astrosoziologisches Paradoxon erhalten.

Im allgemeinen treten Paradoxa im Zuge der Forschung in der Naturwissenschaft nicht allzu selten auf, und sie sind eine treibende Kraft. Ein wissenschaftliches Weltbild duldet nämlich keine Paradoxa, und sobald sie auftreten, muß man sie beseitigen. Das stimuliert die entsprechende Forschung. Kann das astrosoziologische Paradoxon eine ähnlich stimulierende Rolle bei der Untersuchung des Problems kosmischer Zivilisationen spielen? Gibt es reale Möglichkeiten, es zu überwinden?

Vor einigen Jahren hat der bekannte sowjetische Wissenschaftler I. S. Schklowski diesbezüglich einen extremen Standpunkt bezogen. Er vermutete, daß wir deshalb nichts entdecken, weil es nichts zu entdecken gibt; unsere irdische Zivilisation ist einzigartig. Sie ist in unserem Sternsystem, der Galaxis, die einzige Zivilisation, möglicherweise sogar im gesamten Weltall. Nach Schklowskis Meinung spricht schon der Umstand, daß die Entstehung des Lebens – wie es auch geschehen mag – ein seltenes Zusammentreffen günstiger Umstände erfordert und die Chancen zur Wiederholung derartiger Ereignisse äußerst klein sind, zugunsten der Einmaligkeit der irdischen Menschheit. Wenn jedoch kosmische Zivilisationen trotzdem entstehen, dann ist die Zeit ihrer Existenz nicht sehr groß, kleiner als einige zehn Jahrtausende. Wenn dem nicht so wäre, müßten sich aufgrund der

ungleichmäßigen Entwicklung kosmischer Zivilisationen auch Superzivilisationen herausgebildet haben, deren Tätigkeit wir nicht übersehen könnten. Da wir absolut nichts entdeckt haben, existieren keine Superzivilisationen. In diesem Fall gibt es jedoch auch keinerlei außerirdische Zivilisationen, denn wenn es sie gäbe, müßten auch Superzivilisationen vorhanden sein.
Anfangs hat Schklowskis Hypothese einen starken Eindruck auf die Wissenschaftlergemeinschaft gemacht. Und eine gewisse Zeit lang hat sie das allgemeine Verhältnis zu diesem Problem geprägt. Wie das jedoch so oft schon in der Wissenschaft geschehen ist, ist dieser Eindruck langsam verblaßt, und heute ist die Mehrheit der Wissenschaftler, die sich mit dem Problem kosmischer Zivilisationen befaßt, geneigt anzunehmen, sie existieren doch, treten aber aus Gründen, die wir erraten können oder auch nicht, auf keinerlei Weise in Erscheinung.
Daher versucht man, das „große Schweigen" nicht mit der Einmaligkeit der Menschheit zu erklären, sondern auf andere Weise. Insbesondere könnte die Tätigkeit der außerirdischen Zivilisationen deshalb nicht unmittelbar bemerkbar sein, weil riesige Abstände diese vom Sonnensystem trennen. Beliebige Informationsträger können sich ja nur mit Lichtgeschwindigkeit oder langsamer bewegen. Einige Berechnungen haben dagegen ergeben, daß Zivilisationen im Kosmos nicht allzu nah beieinander entstehen können. Möglicherweise wird der Abstand zwischen benachbarten Zivilisationen nicht nach Tausenden, sondern nach Zehntausenden oder gar Hunderttausenden von Lichtjahren gemessen. Stellen wir uns einmal vor, daß sich eine Zivilisation eine Million Lichtjahre von der Sonne entfernt befindet und vor 500 000 Jahren ihre Signale ins All gesendet hat. Dann haben diese Signale bis heute erst die halbe Strecke zurückgelegt. Vielleicht schweigt der Kosmos nur deshalb, weil die kosmischen Abstände sehr groß und die kosmischen Zivilisationen so weit voneinander entfernt sind, daß sie es einfach noch nicht geschafft haben, ihre vernunftbegabten kosmischen Nachbarn zu entdecken?
Möglicherweise ist eine derartige Erklärung zu einfach und oberflächlich und daher kaum erschöpfend. Obwohl es nicht überflüssig erscheint zu erwähnen, daß häufig gerade die einfachsten Erklärungen am richtigsten sind.
In diesem Zusammenhang lohnt es sich, noch eine weitere einfache Erklärung für das „große Schweigen" anzuführen: Wir suchen nach Radiosignalen, während die Absender der erwarteten Signale für ihre Übertragungen ganz andere Informationsträger nutzen. Das könnten uns noch unbekannte physikalische Felder

sein oder auch solche uns bekannte, wie etwa der Neutrinostrom oder die Gravitationswellen, die wir nicht zu registrieren und um so weniger zu analysieren vermögen.

Man darf auch den Umstand nicht aus dem Auge verlieren, daß wir im Weltall keinerlei Astroingenieurtätigkeit kosmischer Zivilisationen beobachten. Das muß man auch erklären. Eine Vermutung lautet, daß sich in dem unseren Beobachtungen zugänglichen Gebiet nur Zivilisationen mit einem niedrigeren Entwicklungsniveau der Wissenschaft, Technik und Technologie als die Menschheit befinden. Eine andere Hypothese lautet: Außerirdische Zivilisationen verstecken sich aus irgendeinem Grunde sorgfältig vor uns, möglicherweise verbergen sie auch voreinander ihre Existenz. Noch eine weitere, für uns etwas kränkende Erklärung ist denkbar: Wir erwecken bei ihnen keinerlei Interesse, da wir ihnen einerseits nichts geben können und sie andererseits durch nichts bedrohen. Übrigens tritt diese „Erklärung" offensichtlich in direkten Widerspruch zu den oben ausgesprochenen Überlegungen.

Wenn wir schließlich zu der Frage fehlender künstlicher Radiosignale aus dem Kosmos zurückkehren, muß man noch eine Variante der Erklärung des „großen Schweigens" betrachten. Faßt man nicht einzelne Radiogramme ins Auge, die von einer außerirdischen Zivilisation aufs Geratewohl in den Raum geschickt werden, ohne besondere Hoffnung, in überblickbaren Zeiträumen eine Antwort zu bekommen, sondern systematische Verbindungskanäle zwischen zwei oder mehreren Zivilisationen, wie sie eindrucksvoll in wissenschaftlich-phantastischen Erzählungen beschrieben werden, so fordert solch ein Unternehmen ohne jeden Zweifel von einer kosmischen Zivilisation allergrößte Anstrengungen und die Mobilisierung aller Kräfte, energetischen Ressourcen und technischen Möglichkeiten.

Versuchen wir uns jetzt einmal an die Stelle einer kosmischen Zivilisation zu versetzen. Welche Umstände könnten sie veranlassen, kosmische Verbindungen anzustreben oder darüber hinaus eine Expansion in den Kosmos im weitesten Sinne des Wortes zu verwirklichen? Offensichtlich nur die absolute Notwendigkeit! Einfaches Interesse oder Neugierde reichen dazu nicht aus. Möglicherweise würde eine Zivilisation beim Auftreten einer kritischen Situation oder einer bevorstehenden kosmischen Katastrophe, die allein zu bewältigen sie nicht in der Lage ist, ihre ganze Kraft auf die Verwirklichung eines interstellaren Kontaktes konzentrieren.

Allerdings kann man aufgrund der riesigen kosmischen Entfernungen kaum ernsthaft mit der Hilfe einer Zivilisation von einem

anderen Planeten rechnen. Selbst wenn die Bitte um Hilfe den Adressaten erreichen und entsprechend aufgenommen würde, käme die Hilfe sicher viel zu spät.
Man kann sich auch eine etwas andere Situation vorstellen. Eine kosmische Zivilisation ist es überdrüssig, sozusagen im eigenen Saft zu schmoren; sie verspürt einen unbändigen Drang zum Umgang mit anderen vernunftbegabten Wesen, die nicht mit den vor der gegebenen Zivilisation stehenden gewöhnlichen Vorstellungen, Ideen, Forderungen und Zielen belastet sind und die, mit höher entwickeltem Intellekt begabt, auf die Realität von einem neuen, ungewöhnlichen Standpunkt aus schauen können.
Muß man jedoch zur Erfüllung derartiger Bedürfnisse wirklich den schwer zu verwirklichenden Kontakt zu einer anderen Zivilisation aufnehmen? Dieser Kontakt wäre offensichtlich wenig effektiv, wenn man von dem äußerst geringen Tempo des Informationsaustausches ausgeht, das wiederum mit den kosmischen Abständen zusammenhängt. Im Prinzip existiert ja auch eine andere Möglichkeit. Gegenwärtig ist die Menschheit dicht bis an die Schaffung künstlicher Intelligenz gelangt. In wenigen Jahren wird es eine neue Generation von Computern geben, deren „geistige Fähigkeiten" schon in gewisser Weise mit den menschlichen vergleichbar sind. Perspektivisch könnten durchaus Maschinen geschaffen werden, die in weiten Grenzen selbst lernfähig sind, die sich selbst programmieren, die sich selbst komplizierte intellektuelle Aufgaben stellen und diese lösen, die originelle, eigenständige Ansichten über diese oder jene Erscheinungen besitzen, die neue wissenschaftliche Ideen entwickeln und neue wissenschaftliche Theorien ausarbeiten. Derartige Maschinen werden vom rein intellektuellen Standpunkt aus wahrscheinlich auf einem höheren Niveau als der Mensch stehen. Ich denke, eine derartige Perspektive braucht uns weder zu bedrücken noch zu kränken. Unser menschlicher Wert wird ja auch nicht durch die Tatsache gemindert, daß ein Kran viel mehr heben kann, als es selbst ein Weltmeister im Gewichtheben aus eigenen Kräften vermag, und das gilt um so mehr, da wir ja diesen Kran selbst geschaffen haben.
Mit einem Wort, wenn eine kosmische Zivilisation ein bestimmtes Entwicklungsniveau erreicht hat, können „intelligente" Maschinen völlig ebenbürtige Partner für einen intellektuellen Austausch sein, wobei dieser dann direkt und unmittelbar ist.
So ist es nicht ausgeschlossen, daß die Suche nach Signalen kosmischer Zivilisationen im Radiobereich deshalb erfolglos ist, weil diese Zivilisationen kein besonderes Interesse an den Tag legen, kosmische Kontakte und Verbindungen herzustellen.

Es gibt noch eine weitere Erklärung. Hochentwickelte Zivilisationen könnten uns unbekannte Eigenschaften von Raum und Zeit entdeckt haben, die es ihnen erlauben, praktisch augenblicklich Informationen über beliebig große Entfernungen weiterzugeben. So könnten Zivilisationen im Universum miteinander im Informationsaustausch stehen, und nur wir wären dazu nicht in der Lage, weil diese Verbindungen über Kanäle liefen, die der irdischen Zivilisation vorläufig gänzlich unerreichbar sind.
Es gibt noch einen weiteren möglichen Grund für das „Schweigen des Kosmos". Bekanntlich steht vor der heutigen Menschheit das globale Problem der Umwelterhaltung in seiner ganzen Bedeutung. Wenn die Möglichkeiten der Umwelt noch vor kurzem als unbegrenzt und die irdischen Ressourcen als unerschöpflich angesehen wurden, so ist uns inzwischen deutlich bewußt geworden, daß dem bei weitem nicht so ist. In der zweiten Hälfte des 20. Jh. hat die praktische Tätigkeit der Menschheit solche Maßstäbe erreicht, daß man die Wirkung auf die Umwelt unbedingt in Betracht ziehen muß und das um so mehr, wenn diese Wirkung bei weitem nicht immer harmlos ist. Der Mensch hat nur dann das Recht, in die Umwelt einzugreifen, wenn das mit größter Vorsicht und Umsicht geschieht, so daß er keine unerwünschten irreversiblen Änderungen hervorruft. Dabei muß er die unmittelbaren und späteren Folgen seiner Handlungen unbedingt voraussehen.
Ökologische Einschränkungen wird es anscheinend in jedem Entwicklungsstadium einer kosmischen Zivilisation geben, unabhängig davon, welches Niveau von Wissenschaft, Technik und Technologie sie erreicht hat und welches Gebiet des kosmischen Raums sie einnimmt. In erster Linie sind das Einschränkungen energetischen Charakters, die dem Maßstab der Energiegewinnung bestimmte Grenzen setzen. Möglicherweise entdecken wir gerade deshalb nirgends im Weltall Spuren dieser energetischen Tätigkeit einer kosmischen Zivilisation.
Die erwähnten Einschränkungen hängen eng mit dem unvermeidlichen Übergang einer Zivilisation auf einen intensiven Entwicklungsweg zusammen, den sie während einer bestimmten Etappe ihrer Existenz vollziehen muß, d. h., statt des quantitativen Wachstums muß die qualitative Seite aller praktischen Tätigkeiten verbessert werden. Insbesondere muß solch eine Zivilisation lernen, ihre gesamte Produktion und überhaupt alle praktischen Tätigkeiten mit einem Minimalaufwand an Energie zu realisieren. Natürlich ist es dann äußerst schwierig, derartige energetische Tätigkeiten über die großen kosmischen Entfernungen nachzuweisen.

Darüber hinaus kann ein intensiver Entwicklungsweg eine Zivilisation auch dazu führen, daß sie es lernt, für ihre praktischen Ziele die Möglichkeiten maximal zu nutzen, die in den Naturprozessen selbst liegen, auch in den kosmischen. Selbst wenn vernunftbegabte Wesen anderer Welten auf entsprechende Weise kosmische Prozesse steuern würden, wäre es von außen äußerst schwer, diese Erscheinungen von den gewöhnlichen natürlichen kosmischen Prozessen, die wir im Universum beobachten, zu unterscheiden. Möglicherweise würden wir aus diesem Grund ihnen gar keine besondere Aufmerksamkeit widmen, sondern sie für normale kosmische Erscheinungen halten.

Anders gesagt, vielleicht kommt es uns nur so vor, als würde der Kosmos schweigen, und wir können die Erscheinungen von Leben und Vernunft im Universum, die dort tatsächlich existieren und einen wichtigen Evolutionsfaktor darstellen, nur deshalb nicht erkennen, weil wir diese Faktoren längst in unser naturwissenschaftliches Weltbild eingeordnet haben.

Solch eine Erklärung liegt natürlich schon nahe der Grenze zum Reich der Phantasie. Und wenn wir nun diese Grenze für eine gewisse Zeit überschreiten und in das Gebiet der reinen Spekulation vordringen?

Als Schklowski und die Anhänger eines analogen Standpunktes ihre Version der Erklärung des „großen Schweigens" ableiteten, gingen sie direkt oder indirekt davon aus, daß die energetische Tätigkeit einer Superzivilisation unabhängig davon, ob sie das will oder nicht, unvermeidlich über große Abstände bemerkbar wäre. Nach dem zweiten Hauptsatz der Thermodynamik, der zu den fundamentalen Erhaltungssätzen gehört, entsteht bei jeder energetischen Operation auch thermische Strahlung infolge der in den umgebenden Raum dissipierten Energie.

Eine äquivalente Aussage des zweiten Hauptsatzes besteht darin, daß ein Perpetuum mobile 2. Art nicht existiert. Solch eine Anlage könnte die dissipierte, verbrauchte und in Wärme umgewandelte Energie wieder konzentrieren und in eine aktive Form überführen, die von neuem nützliche Arbeit leisten kann. Daraus folgt, daß jede kosmische Zivilisation, die Energie nutzt, die unvermeidlichen thermodynamischen Verluste in Form von Wärmestrahlung in den umgebenden Raum abgeben muß. Welches Entwicklungsniveau eine kosmische Zivilisation auch erreichen mag, sie kann es nicht vermeiden, sich durch Wärmestrahlung zu zeigen: je höher der Entwicklungsstand einer Zivilisation ist, um so eher ist eine derartige Strahlung bemerkbar, und das selbst dann, wenn die Zivilisation bemüht ist, sich zu tarnen. Berechnungen zeigen, daß es praktisch unmöglich ist, sich in dem gesamten

unseren Untersuchungen zugänglichen Raum der Metagalaxis vor entsprechenden Beobachtern zu „verbergen". Darauf basiert in gewisser Weise auch Schklowskis Schlußfolgerung, daß die irdische Zivilisation allein im Weltall ist.
Aber auch eine andere Erklärung wäre möglich. Es ist wohlbekannt, daß die meisten Naturgesetze, nur einige wenige fundamentale ausgenommen, bestimmte Anwendungsgrenzen besitzen. Das bedeutet, daß eine in einem bestimmten physikalischen Rahmen unmögliche Erscheinung, die den dort wirkenden objektiven Gesetzen widerspricht, außerhalb dieses Rahmens möglich werden könnte, wenn nämlich die entsprechenden „Verbote" dort schon nicht mehr in Kraft sind. Die Geschichte der Physik kennt viele eindrucksvolle Beispiele, wo bei diesen oder jenen scheinbar allumfassenden Gesetzen plötzlich die Grenzen ihrer Anwendbarkeit festgestellt wurden.
Im allgemeinen erwiesen sich, wie Bertrand Russell bemerkte, viele „offensichtlichen" Behauptungen von dem Moment an als falsch, als man sie beweisen wollte. Einen ähnlichen Ausspruch hat auch der berühmte theoretische Physiker E. Wigner getan. Es ist durchaus möglich, meinte er, daß physikalische Theorien, die wir heute als bewiesen ansehen, tatsächlich falsch sind, da sie allgemeineren Theorien widersprechen, die wir nur noch nicht kennen.
Klarheit ist häufig trügerisch. Wenn nun auch der zweite Hauptsatz der Thermodynamik nur in bestimmten Grenzen gültig wäre und unter bestimmten Bedingungen dissipative Energie wieder in aktive Energie umgewandelt werden könnte, die im Prinzip von neuem Arbeit verrichten könnte?
Wenn dem wirklich so wäre, könnten kosmische Zivilisationen auf einem bestimmten Entwicklungsniveau solch eine Möglichkeit entdecken und sie entsprechend nutzen, d. h. Systeme schaffen und physikalische Prozesse verwirklichen, die dem zweiten Hauptsatz widersprechen. Zivilisationen, die eine derartige Aufgabe gelöst haben, würden im Prinzip die verbrauchte Energie nicht an den Kosmos abgeben, sondern sie erneut „konzentrieren", sammeln und für ihre praktischen Zwecke nutzen. Aufgrund dieser Speicherung der Energie könnten sich Zivilisationen innerhalb des von ihnen eingenommenen Raumgebiets umgruppieren, ausdehnen und immer größere Gebiete des kosmischen Raums einnehmen und dabei unbegrenzt lange ihr Organisationsniveau beibehalten.
Natürlich wäre es außerordentlich schwierig, solch eine Zivilisation zu entdecken. Wenn die Temperatur ihrer äußeren „Hülle" mit der Temperatur der Reliktstrahlung, die den Raum gleich-

mäßig ausfüllt, übereinstimmt, verschmilzt sie mit dem Hintergrund. Wäre die Temperatur geringer, so würde sie sich auf dem Hintergrund der Reliktstrahlung als dunkler Fleck zeigen, den nachzuweisen auch äußerst schwierig ist.
Wenn also die Hypothese einer begrenzten Gültigkeit des zweiten Hauptsatzes der Thermodynamik der Wirklichkeit entspräche, könnte die Metagalaxis voller hochentwickelter Zivilisationen sein, die in energetischer Hinsicht in keiner Weise in Erscheinung treten und daher praktisch unbeobachtbar sind.
Wir betonen noch einmal, daß Hypothesen über Anwendungsgrenzen des zweiten Hauptsatzes der Thermodynamik ins Reich der reinen Spekulationen gehören. Es gibt dafür keine konkrete physikalische Grundlage. Genauer gesagt, bisher gibt es sie nicht. Allen unseren Überlegungen kann man ja auch heuristischen Charakter zuschreiben.
Erinnern wir uns, daß die Position der Anhänger einer alleinigen irdischen Zivilisation die folgende ist: Da kosmische Zivilisationen energetisch nicht in Erscheinung treten, gibt es sie nicht. Wenn man diese Behauptung nun ins Gegenteil verkehrt? Nehmen wir an, kosmische Zivilisationen existieren. Dann müssen sie in energetischer Hinsicht in Erscheinung treten. Wenn man so etwas nicht beobachtet, bedeutet das nicht, daß sie eine Möglichkeit gefunden haben, den zweiten Hauptsatz zu umgehen? Anders gesagt, ist das „Schweigen des Kosmos" nicht als Hinweis auf die Grenzen unserer heutigen thermodynamischen Vorstellungen zu deuten? Verständlicherweise gibt es in diesem Denkschema auch schwache und anfechtbare Stellen.
Natürlich erscheint der Gedanke, Anwendungsgrenzen des zweiten Hauptsatzes der Thermodynamik könnten existieren, vom Standpunkt der üblichen Grundlagen der modernen Physik aus rebellisch. Muß man solche ungewöhnlichen Ideen fürchten? Ist es gerechtfertigt, so vorsichtig mit ihnen umzugehen? Und ist es nützlich? Natürlich sind damit nur die Ideen gemeint, die von seriösen Wissenschaftlern ausgesprochen werden!
Mit originellen Ideen hatte das Problem außerirdischer Zivilisationen noch in einer weiteren Hinsicht kein Glück. Die Wissenschaftsgeschichte zeigt, daß die vorgeschlagenen Hypothesen zur Lösung des einen oder anderen wissenschaftlichen Problems um so konservativer waren, je höher die Bedeutung des Problems war. Wenn es dagegen um nicht so wichtige Probleme oder Erscheinungen geht, werden zu ihrer Erklärung die unvernünftigsten Ideen herangezogen. In dieser Hinsicht befindet sich das Problem kosmischer Zivilisationen offenkundig in einer unvorteilhaften Lage. Zweifellos besitzt es fundamentale Bedeutung für

unsere Vorstellungen über das Universum und den Menschen, doch gerade das hat in bedeutendem Maße zu konservativen und vorsichtigen Hypothesen bezüglich der Ursache des „großen Schweigens" geführt.

Gibt es überhaupt ein astrosoziologisches Paradoxon? In welchen Situationen kann man davon sprechen, daß auf einem Wissenschaftsgebiet ein Paradoxon auftritt? Offensichtlich immer dann, wenn Beobachtungsbefunde entweder in Widerspruch zu als gesichert erwiesenen Fakten oder zu wohlbegründeten und in der Praxis überprüften wissenschaftlichen Theorien geraten.

Ist wenigstens eine dieser Bedingungen im Falle des „großen Schweigens" des Kosmos erfüllt? Wie entwickelte sich das astrosoziologische Paradoxon? Wem widerspricht das Fehlen direkter Hinweise auf die Tätigkeit kosmischer Zivilisationen? Fakten? Es gibt keine! Ist eine Theorie, aus der die Existenz außerirdischer Zivilisationen folgen würde, begründet? Solch eine Theorie gibt es ebenfalls nicht!

Worauf gründet sich die Überlegung, daß möglicherweise kosmische Zivilisationen existieren? Letztendlich gründet sie sich auf Abschätzungen von Experten. Diese basieren natürlich auf den Angaben der modernen Wissenschaft, aber dennoch handelt es sich hier immer um subjektive Meinungen von Wissenschaftlern.

Das „große Schweigen" des Kosmos widerspricht also nicht etwa Fakten oder einer wohlbegründeten Theorie, sondern den Abschätzungen von Experten. Folglich trägt die eine Seite jenes Widerspruchs, aus dem sich das astrosoziologische Paradoxon herausbildete, nur den Charakter einer Mutmaßung. Ungefähr genauso steht es um die andere Seite. Denn die Aussage vom „großen Schweigen" des Kosmos ist ja auch nur eine Vermutung, die nur auf unserer ergebnislosen Suche nach Spuren der Tätigkeit außerirdischer Zivilisationen basiert. Niemand hat jedoch bewiesen, daß unsere diesbezüglichen Beobachtungen alle Möglichkeiten ausschöpfen. Außerdem könnte sich die Tätigkeit vernunftbegabter Bewohner des Universums auch auf eine Weise zeigen, die wir einfach nicht bemerken.

Sollte man den Widerspruch von Annahmen für ein Paradoxon halten? In Wirklichkeit gibt es gar kein astrosoziologisches Paradoxon. Es gibt nun ein äußerst kompliziertes Problem, das gegenwärtig noch weit von seiner Lösung entfernt ist. Es gibt keinen Grund zum Pessimismus, aber die Lage der Dinge muß real eingeschätzt werden, und auch all die Schwierigkeiten müssen bedacht werden, die sich auf diesem Forschungsgebiet vor der modernen Wissenschaft auftürmen.

Ist das nicht nur ein scholastischer Streit, ist es nicht ganz gleich, ob es sich um ein Paradoxon oder ein Problem handelt? Im einen wie im anderen Fall ist ja eine weitere Erforschung der Frage erforderlich. Der Streit ist durchaus nicht zwecklos; von der Analyse der entstandenen Situation hängt nämlich unmittelbar die Organisation der weiteren Forschung ab, d. h. die Konzentration der wissenschaftlichen Kräfte in die eine oder andere Richtung, die Strategie der bevorstehenden Suche. Der Schritt vom Paradoxon zum Problem ist ein äußerst wesentlicher, der einen neuen Zugang zu dem ganzen Fragenkomplex nach sich zieht, der mit der Suche nach außerirdischer Vernunft zusammenhängt.

Das astrosoziologische Paradoxon hat nichtsdestoweniger zweifellos seine Rolle gespielt. Es hat nützliche Überlegungen und Erörterungen stimuliert und geholfen, vieles zu klären. Jedes Paradoxon ist immer konkret und richtet die Anstrengungen der Wissenschaftler auf die Lösung einer relativ eng begrenzten Aufgabe.

So hat das astrosoziologische Paradoxon eine Diskussion über die möglichen Ursachen für das „Schweigen des Kosmos" ins Leben gerufen.

Ein Problem ist dagegen viel umfangreicher. Es umfaßt einen ganzen Aufgabenkomplex und erfordert die Erforschung einer Reihe zusammenhängender Fragen, es führt auf komplexe Untersuchungen, auf die Bestimmung naheliegender und ferner Ziele und auf die Koordinierung der Kräfte verschiedener Wissenschaftszweige.

Zwar schweigt der Kosmos eigensinnig, aber die Erörterung der möglichen Gründe für dieses Schweigen läßt uns die Hoffnung, daß kosmische Zivilisationen trotzdem existieren und es irgendwann gelingt, sie zu entdecken. Damit entsteht das Problem des Kontaktes.

Wir lassen jetzt die Frage der möglichen Folgen dieses Kontaktes einmal beiseite. Er könnte der Menschheit großen praktischen Nutzen bringen oder umgekehrt eine ernste Gefahr; aber das ist ein besonderes Problem, das einer speziellen Erörterung bedarf. Wir interessieren uns für etwas anderes, nämlich ob wir einander verstehen können.

Angenommen, es gelingt uns, die Botschaft einer anderen Zivilisation aufzufangen. Das wäre irgendein „Text", der aus einer Folge uns unbekannter Zeichen bestände und der eine uns unbekannte Information enthielte. Muß man erst sagen, welche erstrangige Bedeutung der Entzifferung der in ihm enthaltenen Mitteilungen zukäme? Man könnte ja nur dann begründet beurteilen, was von einem weiteren Umgang mit jenen kosmischen Zivilisationen zu erwarten wäre.

Wie ist solch eine Aufgabe zu lösen? „Wir" und „sie" bewohnen verschiedene Welten, sprechen unterschiedliche Sprachen, und wir besitzen keinerlei Wörterbücher für eine Übersetzung. Darüber hinaus trennt uns die unüberwindliche Barriere unserer vertrauten Vorstellungen. Bei einem direkten Treffen könnte man sich irgendwie verständigen, vielleicht mittels Gesten oder Bilder. Aber wie ist eine Anzahl unbekannter Zeichen zu entziffern, wenn mehr nicht zur Verfügung steht?

Einige Wissenschaftler meinen, daß die Erfahrung unserer irdischen Existenz, die die Menschheit in vielen Jahrhunderten gewonnen hat und die nun in gewisser Weise der Erkenntnis einer unbekannten Gesellschaft vernunftbegabter Wesen im Wege steht, uns dabei gerade helfen muß. Diese Erfahrung spiegelt sich nämlich in der menschlichen Kultur wider. Und die Hauptaufgabe bei der Erforschung der Botschaft einer kosmischen Zivilisation besteht weniger in der detaillierten Entzifferung jenes Zeichensystems, mit dem wir konfrontiert wären, als vielmehr in der Aufdeckung der geistigen Kultur des uns unbekannten Wesens, also darin, Vorstellungen über seine Wissenschaft, Philosophie, Moral, Ethik, Psychologie, Sozialstruktur sowie seine Ziele zu gewinnen. Nur solch ein Zugang gestattet es uns, die möglichen Perspektiven und Folgen eines kosmischen Kontaktes zu beurteilen.

Hat die heutige Wissenschaft bereits Erfahrungen bei der Lösung derartiger Aufgaben gesammelt? Erstaunlicherweise ja. Damit sind die Kontakte, ja wirklich Kontakte, zu verschwundenen irdischen Zivilisationen gemeint. Diese Kontakte sind verständlicherweise einseitig, da die ältesten Zivilisationen schon lange nicht mehr existieren; die unüberwindliche Barriere der Zeit trennt uns von ihnen. Übrigens werden die ersten Kontakte zu kosmischen Zivilisationen höchstwahrscheinlich auch einseitig sein. Um so mehr kann die Erfahrung des „Umgangs" mit Zivilisationen der Vergangenheit nützlich sein.

Von ihnen erhalten wir auch bestimmte „Botschaften" in Gestalt verschiedener Gegenstände, die es beispielsweise nicht nur gestatten, das System der Zeitrechnung zu rekonstruieren, sondern auch Vorstellungen über die technologischen Prinzipien unserer fernen Vorfahren zu gewinnen. Doch nur die unversehrten Fragmente von Kunstwerken tragen Informationen über die geistige Kultur und das schöpferische Potential ihrer Urheber in sich.

Die Erfahrungen bei der Herstellung von „Kontakten" zu einer Zivilisation der Vergangenheit können als wichtiges Sprungbrett zum Erreichen eines gegenseitigen Verständnisses mit einer kosmischen Zivilisation dienen. Möglicherweise finden sich die Schlüssel zur Verwirklichung des Kontaktes mit außerirdischen vernunftbegabten Wesen auf der Erde, und wir können sie durch die Einsicht in die Geschichte unserer eigenen irdischen Kultur finden. Der Weg zum kosmischen Kontakt führt über den irdischen Kontakt.

Die Untersuchung des Problems außerirdischer Zivilisationen hat offensichtlich einen Wendepunkt erreicht. Auf jeden Fall haben sich die anfänglichen Hoffnungen, rasch künstliche Signale aus dem Kosmos zu entdecken, nicht erfüllt. Natürlich müssen die Beobachtungen fortgesetzt werden und darüber hinaus die Empfangsapparaturen vervollkommnet und der Kreis möglicher Träger kosmischer Informationen erweitert werden. Und dennoch wird im hohen Maße blindlings gesucht und hauptsächlich auf einen glücklichen Zufall gehofft.

Erst vor einigen Jahren hat die amerikanische Forscherin J. Tarter den Versuch, kosmische Zivilisationen durch Signale im Radiowellenbereich zu entdecken, mit der Suche nach einer Stecknadel im Heuhaufen verglichen. Das ist ein durchaus begründeter Vergleich. Wenn man annimmt, daß vernunftbegabte Bewohner anderer Welten tatsächlich im Radiowellenbereich Informationen ins All senden, so müssen zum Empfang einer solchen Sendung eine ganze Reihe glücklicher Umstände zusammentreffen. Zunächst müssen wir erraten, auf welcher Frequenz diese Übertragung erfolgt, dann einen günstigen Zeitpunkt abpassen und schließlich auch gerade auf dem Weg jenes Radiostrahls liegen, der die Information von dem anderen Planeten beinhaltet.

Die bisher unternommenen Anstrengungen haben nur einen verschwindend kleinen Teil aller möglichen Varianten umfaßt. Anders gesagt, die Suche wird faktisch auf gut Glück durchgeführt. Zwar sind auch die seltensten Zufälle im Prinzip möglich, ihre Wahrscheinlichkeit ist jedoch so gering, daß man nicht ernsthaft mit Erfolg rechnen kann. Natürlich kann man versuchen, die Wahrscheinlichkeit zu erhöhen, indem man beispielsweise Empfänger für kosmische Radiosignale konstruiert, die auf mehreren Frequenzen suchen. Einen derartigen Weg haben amerikanische Erfinder eingeschlagen. Trotzdem hofft man bei dieser Suche auf einen unwahrscheinlichen Zufall.

Der sowjetische Wissenschaftler N. S. Kardaschow hat einmal den interessanten Gedanken geäußert, daß kosmische Zivilisationen, die ein genügend hohes Entwicklungsniveau erreicht haben, Radioübertragungen gleichzeitig in alle Richtungen verwirklichen

könnten, d. h., daß sie die Signale nicht zu einem bestimmten Empfänger mit engen Bündeln von Radiowellen gerichtet ausstrahlen, sondern sie mittels sphärischer Radiowellen gleich in alle Richtungen senden. Die Front dieser Wellen überstreicht nach und nach alle Punkte des kosmischen Raums, also auch die Erde. Und wenn es in dem gesamten überblickbaren Weltall wenigstens eine kosmische Zivilisation gäbe, die in alle Richtungen Radiosignale aussendet, gäbe es reale Chancen, solch eine Sendung zu registrieren. Die Tatsache, daß bisher keine künstlichen kosmischen Radiosignale entdeckt worden sind, bedeutet, daß entweder niemand Übertragungen in alle Richtungen durchgeführt hat oder unsere Empfangsapparaturen zur Entdeckung solcher Sendungen noch unzureichend sind.
Auch verschiedene Strategien, nach kosmischen Zivilisationen auf der Basis von Annahmen über ihr Entwicklungsniveau und ihre möglichen Ziele zu suchen, hat nicht zu den gewünschten Ergebnissen geführt.
Bedeutet das nicht, daß der rein naturwissenschaftliche Zugang zu dem Problem, der sich in erster Linie auf astronomische und physikalische Überlegungen stützt, nicht gerechtfertigt ist? Erst kürzlich hat der Moskauer Astronom und Historiker A. A. Gurschtejn solch eine Überlegung geäußert. Seiner Meinung nach muß man sich vergegenwärtigen, daß das hier erörterte Problem kein naturwissenschaftliches ist. Die Wissenschaft ist nicht allmächtig, und sie kann die Aufgaben nicht lösen, denen sie noch nicht gewachsen ist. Auf jeden Fall besitzt die moderne Naturwissenschaft zur Lösung des Problems kosmischer Zivilisationen weder die entsprechende theoretische Basis noch die erforderlichen Forschungsmittel. Man muß der Wahrheit ins Auge sehen und dem zustimmen, daß die Suche nach vernunftbegabtem Leben im All heute weniger ein naturwissenschaftliches als ein philosophisches oder ein sozialkulturelles Problem ist. So hat G. I. Naan einmal ganz treffend bemerkt, daß wir dieses Problem gegenwärtig hauptsächlich deshalb untersuchen, um uns selbst besser zu erkennen.
Die Menschheit ist auch eine kosmische Zivilisation, die allgemeinen Gesetzen gehorcht, die im Universum gültig sind. Die Kenntnis dieser Gesetze wird bei uns von Jahr zu Jahr notwendiger, da wir uns ohne deren Kenntnis nicht sicher vorwärtsbewegen und die Folgen unserer Taten nicht prognostizieren können, die in immer größerem Umfange planetare und kosmische Maßstäbe umfassen.
Wir müssen uns deutlich bewußt machen, daß die Hauptaufgabe während der gegenwärtigen Entwicklungsetappe der Wissenschaft

nicht in der Suche nach kosmischen Zivilisationen besteht, sondern in der Erarbeitung der theoretischen Grundlagen des Status unserer eigenen, irdischen Zivilisation sowie in der Erforschung der Gesetzmäßigkeiten ihrer Existenz als Teil des Universums.

Es ist sehr wichtig, unsere Zukunft unter Berücksichtigung der kosmischen Bedingungen zu prognostizieren, mit denen die Bewohner der Erde direkt oder indirekt verbunden sind.

Die Untersuchung des Problems außerirdischer Zivilisationen steht nicht zufällig mit der Entwicklung einer neuen wissenschaftlichen Disziplin, die Astrosoziologie genannt wird, in Zusammenhang. Die Astrosoziologie kann man als die Wissenschaft definieren, die die allgemeinen Entwicklungsgesetze sozialer Existenzformen der Materie und ihre mögliche Teilnahme an den Evolutionsprozessen im Universum erforscht. Damit ist die Aufklärung der allgemeinsten Gesetze der kosmischen Tätigkeit einer Gesellschaft durch die Aufdeckung der gegenseitigen Verhältnisse „Mensch–Kosmos" und „Gesellschaft–Universum" gemeint.

Bekanntlich steht die moderne Wissenschaft auf dem Standpunkt der sog. Systemanalyse der Erscheinungen der Natur. Das bedeutet, daß wir ein beliebiges uns interessierendes Objekt nicht gesondert erforschen dürfen, sondern als Teil des Ganzen und in Wechselwirkung mit ihm und anderen Teilen.

Ein weiteres wichtiges Prinzip wird in der astronomischen Forschung in großem Umfang angewendet, das Prinzip des Vergleichs. Wenn wir die Erde erforschen, vergleichen wir sie mit anderen Planeten; wenn wir die Sonne untersuchen, dann im Vergleich zu anderen Sternen; wenden wir uns unserem Sternsystem, der Galaxis zu, so vergleichen wir sie mit anderen Sterninseln im Universum. Solche Vergleiche helfen, Ähnlichkeiten und Unterschiede in den Eigenschaften des uns interessierenden kosmischen Objekts und entsprechender anderer Objekte festzustellen. Wenn wir die Ursachen für diese Ähnlichkeiten und Unterschiede verstehen, dringen wir tiefer in die Gesetzmäßigkeiten dieser Klasse von Objekten ein.

Die beiden erwähnten Prinzipien sind zutiefst dialektisch; insbesondere sprechen sie davon, daß es äußerst schwierig ist, ein Einzelobjekt zu untersuchen. Die Menschheit ist jedoch im Grunde genommen die einzige kosmische Zivilisation, die wir kennen. Das Problem außerirdischer Zivilisationen hat auch in diesem Sinne äußerst verlockende Perspektiven eröffnet. Wenn wir auch andere kosmische Zivilisationen noch nicht entdeckt haben und nur theoretische Modelle von ihnen konstruieren, so

ist das schon eine interessante und vielversprechende Möglichkeit, vieles gründlicher zu verstehen.
Insbesondere begann die Wissenschaft darüber nachzudenken, was überhaupt unter einer kosmischen Zivilisation zu verstehen ist. Diesbezüglich werden unterschiedliche Standpunkte geäußert, und verschiedene Definitionen werden vorgeschlagen. Eine Diskussion kam in Gang, in der sich abzeichnete, daß offensichtlich jede kosmische Zivilisation einige unentbehrliche Eigenschaften besitzen muß, ohne die kein noch so kompliziertes System als Zivilisation betrachtet werden kann.
Ein solch notwendiges Attribut eines beliebigen vernunftbegabten sozialen Systems ist, wie es B. N. Panowkin formuliert, die Fähigkeit zur aktiven, gestaltenden, praktischen Tätigkeit, die die Grundlage des gesellschaftlichen Bewußtseins ist. Dieses spiegelt die grundlegenden objektiven Gesetzmäßigkeiten der umgebenden Welt wider, die in der praktischen Tätigkeit zum Vorschein kommen, wobei erworbene Kenntnisse zur zielgerichteten Entwicklung benutzt werden.
Damit sind nicht nur Zivilisationen gemeint, die sich mit der Umgestaltung der sie umgebenden Realität beschäftigen, sondern auch nicht-technologische Zivilisationen, deren Tätigkeiten möglicherweise nur auf sich selbst gerichtet sind, um optimale Übereinstimmung mit dem Lebensmilieu zu erreichen.
Eine weitere unverzichtbare Eigenschaft einer Zivilisation, auf die Kardaschow hingewiesen hat, besteht in der Fähigkeit, Informationen zu sammeln, abstrakt zu analysieren und sie zu nutzen, um maximale Kenntnisse über die Umwelt und sich selbst zu gewinnen und umwelterhaltend zu reagieren. Aber ich wiederhole noch einmal, diese Eigenschaften sind zwar notwendig, aber bei weitem nicht hinreichend. Man darf sie keinesfalls verabsolutieren. Daher ist es äußerst wichtig, auch andere attributive Eigenschaften einer Zivilisation aufzudecken, wenn man geeignete effektive Modelle kosmischer Zivilisationen konstruieren will. Das kann man nur auf der Grundlage eines tiefen Verständnisses unserer eigenen irdischen Zivilisation tun. Einen anderen Weg haben wir gegenwärtig nicht zur Verfügung.
Besteht darin nicht ein Widerspruch? Wir konstruieren Modelle anderer Zivilisationen, indem wir uns auf die Erforschung der irdischen stützen, und dann vergleichen wir die irdische Zivilisation mit den auf diese Weise konstruierten Modellen. Ziehen wir da nicht einen Kreisschluß?
Tatsächlich sind solche Befürchtungen unbegründet, an dieser Stelle funktioniert die gewöhnliche Dialektik des wissenschaftlichen Forschungsprozesses. Bei der Untersuchung der Modelle

werden Probleme erforscht, die sowohl für die Evolution kosmischer Zivilisationen als auch für die Zukunft der Menschheit erstrangige Bedeutung besitzen.

L. W. Leskow, der sich viele Jahre mit der Ausarbeitung theoretischer Modelle der Evolution kosmischer Zivilisationen beschäftigt hat, behauptet ganz richtig, daß unabhängig davon, ob die Suche nach vernunftbegabtem Leben im All erfolgreich verläuft oder nicht, dieses Problem dazu dient, klarere Vorstellungen über die weiteren Perspektiven der Entwicklung unserer eigenen Zivilisation zu gewinnen. Insbesondere bringt es frischen Wind und originelle Ideen im Gebiet der globalen Modellierung ein, d. h. bei der Prognostizierung verschiedener möglicher Varianten der weiteren Entwicklung der Menschheit mit dem Ziel, die optimalste auszuwählen. Bisher gibt es nämlich leider keinerlei fertiges Rezept zur Lösung der globalen ökologischen Probleme, die sich in ihrer ganzen Größe vor der heutigen Menschheit auftürmen, und daher ist der Zustrom neuer Ideen zur Aktivierung der entsprechenden Forschung äußerst notwendig.

Man muß jedoch unterstreichen, daß Modelle kosmischer Zivilisationen bei weitem nicht so spekulativ sind, wie das auf den ersten Blick erscheinen mag. Sie werden nicht allein auf der Grundlage bereits vorhandener wissenschaftlicher Kenntnisse konstruiert, sondern auch unter Berücksichtigung realer Forderungen, die sie erfüllen müssen. Dazu zählt die Existenz einer Grenze des Energiekonsums und der Umweltverschmutzung mit Produktionsabfällen, die Existenz einer Ausdehnungsgrenze einer kosmischen Zivilisation, die aus der Forderung nach Erhalt der Zivilisation als ein einheitliches System folgt, sowie der experimentelle Fakt, daß der Kosmos schweigt.

Es wird auch die Tatsache berücksichtigt, daß lebende Systeme, darunter auch die Menschheit, zu den sog. adaptierenden Systemen gehören, d. h. zu Systemen, die in der Lage sind, sich der Umwelt und deren Veränderung anzupassen. In diesem Anpassungsprozeß können sie sich auf der Grundlage des Rückkopplungsprinzips selbst ändern und auch auf entsprechende Weise die Umwelt verändern.

Daher geht Leskow in seinen Konstruktionen davon aus, daß eine kosmische Zivilisation ein kompliziertes System ist, dessen Hauptfunktion darin besteht, sich der Umwelt anzupassen und dabei eine immer neue Vielfalt der lebenden und unbelebten Materie zu schaffen. Die Tätigkeit einer kosmischen Zivilisation ist darauf gerichtet, daß sich die Effektivität dieser Tätigkeit im Laufe der Zeit nicht verringert. Nach Leskow kann man diese beiden Prinzipien als allgemeinste Charakteristika kosmischer

Zivilisationen betrachten, die ihre Bedeutung während aller Entwicklungsetappen beibehalten.

Unter Benutzung neuerer Methoden der sog. Systemanalyse hat Leskow eine Reihe sehr interessanter Resultate erhalten, die auch für die Prognose der künftigen Entwicklung der irdischen Zivilisation von Bedeutung sind. So stellte sich beispielsweise heraus, daß eine anthropomorphe, d. h. menschenähnliche kosmische Zivilisation das Stadium der technologischen Evolution während eines sehr kurzen Zeitraums von tausend bis eine Million Jahre – in kosmischen Maßstäben ein Augenblick – durchlaufen muß. Der Prozeß der technologischen Evolution verläuft intensiv und wird dadurch charakterisiert, daß nicht die quantitativen Merkmale anwachsen, sondern ein immer höheres Entwicklungsniveau erreicht wird.

Leskow nimmt an, daß beim Erreichen des höchsten Niveaus der technologischen Evolution infolge tiefer qualitativer Veränderungen ein besonderer Zustand der kosmischen Zivilisation entstehen kann, bei dem die informativen Unterschiede zwischen den einzelnen Individuen der Zivilisation und dem Gemeinwesen allmählich verwischt werden. Während dieses Stadiums wird ein hoher Integrationsgrad erreicht, die Vereinigung der individuellen Intellekte und des intellektuellen Potentials der kosmischen Zivilisation als Ganzes.

Im Zusammenhang mit dem Problem der Suche nach vernunftbegabtem Leben im Universum muß man die Aufmerksamkeit auf einen weiteren Umstand lenken. Die Wissenschaftsgeschichte kennt viele Fälle, wo man bei der Lösung einer Aufgabe zu gänzlich unvorhergesehenen Resultaten gelangt ist, die hohe wissenschaftliche und praktische Bedeutung besaßen, wobei diese häufig wichtiger als die ursprüngliche Frage waren. Interessanterweise ist das auch in den Fällen passiert, als das Hauptproblem, das eigentlich erforscht werden sollte, gekünstelt oder unfruchtbar war. So haben die Alchimisten auf der Suche nach dem Stein der Weisen, der Metalle in Gold zu verwandeln vermag, eine Vielzahl chemischer Reaktionen erforscht und so gewissermaßen die Grundlage für die moderne Chemie gelegt. Die Astrologen haben versucht, nichtexistente Beziehungen zwischen der Stellung der Himmelskörper und dem Schicksal der Menschen aufzudecken; dabei haben sie viel für die Entwicklung der Astronomie getan. Als anschauliches Beispiel kann man die Eroberung des Kosmos anführen, die sich am Beginn der zweiten Hälfte des 20. Jh. als aktuelles Komplexproblem ergab, das den praktischen Erfordernissen der Menschheit entwuchs. Es stimulierte ungewöhnlich stark die Entwicklung einer ganzen Reihe von Gebieten der modernen Wissenschaft und Technik. Auf Bestellung der Kosmonautik wurden eine Menge wissenschaftlicher, technischer und technologischer Aufgaben gelöst, wobei diese Lösungen eine Vielzahl nützlicher Anwendungen nicht nur in der Kosmonautik, sondern auf verschiedenen Gebieten der menschlichen Tätigkeit fanden, darunter in der Medizin und auch im häuslichen Bereich. Ohne die Kosmonautik ständen wahrscheinlich viele dieser Aufgaben bis heute außerhalb des Interessenkreises der Wissenschaftler und Ingenieure.

Das Problem der außerirdischen Zivilisation ist natürlich gegenwärtig bei weitem nicht so aktuell wie die Eroberung des Kosmos, aber es besitzt auch die oben aufgezählten Qualitäten, die die stimulierende Wirkung auf die Wissenschaft gewährleisten. Darüber hinaus kann die Forschung in der Perspektive im Prinzip dieses Gebiet zu einem der wichtigsten Formen menschlicher Tätigkeit werden lassen. Daher ist es ganz gesetzmäßig, daß im Zuge der Suche nach außerirdischen vernunftbegabten Wesen auch viele aktuellen Aufgaben aus verschiedenen Gebieten der modernen Wissenschaft und Technik gelöst werden.

So wurden hochempfindliche Empfänger, darunter auch Mehrkanalempfänger, für die Suche nach künstlichen Signalen aus dem Kosmos geschaffen, die in der Entwicklungsrichtung der modernen Radioastronomie liegen. Die Untersuchung der Entstehungsbedingungen elektromagnetischer Strahlung im kosmischen Raum, die Berechnungen der erforderlichen Leistung der Sendeapparaturen sowie Kenntnisse über das Minimum aller möglichen Störungen und die günstigsten Codierungs- und Übertragungsmöglichkeiten der Informationen unterstützen die Lösung von Aufgaben weitreichender kosmischer Verbindungen mit interplanetaren Raumsonden. Die Erforschung des Problems, vernunftbegabte Bewohner anderer Welten zu verstehen, fördert die theoretische Linguistik und die Schaffung hocheffektiver Maschinensprachen zum Dialog des Menschen mit kybernetischen Maschinen.

Es lohnt, noch eine weitere, möglicherweise etwas unerwartete irdische Anwendung der Forschungen zu erwähnen, die zum Problem außerirdischer Zivilisationen durchgeführt werden. Nach Meinung einiger Wissenschaftler ist die heutige Menschheit gewissermaßen in mehrere „Zivilisationen" aufgeteilt, deren Vertreter in verschiedenen „Sprachen" ihre Gedanken äußern und die sich untereinander schlecht verstehen. So verfügen beispielsweise Leute, die aktiv auf dem Gebiet der Mathematik oder Physik arbeiten, in der Mehrzahl nur über wenige Kenntnisse über die wichtigsten Errungenschaften des 20. Jh. auf den

Gebieten der Malerei, Musik, Psychologie oder Ethik. Die Geisteswissenschaftler verstehen dagegen praktisch nichts von den Errungenschaften der Astrophysik oder der Elementarteilchenphysik. Und so weiter. Anders gesagt, die Kultur des 20. Jh. ist eine Zusammenfassung heterogener Teile, die einander praktisch nicht kennen.

Dagegen kann man vermuten, daß hochentwickelte kosmische Zivilisationen eine einheitliche Kultur besitzen. Daher fordert die Suche nach unseren kosmischen Geistesbrüdern dringlich, daß die irdische Kultur vereinigt und ein hoher Grad gegenseitigen Verständnisses unter den Vertretern verschiedener kultureller Gebiete erreicht wird. Das Problem der Suche nach vernunftbegabtem Leben im All eröffnet einen neuen Zugang zur Synthese aller kulturellen Errungenschaften unserer Epoche; es kann zur Grundlage einer solchen Synthese werden.

Auf dem gegenwärtigen Entwicklungsniveau der Wissenschaft und Kultur ist also unsere eigene irdische Zivilisation das Hauptobjekt bei der Erforschung des Problems kosmischer Zivilisationen. Diese irdische Zivilisation betrachten wir dabei unter einem ungewöhnlichen kosmischen Gesichtspunkt, gewissermaßen im kosmischen Spiegel. Entfernen wir uns nicht auch in den Kosmos, um unseren Planeten aus größerer Entfernung zu betrachten und von ihm das zu erfahren, was bei der direkten Betrachtung der Aufmerksamkeit entgeht? Und das bedeutet, daß dieses Problem, unabhängig davon, wann wir die erste kosmische Zivilisation entdecken oder ob wir überhaupt eine entdecken, schon heute erstrangige Bedeutung für unsere eigene kosmische Zukunft besitzt.

Andererseits wird immer klarer, daß die Menschheit danach streben muß, möglichst bald selbst zu einer wahrhaft kosmischen Zivilisation zu werden, die in die Sphäre ihrer praktischen Tätigkeit einen immer größeren Kreis kosmischer Erscheinungen einbezieht. Dies wäre ein realer Schritt zum Treffen mit unseren kosmischen vernunftbegabten Schwestern und Brüdern, wenn es diese wirklich gibt.

Wildfang
(wissenschaftlich-phantastische Erzählung)

Das Raumschiff ging auf eine Kreisbahn über. Es bewegte sich jetzt um den dritten Planeten im System des gelbgrünen Sterns, dessen Oberflächentemperatur etwa 6000 K betrug. In der Messe versammelten sich die Führer der Expedition zu einer außerordentlichen, operativen Beratung.

„Wir haben eine großartige Entdeckung gemacht", begann der Kommandant die Erörterung, „eine Entdeckung, die weitreichende Konsequenzen haben wird. Wir haben eine Zivilisation auf einem fremden Planeten entdeckt. Es gibt jetzt keinerlei Zweifel mehr daran, daß wir nicht die einzigen vernunftbegabten Bewohner des Universums sind. Wir haben im Kosmos Geistesbrüder!"

„Worin liegt da der Nutzen", sagte der Biologe undeutlich, „wenn irgendwelche Kontakte mit diesen Geistesbrüdern, wie Sie es beliebten auszudrücken, absolut ausgeschlossen sind?"

„Wieso absolut?" entgegnete der Physiker, der jüngste und ungeduldigste unter den Anwesenden. „Ein derartiger Schluß erscheint mir allzu spekulativ und daher verfrüht zu sein. Ich schlage vor, mit den Experimenten zu beginnen!"

„Verfrüht?" Der Biologe runzelte die Stirn. „Sollte ich Sie etwa an triviale Dinge erinnern müssen?"

„Na und, tun Sie es doch", sagte der Physiker streitsüchtig.

„Beginnen wir damit", erklärte der Biologe, wobei er weiterhin finster dreinschaute, „daß für den Kontakt und das gegenseitige Verständnis bestimmte objektive Bedingungen vorhanden sein müssen. Die gibt es hier jedoch nicht! In erster Linie liegt es daran, daß die Bewohner dieses Planeten hauptsächlich aus Nukleonen und Elektronen bestehen, während unsere Körper aus Neutrinos aufgebaut sind. Wir sind also für sie unsichtbar und unfühlbar. Dies gilt auch für unsere gesamte Technik. Man braucht nicht daran zu zweifeln, daß jeder unserer Versuche, mit den Bewohnern dieses grünen Planeten in irgendeinen Verkehr zu treten, unweigerlich bei ihnen einen sehr starken psychologischen Schock bewirken würde, der für sie sogar tödliche Gefahren bergen könnte. Und Sie verlangen, mit den Experimenten zu beginnen."

„Dennoch würde ich das nicht so kategorisch behaupten", bemerkte der Astronom. „Wir wohnen doch in ein und demselben Universum, in dem einheitliche physikalische Gesetze wirksam sind. Da die von uns entdeckte Zivilisation ein sehr hohes Niveau erreicht und sogar kosmische Flüge verwirklicht hat, können ihre Kenntnisse von der sie umgebenden Welt sich nicht so stark von unseren unterscheiden. Ähnliche wissenschaftliche Weltbilder sind eine völlig ausreichende Basis für Kontakte."

„Was meint der Philosoph?" erkundigte sich der Kommandant.

„Ich denke, daß die Angelegenheit wesentlich komplizierter ist. Unser verehrter Astronom zeigt meiner Meinung nach einen übermäßigen Optimismus. Leider ist dieser Optimismus auf keine Weise gerechtfertigt. Wir bewohnen zwar ein und dasselbe

Universum, und dieses Universum ist sowohl für sie als auch für uns ein und dasselbe, aber dieses Universum ist unendlich vielfältig! Es beinhaltet eine unendliche Menge von Zusammenhängen, Beziehungen, Wechselwirkungen und Erscheinungen. Und jedes wissenschaftliche Weltbild kann, wenn es im Verlaufe eines endlichen Zeitabschnittes geschaffen wurde, nur eine endliche Zahl dieser Zusammenhänge, Erscheinungen und Wechselwirkungen umfassen. Das bedeutet, daß die Weltbilder verschiedener Zivilisationen nicht nur nicht übereinstimmen können, sondern möglicherweise einander sogar nicht einmal berühren! Wo soll da die Basis für eine Verbindung sein?"
„Sie können sich aber auch berühren", entgegnete der Physiker.
„Ja, das können sie zwar, aber nur im Prinzip. Vergessen Sie nicht, daß die Wissenschaft eine soziale Erscheinung ist. Sie entwickelt sich nicht nur nach ihrer inneren Logik aus sich selbst heraus, sondern reagiert in erster Linie auf die praktischen Bedürfnisse der Gesellschaft. Entschuldigen Sie bitte, wenn ich an solche bekannte Dinge erinnern muß. Kurz gesagt, können die Weltbilder zweier kosmischer Zivilisationen nur dann übereinstimmen, wenn sie den gleichen gesellschaftlichen Entwicklungsweg durchlaufen haben. Sie verstehen, daß das in unserem Fall offensichtlich ausgeschlossen ist. Also..." Der Philosoph hob vielsagend den Blick.
In der Messe herrschte niedergeschlagenes Schweigen.
„Was schlagen Sie dann vor?" fragte der Physiker. „Sollen wir uns entfernen und so keinerlei Versuch unternehmen?"
„Bedauerlicherweise ist, wie hier schon richtig festgestellt wurde, für Kontakte eine Grundlage erforderlich, ein Fundament, auf dem man versuchen kann, die Beziehungen aufzubauen. Möglicherweise tritt etwas ganz Unerwartetes ein. Ich sehe jedenfalls vorläufig kein solches Fundament. Und ich kann mir nicht vorstellen, wie man versuchen könnte, mit dieser Zivilisation Kontakte aufzunehmen, ohne das Risiko einzugehen, unerwünschte und möglicherweise auch äußerst schwerwiegende Folgen hervorzurufen."
„Also", sagte der Kommandant, wobei er die Augen traurig über die Anwesenden schweifen ließ, „ich erwarte konkrete Vorschläge."
Alle schwiegen.
„Nun, es scheint so, als würden alle zur gleichen Meinung gelangt sein."
„Sollen wir wirklich einfach wieder wegfliegen?" begann der Physiker von neuem.

„Das ist eine Notwendigkeit", sagte der Kommandant streng. „Ich gebe Ihnen noch drei Stunden zur ergänzenden Erforschung dieses Planeten. Dann erfolgt der Start."
Der diensthabende Offizier betrat die Messe.
„Kommandant! Ich melde ein außerordentliches Vorkommnis! Der kleine Raumgleiter ist verschwunden."
„Was heißt verschwunden?" Der Kommandant schaute den Offizier stirnrunzelnd an. „Der Raumgleiter kann nicht einfach von selbst verschwinden."
„So ist es. Wenn man alles in Betracht zieht, kann nur Ihr Enkel damit weggeflogen sein. Er ist nirgends auf dem Schiff zu entdecken."
„Kal?" fragte der Kommandant. Sein Gesicht verfinsterte sich. „Ich habe ja gesagt, daß man auf solch eine Expedition kein Kind mitnehmen sollte", murmelte er.
„Haben Sie ihn schon lange nicht gesehen?" fragte der Physiker den Kommandanten.
„Nein, erst vor kurzem. Wie gewöhnlich verfolgte er mich mit der Bitte, mit ihm zu spielen. Aber ich sagte ihm, daß mir heute nicht zum Spielen zumute sei."
„Mich hat er auch gefragt", sagte der Physiker.
„Mich ebenfalls", sagte der Biologe.
„Mich auch", sagte der Philosoph.
„Natürlich ist er auf diesen Planeten geflogen", meinte der Biologe. „Kommandant, es müssen unverzüglich Maßnahmen ergriffen werden! Er könnte etwas anrichten, was nicht wieder gutzumachen ist."
„Ja, ja", äußerte der Kommandant zerstreut. „Also, Ru", er wandte sich an den diensthabenden Offizier, „ich muß Sie beauftragen. Nehmen Sie den zweiten Raumgleiter und jagen Sie ihm unverzüglich hinterher. Aber handeln Sie mit allergrößter Vorsicht. Und denken Sie daran: Mit den Bewohnern dieses Planeten sind keinerlei Kontakte aufzunehmen."
„Zu Befehl!" antwortete der diensthabende Offizier und verließ zielstrebig die Messe.

„Nein, so geht es auch nicht." Timm Wood zerknüllte gereizt das Blatt Papier, auf dem er gerade noch geschrieben hatte, und schleuderte es zur Seite.
„So geht es nicht, so geht es nicht", wiederholte er mehrmals, während er von einer Ecke zur anderen strebte. „Trocken, langweilig, keinerlei Rosinen im Text, das ist kein Artikel, sondern ein Trauermarsch."
An diesem Tag war Timm Wood, ohne erst in seine Wohnung zu

schauen, nach dem Essen zu seinem kleinen Häuschen außerhalb der Stadt gefahren. Das tat er immer dann, wenn die Notwendigkeit bestand, einen fälligen Artikel zu schreiben. Nichts regte ihn mehr zur Arbeit an als Ruhe und Einsamkeit. Seit vielen Jahren hatte sich bei Timm Wood ein merkwürdiger Reflex ausgebildet. Sobald das Auto die Stadtgrenze überschritten hatte und sich die Landstraße, die zu seiner außerhalb der Stadt liegenden Residenz – so nannte er scherzhaft sein bescheidenes Häuschen – führte, im Wald verlor, befreite er sich von den unzähligen täglichen Sorgen und von dem Streß, den die Hast der Großstadt verursachte. Der Geist hellte sich auf, und die Gedanken, die er dort im engen Redaktionszimmer unter Anspannung aus sich herauspressen mußte, flossen jetzt frei und ungezwungen von allein. Wenn Timm aus dem Wagen stieg, hatte er oft den fertigen Artikel bereits „im Kopf". Er mußte sich dann nur noch an die Schreibmaschine setzen und das Erdachte tippen.

Heute halfen jedoch weder die malerische Waldstraße, auf die das heitere Licht der Sonne fiel, noch die Ruhe außerhalb der Stadt, noch die Einsamkeit. Er hatte einfach keinen Einfall.

„Ich wußte, daß so etwas früher oder später passiert", stellte Timm Wood mißmutig fest, während er weiter im Zimmer hin und her lief. Er liebte es überhaupt, während er arbeitete, seine Gedanken laut zu äußern. Das half beim Nachdenken. „Der Leser verlangt eine Sensation. Kann man vielleicht einen modernen Menschen durch irgend etwas in Erstaunen versetzen? Trotzdem dürsten alle nach dem Ungewöhnlichen! Sie wollen nicht nur einfach von wissenschaftlichen Entdeckungen lesen, und wenn sie noch so herausragend sind. Man muß ihnen unbedingt etwas Außergewöhnliches vorsetzen." Übrigens wußte Timm Wood im tiefsten Inneren sehr wohl, daß weniger die Leser, sondern vielmehr die Redakteure die Sensationen fordern. Er war es seit langem gewohnt, in erster Linie für die Redakteure zu schreiben, und hatte sich damit abgefunden.

„Aber zum Teufel, ich kann doch nicht endlos Sensationen erfinden! Sie müssen ja nicht nur verblüffend sein, sondern auch glaubwürdig. Es reicht, ich bin ausgelaugt! Schluß!"

Timm Wood unterbrach sein Geschimpfe und warf sich in einen Sessel. Sein Blick erlosch, wurde teilnahmslos und abwesend.

Es ist ungewiß, wieviel Zeit er in diesem Zustand verbracht hätte, wenn nicht eine seltsame Erscheinung seine Aufmerksamkeit auf sich gezogen hätte. Direkt vor ihm hingen drei Landschaftsbilder in hölzernen Rahmen an der Wand zwischen zwei Fenstern. Er hatte sie von einem bekannten Maler geschenkt bekommen. Sie

hingen an dünnen Fäden, die an einem direkt unter der Zimmerdecke angebrachten dünnen metallischen Rohr befestigt waren.
Timm schien es, als würden sich die drei Bilder langsam die Wand hinaufbewegen, so als würde jemand das Rohr drehen und die Fäden dabei aufwickeln.
Timm folgte mit den Augen der Bewegung der Bilder.
„Zum Teufel!" murmelte er und schüttelte sogar den Kopf, um sich von der Täuschung zu befreien. „Eigentlich habe ich heute gar nichts Starkes getrunken."
Die Bilder bewegten sich langsam nach unten und nahmen ihre alte Lage wieder ein.
„Nein, so kann man den Verstand verlieren." Timm erhob sich entschlossen aus dem Sessel und ging zum Tisch, wobei er unterwegs ein sauberes Blatt Papier mitnahm. „Ich muß arbeiten."
Er dachte einen Moment nach und streckte dann die Hand nach dem Kugelschreiber aus, der am anderen Ende des Tisches lag. Im selben Augenblick zog er die Hand heftig zurück, buchstäblich als hätte er ein heißes Stück Eisen berührt. Der Kugelschreiber war von allein an das andere Ende des Tisches gerollt. Timm wiederholte den Versuch, und der Kugelschreiber sprang erneut zur Seite.
Der Humor, der Timm schon öfter in den schwierigsten Lagen geholfen hatte, wurde ihm auch dieses Mal nicht untreu.
„Das wird interessant", meinte er, ungläubig lächelnd. „Haben sich etwa in meinem Haus Gespenster eingenistet? Das wäre wunderbar, das würde mir bis zum Ende meines Lebens reichen."
Er schaute sich den Raum aufmerksam an, konnte jedoch absolut nichts Ungewöhnliches entdecken. Alle Gegenstände befanden sich an ihren angestammten Plätzen, und es zeigte sich nichts, was den Naturgesetzen widersprochen hätte.
„Nun ja", meinte Timm gedehnt und sogar ein wenig enttäuscht, „es ist also vorbei."
Im gleichen Augenblick flatterte das Blatt Papier, das vor ihm lag, in die Luft und kitzelte ihn, direkt vor seinem Gesicht hängend, mehrfach an der Nase.
„Großartig!" schrie Timm begeistert. „Das ist genau das, was mir noch gefehlt hat."
Er stürzte an die Schreibmaschine, legte hastig ein neues Blatt Papier ein und schrieb die Überschrift des künftigen Artikels: „Die Gespenster kehren zurück!"
Dann bewegte er den Wagen mit dem Hebel zurück und begann

im Geist, den ersten Satz zu formulieren. Aber die Maschine erwachte plötzlich zum Leben und tippte so schnell wie der Drucker eines Computers selbständig die Frage:
„Fürchtest du dich vor mir?"
Timm schaute fassungslos auf die auf so ungewöhnliche Weise erschienene Frage. Aber er begann bereits, Gefallen an diesem merkwürdigen Spiel zu finden.
„Ich freue mich, dich zu begrüßen!" tippte er die Antwort. Einige Zeit „schwieg" die Maschine, dann begann sie von neuem von allein zu hämmern.
„Mach ein Spiel mit mir."
„Das ist ein Ding!" schrie Timm entzückt und schlug mit der Faust so kräftig auf den kleinen Tisch, daß die darauf stehende Maschine klirrend emporsprang. „Mich rührt der Donner. Ich habe nie gehört, daß Gespenster mit den Leuten irgendwelche Spiele gespielt haben."
„Ich bin kein Gespenst", tippte die Maschine, „ich komme von einem anderen Planeten."
„Das wird von Minute zu Minute komplizierter!" brach es aus Timm heraus. „Wo bist du denn?"
„Ich bin neben dir. Aber du kannst mich weder sehen noch fühlen, ich bin so gebaut. Aber ich höre dich. Spiel mit mir."
„Spielen?" überlegte Timm fieberhaft. „Welches Spiel kann ich mit einem Wesen spielen, das ich weder sehen noch hören kann? Sollten wir am Ende gar Verstecken spielen? Es reicht schon, daß wir uns zwar mit Mühe und Not, aber immerhin unterhalten. Und dabei haben wir es schon geschafft, zum Du überzugehen."
„Woher kennst du unsere Sprache?" fragte Timm.
„Wir haben sie gelernt", tippte die Maschine.
„Gelernt? Dann könnte es ja sein..."
Timm stellte die Maschine auf große Buchstaben um und tippte den ersten ihm in den Sinn kommenden Buchstaben ein: „R".
„Wir werden abwechselnd zu diesem Buchstaben rechts oder links einen beliebigen Buchstaben hinzufügen", erklärte er, „und zwar so, daß kein fertiges Wort entsteht. Derjenige, bei dem ein Wort beendet wird, erhält einen Strafpunkt. Wer zuerst fünf hat, verliert."
Die Walze der Schreibmaschine drehte sich und bewegte das Blatt weiter. An einer freien Stelle erschien die Frage des Außerirdischen:
„Wie heißt dieses Spiel?"
„Wir nennen dieses Spiel gewöhnlich ‚Schaf'", teilte Timm ein bißchen schwankend mit. „Für die Strafpunkte schreibt der Verlierer zuerst ein ‚S', dann ein ‚C' und so weiter, bis bei einem

das Wort „Schaf" vollständig ausgeschrieben ist. Vielleicht kennst du die Bedeutung dieses Wortes nicht?"
„Doch, wieso denn nicht", war die Antwort, „ich weiß alles. Schaf bedeutet hier ‚gutmütiger Dummkopf'."
„Ha", lachte Timm, „das ist gar nicht schlecht! Nun, dann können wir ja anfangen."
Die Walze drehte sich in die umgekehrte Richtung, eine Type schlug auf das Papier auf, und links neben dem Buchstaben „R", den Timm geschrieben hatte, erschien der Buchstabe „A".
„Na ja", kommentierte Timm, „nicht besonders ausgeklügelt, aber für den Anfang durchaus erträglich."
Er dachte einen Augenblick nach und fügte rechts den Buchstaben „D" hinzu.
„Das ist ein bißchen ausgeklügelter." Timm hatte das Wort „Marder" im Sinn, bei dem der Außerirdische den letzten Buchstaben schreiben müßte. „Da habe ich dir wohl kein schlechtes Rätsel aufgegeben?"
Sogleich fügte die Maschine statt einer Antwort rechts von den drei vorhandenen Buchstaben ein „I" hinzu. Timm starrte entgeistert auf die entstandene Buchstabenverbindung.
„Das ist ein Witz!"
Ihm kamen nur zwei Wörter in den Sinn, die diese Verbindung enthielten: „Gardine" und „Sardine". Beide müßte er jedoch beenden. Zwar fiel ihm sofort noch ein weiteres Wort ein – „Gardist", aber das rettete ihn auch nicht.
„Meisterhaft!" seufzte Timm, seine Niederlage eingestehend. „Was soll's, erinnern wir uns, ich bekomme den Buchstaben ‚S'. Fang du jetzt an."
Die Maschine bewegte das Blatt weiter und tippte auf eine freie Stelle ein „P". Diesmal verlor Timm noch schneller. Überhaupt war alles sehr bald mit dem für ihn wenig tröstlichen Ergebnis 0:5 beendet.
„Revanche?" fragte Timm unsicher.
„Dieses Spiel langweilt mich", teilte der Außerirdische mit. „Denk dir etwas Neues aus!"
„Gut", erklärte sich Timm einverstanden. Plötzlich begriff er mit verspätetem Bedauern, daß er in der ersten Runde des Spiels „Schaf" nicht hätte zu verlieren brauchen. Ihm war noch ein passendes Wort eingefallen: „Kardinal". Er hätte sich nicht ergeben dürfen, sondern an die Buchstabenreihe ARDI links ein K hinzufügen müssen. Der Außerirdische hätte sich sicher nicht aus dieser Situation retten können. Dadurch wäre das Endergebnis zwar kaum wesentlich anders ausgefallen, aber er wäre wenigstens nicht ganz leer ausgegangen. Er hätte mit einem

Ehrentor verloren, wie die Sportkommentatoren es zu nennen belieben.

„Wir werden jetzt Wörter aus den Buchstaben eines anderen Wortes bilden", schlug Timm vor. „Wir haben, sagen wir, fünf Minuten Zeit. Wer mehr ..."

„Ich habe verstanden", teilte der Außerirdische mit, „ich warte auf das Wort."

Timm legte ein leeres Blatt in die Maschine ein und schrieb in Sperrschrift das erste Wort, das ihm in den Sinn kam: „Gravitationstheorie". Dann legte er ein weiteres Blatt Papier vor sich auf den Tisch, nahm, sich ausstreckend, vom großen Tisch den Kugelschreiber, der diesmal keinen Versuch machte zu entweichen, und schrieb in die obere Ecke das gleiche Wort.

„Also, fünf Minuten Dauer. Fangen wir an!"

Die Maschine begann augenblicklich loszuhämmern. Timm hatte noch keine drei Wörter geschrieben, als sich auf dem Blatt des Außerirdischen schon eine lange Reihe zeigte. Und die Maschine arbeitete weiter in dem wahnsinnigen Tempo eines guten Computers. Nach genau fünf Minuten hörte sie auf. Bis zu diesem Moment hatte sich Timm 28 Wörter ausgedacht. Der Außerirdische hatte 75. Timm überflog mit den Augen die erste Spalte: Aas, Agave, Argon, Arsen, Aster, Avis, Einheit, Eisen, Ente, Eros, Elan, Gans, Garten, Gen, Gott, Gras, Grat, Grotte, Haar, Hase, Havarie, Hirn ... Man mußte zugeben, daß die Außerirdischen die irdische Zivilisation gut studiert hatten. Aus den Wörtern war zu ersehen, daß sie den Aufbau des menschlichen Körpers kannten, die Biologie, die Chemie, die Geschichte der Menschheit und vieles andere.

Timm hob die Hände.

„Ich ergebe mich! Was werden wir jetzt tun?"

„Spielen", tippte die Maschine.

„Wohin soll das führen?" fragte sich Timm. In ihm war bereits die Spielleidenschaft erwacht, er wollte nicht weiter verlieren. „Ich muß die Ehre der irdischen Zivilisation verteidigen. Da muß ich mir ein Spiel ausdenken, in dem unsere Chancen gleich sind."

Timm begann fieberhaft, alle ihm bekannten Spiele im Geist zu sortieren. Domino? Allzu langweilig und zeitraubend, besonders zu zweit. Außerdem besaß er hier kein Dominospiel. Tischtennis? Dieser Gedanke erschien Timm so unsinnig, daß er sogar zu lachen begann. Wie könnte man mit einem Unsichtbaren Tischtennis spielen? Vielleicht Billard? Ja, das war es, Billard! Wieso war er nicht gleich darauf gekommen? Timm liebte dieses Spiel und hielt sich für einen hervorragenden Billardspieler. Wenige seiner Bekannten konnten sich gegen ihn erfolgreich behaupten. Und er hatte sein Wochenendhäuschen auch mit einem ausgezeichneten Billardzimmer ausgestattet.

Timm sprang von seinem Platz auf. „Gehen wir ins Nebenzimmer", schlug er laut vor, als würde er sich fürchten, daß der Außerirdische ihn nicht mehr hört.

Er öffnete die Tür zum Billardzimmer, kehrte dann, sich vor die Stirn schlagend, noch einmal um, nahm die Schreibmaschine und trug sie zu einem Stuhl neben dem Billardtisch. „Beginnen wir also!" tippte die Maschine unverzüglich. Timm nahm das Queue in die Hand.

„Der Sinn des Spiels besteht darin", begann er zu erklären, „die Bälle in diese Öffnung mit dem Fangbeutel zu treiben. Wir werden eine russische Pyramidenpartie spielen. Die Bälle tragen die Nummern eins bis fünfzehn. Es gewinnt derjenige, der zuerst 71 Punkte erhält. Man kann nur einen einzigen Ball anspielen, und zwar diesen roten. Dieser Ball wird Spielball genannt. Ich werde es vorher einmal vorführen. Wir werden mal", Timm schaute auf das mit grünem Tuch bespannte Feld, auf dem die Bälle ungeordnet lagen, „den zwölften durch den dritten in die rechte Ecke schicken."

Er beugte sich über den Tisch und stieß zu, fast ohne zu zielen. Der zwölfte Ball fiel weich in das Netz, wobei er nicht einmal den Rand der Öffnung berührt hatte.

„Ich habe verstanden!" schrieb die Maschine. „Laß uns schnell beginnen."

„Welche Ungeduld", dachte Timm, während er die Bälle mit einem hölzernen Triangel ordnete.

Er legte den Spielball auf den Anfangspunkt und spielte ihn umsichtig so an, daß er nach Berührung der hinteren Bande so leicht an die restlichen Kugeln stieß, daß die ursprüngliche Ordnung nicht zerstört wurde.

„Du bist an der Reihe", erklärte Timm und überlegte in diesem Moment zum ersten Mal, ob der Außerirdische wohl überhaupt dieses Spiel spielen könne. Wie mochte er das Queue halten? Timm konnte sich ja absolut nicht vorstellen, wie dieses Wesen aussehen mochte. Übrigens war das Wort „aussehen" in diesem Fall offenkundig auch unpassend.

Timms Zweifel wurden jedoch sogleich hinweggefegt. Der Spielball begann jetzt von allein zu rollen und zerstörte das Dreieck der übrigen Kugeln. Die Kugeln strebten in alle Richtungen davon.

„Das ist verwegen!" dachte Timm, während er den Spielball aufmerksam beobachtete. „Mir wird keine schlechte Chance eingeräumt."

„Futsch!" zischte er gleich darauf.
Der Spielball rollte langsam, fast widerwillig, in die Ecke des Tisches direkt in die Öffnung hinein und blieb ein paar Millimeter vom Rand entfernt stehen.
Aus dieser Position einen Stoß mit Erfolg vollführen, das war absolut unmöglich.
„Er hat keinen Fehler begangen." Timm war begeistert. „So schnell hat er den Sinn des Spiels erfaßt."
Sekundenlang nachdenkend, spielte er ohne weiteres Ziel, nur bemüht, den Spielball in eine unbequeme Position zu bringen. Den roten Ball mit den Augen verfolgend, lächelte er befriedigt. Soll er es jetzt einmal versuchen.
Die Maschine begann zu schreiben. Timm schaute auf das Blatt Papier und traute seinen Augen nicht: „Mit dem dritten Ball auf den dreizehnten, mit dem dreizehnten über zwei Banden auf den siebenten, mit dem siebenten auf den fünfzehnten, den fünfzehnten über den dritten in den Fangkorb in der rechten Ecke."
Unglaublich! Timm sprang zum Tisch zurück. Gerade in diesem Augenblick bewegte sich der Spielball von der Stelle, stieß an die lange Bande und knallte kräftig auf den Ball mit der Ziffer „drei". Die „Drei" stieß auf die „Dreizehn", die ihrerseits, nachdem sie von zwei Banden – der kurzen und langen – zurückgeworfen worden war, die „Sieben" in Bewegung setzte. Die „Sieben" schnitt den Ball mit der Zahl „fünfzehn" leicht an, und dieser begann, sich in die Richtung der Öffnung in der Ecke zu bewegen, die er jedoch offensichtlich nicht treffen konnte. Timm war zufrieden, selbstgefällig lächelte er. Im letzten Augenblick wurde der Weg der „Fünfzehn" von der „Drei" geschnitten, die sich nach dem Stoß noch weiterbewegt hatte. Die Bälle berührten sich, und die „Fünfzehn" fiel lautlos in den Fangbeutel.
Timm blieb vor Verblüffung sogar der Mund offenstehen. In seiner ganzen reichen Billardpraxis hatte er so etwas noch nie gesehen. Der Außerirdische stellte nacheinander immer mehr Kopfzerbrechen bereitende Kombinationen her, die völlig unausführbar schienen. Nichtsdestoweniger fielen die Bälle folgsam einmal in den einen, dann wieder in den anderen Beutel. Timm hatte gerade genug Zeit, sie herauszunehmen. Nachdem der Außerirdische über 50 Punkte erreicht hatte, legte Timm das Queue zur Seite. Er hatte sich nicht geirrt. Nach drei weiteren Stößen war alles beendet.
„Wollen wir noch einmal spielen?" schrieb die Schreibmaschine rasch.
Das Billardspiel mußte nach dem Geschmack des Außerirdischen sein.

„Aber das lohnt doch nicht", meinte Timm schleppend. Er konnte seine Enttäuschung nicht verbergen, da er ja seine ganze Hoffnung auf das Billard gesetzt hatte. „Spielen wir noch ein anderes Spiel."
Nach drei vernichtenden Niederlagen wurde es Timm klar, daß er sich mit dem Außerirdischen nicht in solchen Spielen messen konnte, in denen alles durch den Vorrat an Wissen, die Erfahrung oder genaue Berechnungen entschieden wird. Die bisherigen Ergebnisse zeigten, daß das Gehirn dieses unsichtbaren Wesens nicht hinter den größten Rechenautomaten zurückblieb und es in der Lage war, äußerst komplizierte Aufgaben zu lösen. Offensichtlich konnten für ihn nur dann Chancen auf Erfolg bestehen, wenn das Ergebnis des Spiels von rein zufälligen Umständen abhing. Es ist zwar kein großes Verdienst, den Sieg in solch einem Spiel zu erringen, aber das Spiel selbst wird wenigstens auf gleichem Niveau durchgeführt.
„Versuchen wir also, miteinander zu würfeln", entschied Timm und holte aus dem Regal einen Würfelbecher mit zwei kleinen, aus Elfenbein gefertigten Würfeln, die ein Geschenk eines indischen Kollegen waren.
„Wir werden abwechselnd diese Würfel werfen", erklärte Timm. „Es gewinnt derjenige, der zuerst, sagen wir, 50 Augen erreicht. Nachdem die Würfel geworfen wurden, dürfen sie jedoch nicht angehalten oder überhaupt berührt werden", fügte er vorsorglich hinzu, als er sich an die ungewöhnlichen Möglichkeiten seines Partners erinnerte.
„Beginnen wir." Timm schob die auf dem Billardtisch verbliebenen Kugeln zur Seite und warf beide Würfel auf das grüne Tuch.
Nachdem sie sich einige Male gedreht hatten, blieben sie stehen. Sie zeigten auf ihrer oberen Fläche drei bzw. vier Vertiefungen, die schwarz gefärbt waren.
„Sieben Augen", summierte Timm, „nun bist du an der Reihe." Die Würfel sprangen sogleich in die Höhe, rollten über die gesamte Fläche des Tisches und blieben erst dann liegen. Timm schaute nach und erblickte zwei Sechsen, zwölf Augen. War das ein Zufall? Er nahm die Würfel und warf ein zweites Mal, allerdings schon mit weniger Zuversicht. Eine Sechs und eine Fünf fielen.
„Das ist gar nicht so schlecht", dachte Timm, wieder Mut fassend, „wir werden sehen, wie es weitergeht."
Die Würfel sprangen wieder von selbst hoch, rollten und blieben stehen. Erneut waren es zwei Sechsen.
Timm beendete diese Partie ohne jegliches Interesse. Der

Außerirdische warf jedes Mal zwei Sechsen. Nachdem er mit vier Versuchen 48 Punkte erreicht hatte, warf er das letzte Mal zwei Einsen, so daß er die vereinbarte Summe genau erreichte.
Auch dieses Spiel hatte Timm verloren. Er hatte keinerlei Anlaß, seinen unsichtbaren Gegner der Unehrlichkeit zu bezichtigen. Vermutlich konnte dieser die Kraft beim Wurf so genau berechnen, daß die Würfel nur eine bestimmte Zahl von Umdrehungen vollführten und dann mit den richtigen Seiten nach oben stehenblieben.
„Auch der Zufall hat nicht geholfen", dachte Timm enttäuscht. „Was ist das auch für ein Zufall, wenn man ihn vorher berechnen kann? Für mich ist es zwar zufällig, aber für ihn... Eine absolute Zufälligkeit ist erforderlich, die nicht voraussagbar ist."
Hier erinnerte sich Timm an ein Grundprinzip der Quantenmechanik, an die Unschärferelation. Er mußte häufig mit Physikern, die auf diesem Gebiet arbeiteten, Gespräche führen und populärwissenschaftliche Artikel über Erscheinungen der Mikrowelt schreiben. So verstand er eine ganze Menge von diesem Gebiet.
Die Unschärferelation ist das Allerheiligste der Mikrophysik. Aus ihr folgt, daß das Verhalten der einzelnen Elementarteilchen, z. B. der Elektronen, nicht vorausgesagt werden kann. Sie gehorchen nur den Gesetzen der Wahrscheinlichkeitstheorie. Diese sind nur auf genügend viele Ereignisse anwendbar.
Timm ging zum Fernseher, der in einer entfernten Ecke des Billardzimmers stand, und schaltete ihn auf „Spiel" um.
„Da einer der Hauptbestandteile des Spielsystems ein Generator zur Erzeugung zufälliger Zahlen ist, bei dessen Arbeit Elektronen eine wesentliche Rolle spielen", überlegte er, „sind die Zahlen, die das Spielsystem aufgibt, in keiner Weise vorhersagbar."
„Man muß sechs beliebige Zahlen von eins bis fünfzig nennen", begann Timm die fällige Erklärung. „Danach muß man auf diesen Knopf drücken. Auf dem Bildschirm erscheinen dann sechs Zahlen, die von einer speziellen Einrichtung, die zum Fernseher gehört, zufällig ausgewählt werden. Wer von uns in, sagen wir, fünf Versuchen mehr Zahlen errät, ist der Sieger. Ich beginne: 3, 8, 17, 21, 46, 48. Und jetzt wollen wir sehen, wie gut gelungen meine Wahl war."
Timm drückte auf einen Knopf am Bedienungsteil, und auf dem Bildschirm erschienen sofort die Zahlen: 2, 17, 29, 35, 36, 41.
„Eine Übereinstimmung", kommentierte Timm. „Ein Punkt. Du bist an der Reihe."
„6, 23, 34, 41, 43, 49", tippte die Maschine.

165

Timm drückte erneut auf den Knopf und schaute interessiert auf den Bildschirm: 5, 23, 34, 42, 43, 50.
„Aha, diesmal sind es nur drei ‚Treffer', anscheinend verläuft die Angelegenheit diesmal günstig", bemerkte Timm für sich.
Beim zweiten Versuch erriet der Außerirdische zwei Zahlen, beim dritten vier. Der vierte Versuch erwies sich als hundertprozentig erfolgreich, alle sechs Zahlen stimmten. Beim fünften Versuch war das Ergebnis wieder bescheidener, nur zwei Zahlen waren erraten. Der Gast aus dem Kosmos hatte also insgesamt 17mal richtig geraten. In der gleichen Zeit war es Timm nur dreimal gelungen, die auf dem Bildschirm erscheinenden Zahlen richtig vorauszusagen.
Er hatte wieder sehr hoch verloren, wenn auch diesmal das Ergebnis des Außerirdischen nicht so absolut war.
„Was soll's", dachte Timm befriedigt, „diesmal ist meine Niederlage völlig verdient. Der Sieg des Außerirdischen ist auch nicht so vorbehaltlos, obwohl er anscheinend die Möglichkeit besitzt, den Gang der Mikroprozesse bedeutend genauer vorauszusagen, als das unsere irdischen Physiker gelernt haben."
Der Außerirdische wetteiferte ganz erfolgreich mit dem Zufallsgenerator. Vermutlich würde er auch einem hervorragenden Computer nicht nachstehen. Aber auch dem Menschen? Worin hatte sich denn Timm mit ihm gemessen? Sie hatten sich nur im Umfang des Gedächtnisses gemessen, in der Geschwindigkeit des Zugriffs zu den erforderlichen Daten und in der Genauigkeit der Berechnung, aber nicht im Intellekt.
Timm ging entschlossen zum Bücherschrank, nahm das Schachbrett heraus und stellte es auf das Clubtischchen neben die Schreibmaschine. Ungeachtet seiner ständigen Beschäftigung mit dem Journalismus oder vielleicht gerade deswegen, war Timm ein vielseitiger Mensch. Er hatte eine mathematische Denkart, er spielte Schach wie ein guter Schachmeister, obwohl er an keinem Wettkampf teilnahm.
„Wir werden es ja sehen, wir werden es ja sehen", murmelte er, als er die Figuren aufstellte.
Zehn Minuten vergingen, während er die Regeln erläuterte. Dann stellte Timm dem Außerirdischen einige zweizügige und dreizügige Schachaufgaben, um zu überprüfen, wie dieser sich die Regeln angeeignet hatte. Der Gast aus dem Kosmos bewältigte sie augenblicklich. Daraufhin legte Timm ihm zwei ziemlich schwere Übungsaufgaben vor. Sie waren auch nach einigen Sekunden gelöst. Man konnte mit dem Spiel beginnen.
Timm stellte die Figuren in der Ausgangsposition auf. „Du beginnst", sagte er, „mit den weißen Figuren."

Gewohnheitsmäßig schaute er erwartungsvoll auf die Schreibmaschine, aber in diesem Augenblick bewegte sich der weiße Bauer von e2 von selbst nach e4.
„Natürlich", überlegte Timm, „wenn er auf der Maschine tippen und Billardbälle bewegen kann, warum sollte er dann wohl keine Schachfiguren führen können?"
Auf dem Schachbrett entfaltete sich ein leidenschaftlicher Kampf. Zuerst antwortete der kosmische Ankömmling ziemlich schnell, und er spielte auch fehlerlos, obwohl er in die Feinheiten der Eröffnungstheorie nicht eingeweiht war. Je mehr jedoch die Lage auf dem Schachbrett verwickelter wurde, um so länger mußte man auf die Antworten des Außerirdischen warten. Sein Spiel wurde immer anfechtbarer. Offensichtlich konnte er schon nicht mehr alle möglichen Varianten genügend weit berechnen. Da verschärfte Timm das Spiel weiter. Die Lage auf dem Schachbrett wurde so kompliziert und verwickelt, daß eine etwas gründlichere Berechnung der Varianten praktisch undurchführbar wurde. In einer solchen Situation konnte nur die Intuition eines Schachspielers weiterhelfen.
„Wir werden es ja sehen", murmelte Timm, als er ein Pferd opferte.
Er konnte es in diesem Augenblick selbst nicht sagen, zu welchen Folgen sein letzter Zug führen könnte. Aber sein ausgeprägter Schachinstinkt sagte ihm, daß weiß, unabhängig davon, ob das Opfer angenommen wird oder nicht, in eine schwierige Lage gerät.
Der Außerirdische nahm das Pferd, und nach drei Zügen stellte Timm ihn vor die nicht besonders angenehme Wahl, entweder einen Turm zu verlieren oder eine Figur zu gewinnen und dabei in eine Position zu geraten, die zur Niederlage führt.
Diesmal ließ der Ankömmling ziemlich lange nichts von sich hören.
„Aha", schloß Timm triumphierend, „hat sich auch bei dir eine verwundbare Stelle gefunden. Nicht überall gelingt es dir, die Oberhand zu gewinnen."
Plötzlich begann anstelle der fälligen Bewegung der Figuren auf dem Schachbrett die Schreibmaschine wieder zu hämmern.
„Ich kann die Partie nicht beenden", las Timm. „Man holt mich..." Schluß!
Timm hatte das Empfinden, als hätte ihn jemand betrogen. Der Sieg war so nahe gewesen, sein erster und wichtigster Sieg über den Außerirdischen. Ein Sieg, der zwar nicht den Vorzug des irdischen menschlichen Intellekts beweisen sollte, jedoch zumindest sein ausreichend hohes Niveau, das ihm das Recht zu

kosmischen Kontakten gibt. Und plötzlich wurde ihm dieser so wichtige Sieg direkt aus der Hand genommen.
Timm rief sich jedoch gleich wieder zur Ordnung. War es denn jetzt wirklich so wichtig, ob dieser letzte Punkt gesetzt wurde? Er konnte ja den Außerirdischen trotz dessen Rechenkünsten besiegen. Aber war denn nur das wichtig?
Timm sprang von seinem Platz auf. Jetzt erst wurde ihm die Bedeutung dessen klar, was geschehen war. Ihn hatte die Spielleidenschaft gepackt und die Berufsleidenschaft des Zeitungsmenschen, als er plötzlich auf eine Sensation gestoßen war. An eine andere Seite dieser Angelegenheit hatte er gar nicht gedacht. Er hatte die tatsächliche Sensation nicht von all den anderen getrennt, die er selbst erfunden hatte und die nur auf dem Papier existierten. Er dachte noch einmal daran, daß wahrscheinlich die Hauptsache nicht einmal darin bestand, daß die Existenz außerirdischer Zivilisationen jetzt eine unwiderlegbare Tatsache geworden war, und auch nicht darin, daß der Mensch solch ein Niveau erreicht hatte, auf dem sich ihm die Möglichkeit zum Umgang mit außerirdischen vernunftbegabten Wesen eröffnete, die den irdischen ganz unähnlich sind. Die Hauptsache bestand darin, daß der Kontakt möglich und zu verwirklichen ist. Und Timm wußte jetzt, auf welche Weise.

„Kommandant, hier ist er", meldete der Offizier.
Der diensthabende Offizier betrat die Messe. Ihm folgte der strahlende Kal, der sich offensichtlich völlig unschuldig fühlte.
Der Kommandant schaute Kal streng an. Dieser lächelte jedoch selbstbewußt.
„Ich höre", sagte der Kommandant und richtete den Blick auf den Offizier.
Am Ende des Berichts waren die Furchen im Gesicht des Kommandanten verschwunden, und seine Augen blitzten.
„Das ist großartig!" rief der Physiker aus.
„Jetzt wissen wir, wie wir vorgehen müssen", pflichtete der Astronom bei.
„Wir werden nichts übereilen", sagte der Kommandant.
„Es muß alles sorgfältig überdacht, erwogen und ausgearbeitet werden. Damit wird sich die folgende Expedition beschäftigen. Ich denke jedoch, daß der Schlüssel gefunden ist."

Zur gleichen Zeit legte der Journalist Timm Wood auf der Erde in einem kleinen Häuschen, das sich im dichten Laub uralter Bäume verlor, hastig ein sauberes Blatt Papier in die Schreibmaschine

ein. Kräftig die Tasten betätigend, tippte er den Titel seines neuen Artikels, der der wichtigste unter all denen war, die er irgendwann einmal geschrieben hatte. Dieser Titel bestand nur aus drei Worten: „Kontakt durch Spiel!"
„Das Spiel ist für alle Lebewesen, besonders aber für vernunftbegabte, ein lebensnotwendiges Bedürfnis", schrieb er, ohne anzuhalten. „Man kann annehmen, daß dies nicht nur für die Lebewesen gilt, die die Erde bewohnen, sondern auch für die Bewohner einer beliebigen anderen Welt, wie auch immer sie geartet sein mögen. Das ist die Gemeinsamkeit, die alle vernunftbegabten Bewohner des Universums verbindet."
Am Abend war der Artikel fertig. Timm zog das letzte Blatt Papier aus der Maschine und ging zum Hauseingang. Am sommerlichen, dunklen Himmel flimmerten die Sterne. Als Timm in die bodenlose Tiefe des Himmels schaute, bemerkte er ein kurzes bläuliches Aufleuchten. Vielleicht war das das außerirdische Raumschiff, das zu seinem Stern startete. Möglicherweise schien das aber nur Timm so.

Bei aller Bedingtheit des Sujets und des Inhalts der Erzählung „Wildfang" berührt sie doch ein ganz reales Problem, das mit dem Programm zur Suche vernunftbegabten Lebens im Universum zusammenhängt, nämlich die Frage, ob Kontakte mit kosmischen Zivilisationen möglich sind.
Wenn solche Zivilisationen tatsächlich existieren, dann ist die Wahrscheinlichkeit außerordentlich klein, solch eine Gesellschaft vernunftbegabter Wesen zu finden, die der irdischen Gesellschaft ähnlich ist, die einen analogen Weg der sozialen Entwicklung beschritten hat und die über gleiche wissenschaftliche Kenntnisse verfügt. Das bedeutet jedoch, daß das von der Menschheit errichtete wissenschaftliche Weltbild von dem wissenschaftlichen Weltbild einer anderen Zivilisation höchstwahrscheinlich grundverschieden ist. Möglicherweise überschneiden sie sich nicht einmal. Das wissenschaftliche Weltbild ist ja ein endlicher Schnitt aus der unendlichen Vielfalt der objektiven Realität, dessen Charakter unmittelbar von der gesamten Vorgeschichte der praktischen Tätigkeit und Erkenntnisanhäufung der Zivilisation abhängt.
Deshalb ist die Herstellung des gegenseitigen Verständnisses mit anderen Zivilisationen, wenn diese existieren, eine ungewöhnlich komplizierte Aufgabe.

Was wäre, wenn ...?

Die Unvermeidbarkeit einer immer seltsameren Welt

Ende der 50er/Anfang der 60er Jahre erschien ein Buch, das sofort die Aufmerksamkeit auf sich lenkte. Es war das Buch „Die Unvermeidbarkeit einer seltsamen Welt". Geschrieben hat es der sowjetische Schriftsteller D. Danin. Um welche Welt geht es in dem Buch, und warum ist diese Welt seltsam und unvermeidbar?

Es war von jener Revolution in den physikalischen Vorstellungen die Rede, die das 20. Jh. mit sich brachte, von jenen Ideen der modernen Physik, die offen den herkömmlichen Ansichten widersprechen und deshalb vielen unsinnig erscheinen, ja sogar dumm, die jedoch trotz alledem einwandfrei durch den Versuch bestätigt wurden.

Das alltägliche Leben des Menschen verläuft in der Welt der klassischen Physik, und es ist nicht verwunderlich, daß viele Sätze der modernen Physik und Astrophysik im Gegensatz zu unseren üblichen Vorstellungen stehen. Ist es denn etwa leicht, sich vorzustellen, daß beispielsweise die Masse eines Körpers von seiner Geschwindigkeit abhängt, so daß die Masse eines Protons oder Neutrons, das mit einer Geschwindigkeit nahe der Lichtgeschwindigkeit fliegt, im Prinzip die Masse unserer gesamten Galaxis übersteigen kann? Oder sich ein Mikroteilchen vorzustellen, bei dem man durch keinerlei Mittel gleichzeitig Impuls und Raumlage messen kann, ein Mikroteilchen, das gewissermaßen eine verschmierte Wolke ist? Es ist auch nicht einfach, sich die ungeheuren Dichten der Materie in einigen kosmischen Objekten anschaulich vorzustellen.

Und damit ist die Aufzählung der Kuriositäten aus der Welt der Physik und Astrophysik noch längst nicht vollständig. Aber das Erstaunlichste ist, daß diese Welt nicht irgendwo neben uns existiert, sie ist kein Haus über der Straße, in das wir eines Tages eintreten können oder auch nicht, diese Welt ist in uns und um uns, und wir leben in ihr. Wir leben, ohne mit ihren vielen erstaunlichen Eigenschaften in Berührung zu kommen, ohne diese zu bemerken, jedoch nur bis zu einer gewissen Zeit.

Wenn man ein Stück TNT in den Ofen wirft, so wird es ruhig verbrennen und Wärme abgeben. Das gleiche Stück TNT kann jedoch auch explodieren und den Ofen in Stücke reißen. In diesem Fall wirken Eigenschaften, die das TNT auch besaß, als es einfach verbrannte, die aber nur bei bestimmten Bedingungen zur Wirkung kommen.

Eben erst haben wir daran erinnert, daß die Masse eines beliebigen Körpers mit der Vergrößerung seiner Geschwindigkeit wächst. Folglich vergrößert sich die Masse unseres Körpers ebenfalls, wenn wir mit einem ganz normalen Auto fahren oder mit einem Flugzeug fliegen. Diese Vergrößerung ist jedoch so geringfügig, daß sie praktisch nicht nur keine Rolle spielt, sondern auch mit den gegenwärtigen Instrumenten nicht einmal meßbar ist. Trotzdem ist dieser Effekt völlig real. Wie auch andere Effekte, die durch die Relativitätstheorie entdeckt wurden, muß man ihn bei Berechnungen und bei der Konstruktion von Anlagen für die Atom- und Kernphysik berücksichtigen. Da die Wissenschaft niemals in der Erkenntnis der Welt stehenbleibt, werden wir unvermeidlich mit immer feineren und ungewöhnlicheren Erscheinungen in Berührung kommen. Wie W. I. Lenin unterstrich, hat der menschliche Geist viel Wundersames in der Natur entdeckt, er wird noch mehr entdecken ...
Der Anfang unseres Jahrhunderts war durch ein Feuerwerk hervorragender physikalischer Entdeckungen gekennzeichnet, die die Grundvorstellungen über die uns umgebende Welt ins Wanken brachten. Seitdem sind unsere Kenntnisse über den Aufbau der Materie unermeßlich gewachsen und vertieft worden. Es wurde eine ganze Reihe unbekannter Erscheinungen und Gesetzmäßigkeiten entdeckt, und viele komplizierte Probleme wurden gelöst. Doch gleichzeitig entstanden neue Fragen und Schwierigkeiten. Es ist nicht ausgeschlossen, daß sie zu einer erneuten, wesentlichen Überprüfung der grundlegendsten, fundamentalsten Begriffe der modernen Physik führen – der Begriffe Teilchen, Feld, Raum und Zeit usw.
Unsere gewohnten Vorstellungen vom Verhältnis makroskopischer und mikroskopischer Existenzformen der Materie können sich ändern. Ob wohl der Sprung zwischen Mikrowelt und Makrowelt tatsächlich so groß ist?
Die Experimentatoren entdeckten immer neue und schwerere Teilchen, sog. Resonanzen, mit Massen, die die Masse eines Nukleons bedeutend übersteigen. Ob es wohl eine Grenze für diese Massen gibt? Ist es etwa möglich, daß in ultrakleinen raum-zeitlichen Gebieten makroskopische Objekte entstehen können?
Natürlich könnte dies nur bei sehr hohen Wechselwirkungsenergien vor sich gehen. Diese Energien sind bisher in Beschleunigern noch nicht erreicht worden. Hier können auch nicht Beobachtungen im traditionellen „Laboratorium" der Physiker, dem der kosmischen Strahlen, helfen. Die Schwierigkeit besteht darin, daß kosmische Teilchen, die in unserem Gebiet des Weltalls unterwegs

sind, einen Teil ihrer Energie im Ergebnis der Wechselwirkung mit Photonen der Reliktstrahlung verlieren. Deshalb ist die Energie dieser Teilchen von selbst durch eine Schranke nach oben begrenzt, die sie nicht überschreiten können.

Auf jeden Fall führt die Erforschung der Mikroerscheinungen schon heute zu Problemen von kosmischem Ausmaß, und die Lösung kosmologischer Fragen stößt immer häufiger auf Grundprobleme der Elementarteilchenphysik.

Überhaupt ist die Astronomie – vielleicht in noch größerem Maße als die Elementarteilchenphysik – heute ein Gebiet der erstaunlichsten Entdeckungen, die eine umfassendere und tiefere Überprüfung unserer Vorstellungen über die Natur erforderlich machen oder erforderlich machen könnten.

Die moderne Astronomie und Physik sind es auch, die uns die unerwartetsten Überraschungen bereiten, die „merkwürdige" Erscheinungen entdecken und die uns in eine „immer seltsamere Welt" hineinführen.

Deshalb ist es manchmal von Nutzen, von einem ungewöhnlichen, ja scheinbar widersprüchlichen Standpunkt aus auf „normale" Erscheinungen zu blicken. In einer Reihe von Fällen hilft dies, größere Klarheit in dieses oder jenes Problem zu bringen, tiefer in das Wesen der ablaufenden Prozesse einzudringen.

Eine der Möglichkeiten, derartige paradoxe Situationen zu schaffen, besteht darin, „Was wäre, wenn ...?" zu fragen. Und so wollen wir eine kleine Folge von Gedankenexperimenten ablaufen lassen: Was wäre, wenn ...?

Beschleunigungsandruck und Schwerelosigkeit

Jede große Errungenschaft der Wissenschaft ändert letzten Endes irgendwie das Leben eines jeden von uns. So war es mit der Entdeckung der Elektrizität und der elektromagnetischen Wellen, mit der Konstruktion von Flugzeugen, die schwerer als Luft sind, und mit der Erzeugung von Halbleitern. Jetzt sind Raketen und Raumschiffe ins Leben der Menschen getreten.

Zweifellos werden die Menschen in einigen Jahrzehnten für den interkontinentalen Verkehr mit der gleichen Selbstverständlichkeit und Gelassenheit Raketen benutzen, wie sie jetzt an Bord eines Düsenjets gehen. Alltäglich wird auch der kosmische Verkehr zwischen Erde und Mond sein. Die Menschen werden in Weltraumstationen leben und arbeiten, es wird die Berufe Weltraumschweißer, Raummonteur und andere geben.

Dennoch ist der Mensch durch die wissenschaftlich-technischen Errungenschaften bei der Eroberung des Kosmos jetzt erstmalig grundsätzlich neuen Bedingungen ausgesetzt, unter denen sich die

gewohnten physikalischen Gesetzmäßigkeiten anders auswirken. Etwas Ähnliches kann nur noch bei der Eroberung der Meerestiefen vorkommen.
Selbstverständlich sind die Grundgesetze der Physik, insbesondere die der Mechanik, sowohl auf der Erde als auch unter Wasser und im Kosmos dieselben. In Abhängigkeit von den Bedingungen wirken sie jedoch unterschiedlich. Die Bedingungen auf der Erde und im Kosmos sind alles andere als gleich. Auf unserem Planeten sind sie durch zwei wichtige Umstände gekennzeichnet. Erstens fehlen merkliche Geschwindigkeitsänderungen, also Beschleunigungen der Punkte der Erdoberfläche. Zweitens zieht unser Planet alle Gegenstände an, wodurch sie einen Druck auf die Unterlage ausüben.
Das Fehlen merklicher Beschleunigungen hängt mit den Besonderheiten der Erdbewegung im Weltraum zusammen. Mit unserem Planeten nehmen wir an seinen zwei Hauptbewegungen teil, an der täglichen Rotation um seine Achse und dem jährlichen Umlauf um die Sonne. Obwohl wir gemeinsam mit der Erde mit einer Geschwindigkeit von 30 km/s um die Sonne und zusammen mit dem Sonnensystem mit der ungeheueren Geschwindigkeit von ungefähr 230 km/s um das Zentrum der Galaxis jagen, fühlen wir das nicht, da der menschliche Organismus gegenüber einer gleichförmigen Bewegung vollkommen unempfindlich ist.
Im übrigen ist es nach einem der Fundamentalsätze der Mechanik prinzipiell nicht möglich, durch innere Experimente und Messungen eine gleichförmige und geradlinige Bewegung festzustellen.
Wenn sich ein System, beispielsweise eine Rakete, unter der Wirkung eines Triebwerks beschleunigt bewegt oder infolge des Widerstandes eines Mediums verzögert wird, tritt ein Andruck auf, d. h., die Kraft auf die Unterlage vergrößert sich. Wenn die Bewegung dagegen mit ausgeschalteten Triebwerken im Vakuum erfolgt, verschwindet die Kraft auf die Unterlage, und Schwerelosigkeit tritt ein.
Unter irdischen Bedingungen hängt der Druck, den ein Körper auf seine Unterlage ausübt, mit der Wirkung der Schwerkraft zusammen. Manche meinen, daß die auf die Unterlage wirkende Kraft genau die Kraft ist, mit der der Körper von der Erde angezogen wird. Wenn dem so wäre, würde beispielsweise in einem Raumschiff, das sich zum Mond bewegt, keine Schwerelosigkeit herrschen, da ja in einem beliebigen Punkt der Bewegungsbahn die Erdanziehungskraft auf das Raumschiff wirkt. Im Kosmos kann man überhaupt schwerlich einen Punkt finden, an dem die resultierende Schwerkraft Null ist.
Wir merken an, daß die auf die Unterlage wirkende Kraft nicht

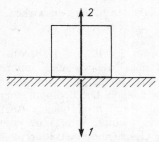

Abb. 18. Druckkraft auf die Unterlage (*1*) und Gegenkraft der Unterlage (*2*)

nur durch die Schwerkraft hervorgerufen werden kann, sondern auch durch andere Ursachen, z. B. durch eine Beschleunigung. Für einen unbeweglichen Körper, der auf der Erdoberfläche ruht, stimmt die Anziehungskraft tatsächlich mit jener Kraft überein, mit der er auf die Unterlage wirkt. Das ist aber nur ein Spezialfall. Auf der Erde lastet der Mensch mit einem gewissen Gewicht auf dem Boden. Die Unterlage wirkt gemäß dem dritten Grundgesetz der Mechanik mit der gleichen Kraft von unten nach oben auf den Menschen. Diese „Gegenwirkungskraft" wird auch als Reaktion bezeichnet. Die Kräfte der Wirkung und Gegenwirkung liegen immer an verschiedenen Körpern an. In dem betrachteten Fall wirkt die Druckkraft auf die Unterlage und die Gegenkraft auf den Körper selbst.

Die Anziehungskraft wirkt nicht auf die Unterlage, sondern auf den Körper. Demnach sind die auf die Unterlage wirkende Kraft und die Anziehungskraft völlig verschiedene Kräfte.

Wenn sich eine Rakete beschleunigt bewegt, wächst die Kraft der Unterlage auf den Körper um sovielmal, wie die Beschleunigung der Rakete die Beschleunigung des freien Falls von 9,81 m/s^2 übersteigt. Mit anderen Worten gesagt, die Gegenkraft der Unterlage wächst während der beschleunigten Bewegung. Dabei vergrößert sich jedoch, entsprechend dem dritten Gesetz der Mechanik, die Kraft auf die Unterlage um ebenso viele Male.

Das Verhältnis der tatsächlichen Druckkraft auf den Boden zur normalen unter Erdbedingungen erhielt die Bezeichnung Beschleunigungsandruck. Für einen Menschen, der sich auf der Erdoberfläche befindet, ist daher der Beschleunigungsandruck gleich Eins. Der Wirkung dieser ständigen Belastung hat sich der menschliche Organismus angepaßt, und wir bemerken sie einfach nicht mehr.

Das physikalische Wesen des Beschleunigungsandrucks besteht

darin, daß nicht alle Punkte eines Körpers gleichzeitig beschleunigt werden. Die auf den Körper wirkende Kraft, z. B. die Schubkraft der Raketentriebwerke, greift in diesem Fall an einem verhältnismäßig geringen Teil seiner Oberfläche an. Die übrigen materiellen Punkte des Körpers erhalten die Beschleunigung mit einer Verzögerung durch die Deformation. Anders ausgedrückt, es verhält sich so, als würde der Körper gestaucht, als würde er an den Boden gepreßt.
Zahlreiche experimentelle Untersuchungen, die noch von K. E. Ziolkowski begonnen wurden, haben gezeigt, daß die physiologische Einwirkung des Beschleunigungsandrucks nicht nur wesentlich von seiner Dauer abhängt, sondern auch von der Lage des Körpers. Bei vertikaler Lage des Menschen verlagert sich ein bedeutender Teil des Blutes in die untere Körperhälfte, was zur Unterbrechung der Blutversorgung des Gehirns führt. Als Folge ihrer Gewichtsvergrößerung verlagern sich die inneren Organe ebenfalls nach unten, was eine große Anspannung der Bänder hervorruft.
Um den für den Organismus gefährlichen Beschleunigungsandruck während der beschleunigten Bewegung zu vermeiden, muß solch eine Lage eingenommen werden, in der die Wirkung des Beschleunigungsandrucks vom Rücken zur Brust gerichtet ist. In einer derartigen Lage läßt sich ein etwa dreimal größerer Beschleunigungsandruck aushalten. Nebenbei sei gesagt, daß es aus ebendiesem Grunde besser ist, sich liegend zu erholen als stehend.
Die Erdbewohner kommen zwar manchmal mit der Wirkung des Beschleunigungsandrucks in Berührung, jedoch nicht allzuoft. Die Schwerelosigkeit ist ihnen dagegen praktisch unbekannt. Dieser Zustand tritt nach dem Ausschalten der Raketentriebwerke ein, wenn der Druck auf die Unterlage und die Gegenwirkung der Unterlage vollkommen verschwinden. Es verschwinden ebenfalls die dem Menschen gewohnten Richtungen oben und unten; unbefestigte Gegenstände schweben frei in der Luft.
Über die Schwerelosigkeit gibt es eine ganze Reihe falscher Vorstellungen. Einige glauben, daß dieser Zustand dann eintritt, wenn sich das Raumschiff im luftleeren Raum, „außerhalb der Erdanziehung", befindet. Andere nehmen an, daß die Schwerelosigkeit in einem Erdsatelliten durch die Wirkung der „Fliehkraft" auftritt. All dies ist jedoch vollkommen falsch.
Unter welchen Bedingungen tritt nun Schwerelosigkeit ein? Wann wird die Druckkraft auf die Unterlage Null? Diese Erscheinung hängt damit zusammen, daß sich die Rakete selbst und alle in ihr befindlichen Gegenstände während der freien Bewegung im kosmischen Raum unter der Wirkung der Schwerkraft mit

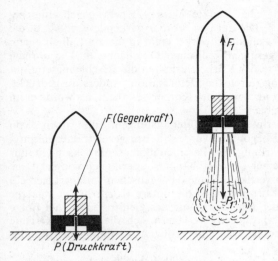

Abb. 19. Der Beschleunigungsandruck

derselben Beschleunigung bewegen. Der Boden scheint die ganze Zeit gewissermaßen unter dem Körper wegzustreben, so daß der Körper keinen Druck auf den Boden ausüben kann.

Aber sowohl die Bewegung auf den „aktiven" Abschnitten unter der Wirkung der Raketentriebwerke als auch die Bewegung unter der Wirkung der Schwerkraft sind beschleunigte Bewegungen. Beide vollziehen sich unter der Einwirkung von Kräften. Warum tritt nun in dem einen Fall ein Beschleunigungsandruck auf, in dem anderen dagegen Schwerelosigkeit?

Das ist nur scheinbar paradox. Bereits oben wurde bemerkt, daß beim Auftreten eines Beschleunigungsandrucks den verschiedenen Punkten des Körpers die Beschleunigungen durch eine Deformation mitgeteilt werden. Wenn sich die Rakete im Schwerefeld bewegt, verhält es sich anders. Im Bereich der Raketenausmaße ist das Schwerefeld praktisch homogen, und das bedeutet, daß auf alle Teile der Rakete gleichzeitig gleiche Kräfte wirken. Die Schwerkräfte gehören zu den sog. Massenkräften, d. h. zu den Kräften, die auf alle Punkte des betrachteten Systems gleichzeitig wirken. Aus diesem Grunde erhalten alle Punkte der Rakete dieselben Beschleunigungen, und jegliche Wechselwirkung zwischen ihnen hört auf. Die Gegenkraft der Unterlage und der Druck auf den Boden verschwinden. Es tritt der Zustand völliger Schwerelosigkeit ein.

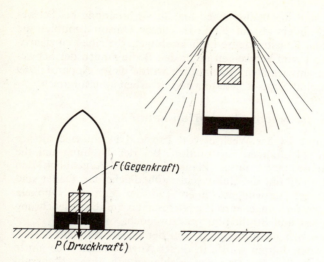

Abb. 20. Die Schwerelosigkeit

Unter den Bedingungen der Schwerelosigkeit werden auch einige physikalische Prozesse ungewöhnlich ablaufen. Schon Einstein stellte sich lange vor den Flügen in den Kosmos die interessante Frage: Kann in der Kabine eines Raumschiffes eine Kerze brennen?

Der große Gelehrte antwortete verneinend. Er meinte, daß wegen der Schwerelosigkeit die Flammengase den Bereich der Flamme nicht verlassen können. Dadurch kann der Sauerstoff den Docht nicht erreichen, und die Flamme verlischt.

Die pedantischen Experimentatoren der Neuzeit entschieden sich, die Behauptung Einsteins im Experiment zu überprüfen. In einem der Laboratorien wurde das folgende, recht einfache Experiment durchgeführt. Eine brennende Kerze, die sich in einem geschlossenen Glaskasten befand, wurde aus etwa 70 m Höhe fallengelassen. Der fallende Gegenstand befand sich im Zustand der Schwerelosigkeit (wenn man den Luftwiderstand unberücksichtigt läßt). Dennoch verlosch die Kerze nicht. Es änderte sich nur die Form der Flamme – sie wurde kugelförmiger, und das von ihr ausgestrahlte Licht war weniger hell.

Offensichtlich ist hier die Diffusion entscheidend, mit deren Hilfe der Sauerstoff aus der Umgebung dennoch die Flammenzone erreicht. Der Diffusionsprozeß hängt ja nicht von der Wirkung der Schwerkraft ab.

Dennoch sind die Bedingungen für die Verbrennung bei Schwerelosigkeit anders als auf der Erde. Diesen Umstand mußten die sowjetischen Konstrukteure berücksichtigen, die einen einzigartigen Apparat zum Schweißen unter den Bedingungen der Schwerelosigkeit entwickelten. Bekanntlich wurde dieser Apparat 1969 im Raumschiff Sojus-8 getestet, und er arbeitete erfolgreich.

Ob man die Nacht abschaffen kann?

Wie bekannt, ist der Wechsel von Tag und Nacht eine direkte Folge der 24stündigen Erdrotation. Bei der Drehung um die eigene Achse bietet unser Planet in jedem Augenblick den Sonnenstrahlen nur die Hälfte seiner Oberfläche dar. Daher sind die Menschen gezwungen, einen Teil der Zeit im Dunkeln zuzubringen und ungeheure Energiereserven auf die Beleuchtung von Räumen und Straßen zu verschwenden.
Kann man sich nicht endgültig von der Nacht befreien?
In den letzten Jahren wurde in dieser Angelegenheit eine ganze Reihe origineller Projekte vorgeschlagen. In ihrer Mehrzahl grenzen sie heute noch ans Phantastische. In Prinzip könnten sie aber vielleicht nach einer gewissen Zeit verwirklicht werden. Was sind das nun für Projekte?
Eines von ihnen besteht darin, daß man auf einem künstlichen Satelliten eine „Wasserstoffsonne" errichtet, d. h. einen kontrollierten thermonuklearen Reaktor, in dem eine gesteuerte Synthesereaktion abläuft, eine Vereinigung von Wasserstoffkernen ähnlich der Reaktion, die in dem Innern unserer Sonne vor sich geht. Da bei einer derartigen Reaktion die Temperatur einige Millionen Kelvin erreicht, so könnte der thermonukleare Reaktor tatsächlich als künstliche Quelle von Licht und Wärme dienen. Dabei könnte man die Bahn des Sputniks so wählen, daß die künstliche Sonne hauptsächlich über den Nachtgebieten schiene oder sich längere Zeit über den Polbereichen bewegte. Dann könnte man die lange und anstrengende Polarnacht beseitigen und gleichzeitig die Arktis und Antarktis „erwärmen".
Ein derartiges technisches Projekt ist natürlich noch nicht zu realisieren: Noch ist das Problem der gesteuerten thermonuklearen Reaktion nicht gelöst. Aber auch wenn es gelöst sein wird, dürfte sicher noch viel Zeit vergehen, bis Wissenschaftler und Ingenieure in der Lage sein werden, eine künstliche „Wasserstoffsonne" zu schaffen und auf einen Erdsatelliten zu bringen.
Es existiert ein weiteres scharfsinniges Projekt, dem die Verwendung künstlicher Erdsatelliten zugrunde liegt. Aber diese Erdbegleiter sollen nicht irgendwelche Raumsonden sein, die mit

einer einzigen Apparatur ausgerüstet sind, sondern nichts anderes als eine Vielzahl von Staubkörnchen, die mit Hilfe spezieller Raketen in den erdnahen Raum gebracht werden. Als Ergebnis einer solchen Aktion soll sich um unseren Planeten ein gewaltiger Staubring bilden, der ein wenig an den berühmten Saturnring erinnert.

Die Staubpartikeln würden jene Sonnenstrahlen „einfangen", die jetzt an der Erde vorbeilaufen und sich im kosmischen Raum verlieren, sie würden das Licht in alle Richtungen streuen. Einen Teil des Sonnenlichts und der Wärme würden die Staubteilchen in Richtung Erde streuen. Dadurch verschwände die Nacht, und das Klima auf unserem Planeten würde bedeutend wärmer. Schon jetzt kann man berechnen, wieviel Staubteilchen für die Schaffung des gewünschten Effekts nötig sind, welche Dimensionen, welche Lage und welche Dichte der Staubring haben soll. Aber das sind sozusagen „technische Details".

Wahrscheinlich gibt es auch andere Möglichkeiten der teilweisen oder vollständigen Abschaffung der Nacht. Mit der Zeit werden sicher auch solche Projekte entstehen, die sich mit relativ unkomplizierten Mitteln verwirklichen lassen.

Aber die Frage besteht ja darin, ob derartige Projekte im Prinzip möglich sind. Es geht schon nicht mehr um Schwierigkeiten technischen Charakters, sondern um Schwierigkeiten, die uns die Natur selbst bereitet. Die Abschaffung der Nacht ist eine grundlegende Veränderung des natürlichen Wärme- und Strahlungshaushalts unseres Planeten; sie würde z. B. eine bedeutende Erhöhung der von der Erde aufgenommenen Sonnenenergie bedeuten. Außerdem sind stabile, natürliche Gebilde wie unser Planet komplizierte, sich selbst regulierende Systeme, in denen auf natürliche Art und Weise ein stabiles dynamisches Gleichgewicht aufrechterhalten wird. Eine unwillkürliche Einmischung kann unerwünschte Erscheinungen katastrophalen Charakters hervorrufen: eine Anhebung des Wasserspiegels der Weltmeere, die Unterbrechung des Wasserumlaufs und der atmosphärischen Zirkulation, für die Menschheit ungünstige Klimaveränderungen.

Außerdem darf man nicht außer acht lassen, daß sich die weitaus überwiegende Mehrzahl der lebenden Organismen auf der Erde im Verlauf vieler Millionen Jahre dem Rhythmus des Tag- und Nachtwechsels angepaßt hat. Eine unerwartete plötzliche Aufhebung dieses Rhythmus kann auch eine Reihe völlig unerwünschter, ja sogar katastrophaler Erscheinungen im Pflanzen- und Tierreich hervorrufen.

Das bedeutet nicht, daß die Menschen niemals gegen die Nacht und die Winterkälte angehen werden. Diesem Angriff muß aber eine sorgfältige und umfassende wissenschaftliche Vorbereitung vorausgehen.

Menschen ohne Sterne

Der berühmte altrömische Philosoph Seneca sagte einmal, wenn es auf der Erde nur einen Ort gäbe, von dem aus man die Sterne beobachten könnte, so würden die Menschen zu diesem Ort in stetem Strom von allen Seiten streben.
Seneca wollte damit die ungewöhnliche Schönheit, die Größe und die Einzigartigkeit der Erscheinung des Sternenhimmels unterstreichen. Das nächtliche blinkende Perlenfeld vor der unendlichen Schwärze des Kosmos bietet tatsächlich einen beeindruckenden Anblick. Aber ist es nur der Anblick? Haben denn die systematischen Beobachtungen des Sternenhimmels irgendeine praktische Bedeutung für die Menschheit, oder könnten die Menschen ohne weiteres ohne sie auskommen?
Um auf diese Frage zu antworten, stellen wir uns für eine Minute vor, daß der ganze Himmel von einer völlig undurchlässigen Wolkenschicht verhangen ist, die die Möglichkeit der Sternenbeobachtung ganz ausschließt.
Auf den ersten Blick kann eine solche Annahme vielleicht als zu konstruiert aussehen. Schließlich sehen wir die Sterne ja. Dennoch hilft sie uns, die Bedeutung der Astronomie für die Entwicklung der Menschheit besser ermessen zu können.
Außerdem ist die Situation, von der hier die Rede ist, nicht einmal so phantastisch. Schließlich gibt es ja tatsächlich kosmische Körper, deren Himmel vollständig von Wolken bedeckt ist. Einer von ihnen ist unsere kosmische Nachbarin, die Venus. In zukünftigen Zeiten werden wahrscheinlich Menschen auf derartigen Himmelskörpern leben und arbeiten müssen. Es ist durchaus möglich, daß im Weltall viele vernunftbegabte Zivilisationen existieren, die auf wolkenverhangenen Planeten leben.
Also, die Erde ohne Sterne!
Der Mensch freut sich über die Sonne. Beim Anblick des strahlend blauen Himmels, beim Anblick auf dem Wasser tanzender Sonnenflecken oder im Sonnenlicht des Frühlings blinkender Blätter pflegt man unwillkürlich zu lächeln. Und nun ist nichts mehr davon zu sehen. Es gibt keinen blauen Himmel mehr, keine Sterne und keinen Mond. Ewige Dämmerung melancholischer, eintöniger Tage. Eintöniger Regen, dessen Ende nicht abzusehen ist.
Auf der Erde gibt es Gebiete, in denen sehr wenig Sonnentage verzeichnet werden. Und man sagt, daß die Bewohner dieser Orte

fast nie lächeln. Aber was wäre nun mit den Menschen, wenn sie die Sonne überhaupt nicht kennen würden?
Der Mensch ist ein Kind der Umwelt. Im Verlaufe vieler Tausende von Jahren bildete sich sein Organismus unter der Einwirkung eben jener Gegebenheiten, jener physikalischen Bedingungen, die auf der Erde vorhanden sind. Diese Bedingungen bestimmten den besonderen Körperbau des Menschen, die Empfindlichkeit seines Sehvermögens gegenüber bestimmten Lichtstrahlen, die Anlage des Hörvermögens usw. Und zweifellos hatten sie einen bestimmten Einfluß auf die Psyche der Menschen.
Hier geraten wir natürlich in den unsicheren Bereich der Vermutungen und Hypothesen. Wenn durch viele Jahrhunderte die Menschen von Generation zu Generation über sich einen eintönigen grauen Himmel sehen würden und ein trüber Tag dem anderen wie zwei Tropfen Wasser gleichen würde, wäre es sehr wohl denkbar, daß das geistige Potential der Menschheit, wenn wir es einmal so ausdrücken wollen, ein anderes wäre, daß sich die Menschen weniger lebenstüchtig erwiesen, weniger optimistisch. Aber, ich wiederhole, das ist nur eine mehr oder weniger wahrscheinliche Annahme.
Aber keinem Zweifel unterliegt es, daß während der ersten Zeit der Menschheitsentwicklung die Vorstellungen über die Umwelt noch nebelhafter und mystischer gewesen wären, als sie es in der Geschichte der irdischen Zivilisation tatsächlich waren.
Erinnern wir uns z. B. daran, auf welche Art und Weise die Menschen erkannten, daß sie auf einer Kugel leben. Den überzeugendsten Beweis erhielt man aus den Beobachtungen von Mondfinsternissen. Sehen wir doch bei dieser Himmelserscheinung wie auf einem riesigen Bildschirm die Kontur des Erdschattens auf dem Mond. Es wurde bemerkt, daß diese Kontur bei allen Finsternissen einen Kreis darstellt.
Aber nur eine Kugel kann in beliebiger Lage einen Kreisschatten werfen.
Gut, es gibt einen weiteren Beweis: das Verschwinden sich entfernender Gegenstände hinter der Erdkrümmung. Aber im Prinzip ist eine solche Erscheinung auf dem Festland nicht sehr überzeugend: Man kann sie immer durch die Unebenheiten der Erdoberfläche erklären. Somit verbleiben die Beobachtungen am Meer. Ein immer bewölkter Himmel würde die Menschen nicht hindern, auf das Verschwinden der Schiffe hinter dem Horizont aufmerksam zu werden. Um aber von dieser Tatsache auf die kugelförmige Gestalt der Erde zu schließen, müßte man die Ergebnisse ähnlicher Beobachtungen, die an verschiedenen

Punkten des Planeten gemacht wurden, miteinander vergleichen: Man müßte sich davon überzeugen, daß die Erde „überall konvex" ist.
Aber dafür ist eine Kommunikation zwischen den Erdteilen nötig, Seefahrten also. Doch diese wären ohne Sterne sehr erschwert. Wie soll man sich auf den Ozean begeben oder auf das offene Meer ohne die Möglichkeit einer Ortsbestimmung, ohne die Möglichkeit, die Richtigkeit des Kurses zu überprüfen? Haben sich doch die irdischen Seefahrer von jeher zu diesem Zweck an die Sterne gewandt.
Natürlich könnte man sich in bestimmtem Maße an der Morgen- und Abendröte orientieren. Wie wir wissen, ist sogar bei trübem Wetter der östliche Himmelssektor morgens früher hell, und der westliche Teil wird abends später dunkel als der restliche Himmel. Eine Reihe von Beobachtungen würde es gestatten, sich damit zurechtzufinden.
Die Menschen, die auf einer wolkenverhangenen Erde lebten, wüßten nicht, daß es Erscheinungen gibt, die mit Sonnenaufgang und Sonnenuntergang zusammenhängen. Wenn sie jedoch die Morgen- und Abendröte beobachteten, so würde der Mensch von Generation zu Generation schließlich bemerken, daß sie bestimmten Gesetzmäßigkeiten gehorchen. Man kann annehmen, daß früher oder später spezielle Tabellen angefertigt werden würden, die die Verschiebung der Röte-Sektoren mit der Änderung der Jahreszeiten berücksichtigen würden oder sogar die Abhängigkeit vom Beobachterort auf der Erdoberfläche. Aber leider ist die Orientierung aufgrund der Beobachtung von Röte-Streifen am bewölkten Himmel zu ungenau, da es durch die Streuung des Sonnenlichts durch die Wolken außerordentlich schwer ist, mit dem Auge Aufgangs- oder Untergangspunkt zu bestimmen (besonders bei sehr dichter und vielschichtiger Bewölkung).
Im übrigen ist gut bekannt, daß die „Nachfrage das Angebot bestimmt". Man kann sich denken, daß zur Messung der Himmelshelligkeit und zur Bestimmung des hellsten Teils der Morgenröte empfindliche Spezialgeräte entwickelt würden. Mit solchen Geräten würde sich die Genauigkeit der Orientierung bedeutend erhöhen. Es ist möglich, daß auch der magnetische Kompaß viel eher entwickelt worden wäre, als es tatsächlich geschah.
Die vernunftbegabten Wesen, die auf einem wolkenverhangenen Planeten leben, müßten auch ziemlich komplizierte Aufgaben zur Zeitbestimmung lösen. Zu Beginn der Menschheitsentwicklung, als die Uhr noch nicht erfunden war, bestimmten die Menschen die Zeit nach der Sonne und nachts nach den Sternen. Der

Anfertigung von Kalendern lagen astronomische Beobachtungen zugrunde.

Auf einer wolkenverhangenen Erde wären solche Beobachtungen nicht möglich. Aber dennoch einen Ausweg aus dieser Schwierigkeit zu finden, wäre wohl um vieles leichter, als, sagen wir, das Orientierungsproblem zu lösen. Mit Hilfe der Geräte, von denen bereits gesprochen wurde, könnten die Menschen die Tageszeit bestimmen, indem sie die Verschiebung des hellsten Gebietes am Firmament verfolgten. Auf dieselbe Art und Weise könnten sie einen Kalender zusammenstellen. In diesem Kalender würde als Wintersanfang sicherlich der kürzeste Tag gerechnet werden und als Sommersanfang der längste Tag.

Ebenfalls kann man annehmen, daß die Schwierigkeiten der Zeitbestimmung als positiver Stimulator wirkten, Geräte wie z. B. die Uhr früher zu erfinden, als es in der tatsächlichen Geschichte der Menschheit geschah.

Es gibt einen Begriff, der in sich die grundlegenden Resultate, die in den verschiedenen Wissenschaften erreicht wurden, in gewisser Weise vereint: „Weltanschauung". Weltanschauung ist weder Physik noch Chemie, noch Astronomie, noch Biologie, noch Mathematik. Es ist etwas viel Allgemeineres und viel Umfassenderes. Aber andererseits ist es schwer, sich vorzustellen, wie sich die Weltanschauung herausbilden würde ohne, sagen wir, astronomische Kenntnisse. Aber in ebendieser Lage befänden sich die Bewohner wolkenverhangener Planeten.

Die Entwicklungsgeschichte der Naturwissenschaft beweist es, daß die Betrachtung des Sternenhimmels, der Bewegung der Sonne, des Mondes und der Planeten allein natürlich auch noch nicht genügt, um richtige Vorstellungen über die Welt zu entwickeln. In früheren Zeiten wurde die scheinbare Bewegung der Himmelskörper als die tatsächliche angesehen, der Anschein für die Realität. So wurde die Idee von der „zentralen Erde" und den sie umkreisenden Himmelsscheiben geboren, das System des Aristoteles und Ptolemäus, das einen beherrschenden Platz in der Weltanschauung einnahm.

Doch so oder so wird die Zivilisation, die auf einem bewölkten Planeten lebt, auf einer bestimmten Entwicklungsstufe unvermeidlich mit dem Problem der Schaffung eines Weltbildes konfrontiert werden. Nachdem sie eine bestimmte Entwicklungsstufe erreicht hat, braucht die Zivilisation bereits nicht mehr nur vereinzelte Hinweise über die sie umgebende Welt, sondern ein ganzes „Wissenssystem". Doch das System kann nicht vollständig sein, wenn es nicht Vorstellungen über den Weltaufbau enthält, über den Platz der Erde im Weltall.

Natürlich wäre für die Bewohner einer bewölkten Welt die Existenz äußerer Dinge, die sich hinter dem Wolkenvorhang befinden, kein Geheimnis. Kommen doch eben dorther belebendes Licht und Wärme. Wahrscheinlich würden in der Frühzeit die Bewohner des umwölkten Planeten das „Licht" ebenso vergöttern, wie unsere Vorfahren ehemals die Sonne verehrten.

Der Aufbau eines wissenschaftlichen Weltbildes wäre jedoch stark erschwert. Schließlich geht die Vorstellung des Menschen, auch bei der Schaffung noch so abstrakter Hypothesen, vom Beobachteten, von der Realität aus. Zudem bietet eine umwölkte Erde viel weniger Stoff zum Nachdenken als das Bild des tatsächlichen Sternenhimmels.

Kopernikus kam zu dem Schluß, daß sich die Erde um die Sonne bewegt, als er die schlaufenförmigen Verschiebungen der Planeten gegenüber dem Hintergrund der Sterne analysierte. Giordano Bruno und M. W. Lomonossow entwickelten die Idee über die Vielzahl bewohnter Welten, indem sie eine Parallele zwischen den entfernten Gestirnen, den Sternen, und unserem Gestirn, der Sonne, zogen.

Nichts dergleichen könnten die Bewohner eines bewölkten Planeten tun. Wahrscheinlich würden sie trotzdem versuchen, alle möglichen Hypothesen für ein Weltbild zu konstruieren. Aber ihre Annahmen wären weiter von der Wahrheit entfernt als die verschwommenen Vermutungen und Vorstellungen unserer Vorfahren.

Zweifellos würde sich die Unmöglichkeit einer Beobachtung des Weltalls auf die Entwicklung der Wissenschaft überhaupt und auf die Erkenntnis der Grundgesetze der Natur negativ auswirken.

So hat z. B. Galilei sein berühmtes „Trägheitsprinzip" vor allem mit Hilfe seiner astronomischen Beobachtungen entdeckt. Und dies deshalb, weil die tägliche irdische Erfahrung keineswegs darauf hinweist, daß sich ein Körper, auf den keine Kräfte wirken, gleichförmig und geradlinig fortbewegen kann. Mehr noch, eine derartige Annahme widerspricht dem „gesunden irdischen Menschenverstand", nicht umsonst wurde sie von den Zeitgenossen Galileis heftig angegriffen. Dennoch ist das Trägheitsprinzip das Fundament der ganzen Mechanik.

Aus astronomischen Beobachtungen heraus wurde auch ein so fundamentales Naturgesetz geboren wie das Gesetz der allgemeinen Massenanziehung. Natürlich würden die „Äpfel" auch auf einem umwölkten Planeten fallen; man darf aber nicht vergessen, daß dem genialen Einfall Newtons eine sorgfältige Analyse der Bewegung des Mondes um die Erde vorausging. Auf jeden Fall wäre die Entdeckung der Allgemeingültigkeit der Massenanziehung bei einem mit einer geschlossenen Wolkenschicht bedeckten Himmel außerordentlich schwierig. Ist doch die Anziehungskraft zwischen den verschiedenen irdischen Körpern so klein, daß man sie nur in speziellen, sehr genauen Experimenten messen kann.

Astronomische Beobachtungstatsachen lagen auch einer so revolutionären Theorie wie der Relativitätstheorie zugrunde. Es ist allgemein bekannt, daß eine der Grundhypothesen der Theorie die Annahme einer endlichen Geschwindigkeit der Lichtausbreitung ist. Die rein irdische Erfahrung zeigt uns jedoch etwas ganz anderes; ein beliebiges Ereignis geht genau in dem Augenblick vonstatten, wenn wir es sehen. Es ist nicht schwer zu verstehen, warum das so ist: Die irdischen Entfernungen sind verschwindend klein im Vergleich zu der Strecke, die das Licht in einer Sekunde zurücklegt. Nur Beobachtungen von Erscheinungen, die in kosmischen Dimensionen vor sich gehen, konnten eine derartige Illusion zerstören.

Der Kosmos brachte uns auch eine Vielzahl anderer bedeutender Entdeckungen. Hier wurden früher als auf der Erde unbekannte Zustände der Materie entdeckt sowie neue Energiequellen (z. B. die Atomenergie).

Wenn wir aufmerksam die Entwicklung vieler Wissenschaften verfolgen, nicht nur die der Physik, sondern auch die der Chemie, der Mathematik und sogar die der Biologie, so werden wir entdecken, daß in vielen Fällen ihre Errungenschaften – wenn nicht direkt, so doch indirekt – mit der Erforschung des Weltalls in Verbindung standen.

Nicht umsonst hat Einstein gesagt, daß die intellektuellen Mittel, ohne die eine Entwicklung der modernen Technik unmöglich wäre, vor allem aus der Beobachtung des Weltalls kamen.

In diesem Sinne befänden sich die Wissenschaftler eines bewölkten Planeten in einer um vieles schlechteren Lage. Daß das für sie unsichtbare All ihnen nicht mit fruchtbaren Ideen dienen kann, ist wenig im Vergleich zu dem alltäglichen, ja allstündlichen Kampf mit dem „gesunden Verstand", den sie um vieles schärfer als unsere Vorfahren führen müssen, um zu verstehen, was hinter dem Wolkenvorhang vor sich geht.

Überhaupt würde eine Zivilisation, die auf einem wolkenverhangenen Planeten lebte, an einen Menschen erinnern, der von Geburt an blind ist. In der tatsächlichen Geschichte der Erforschung des Alls hat lange Zeit die Erforschung des Lichts der Himmelskörper eine Hauptrolle gespielt. Nicht umsonst wurde das Licht als Bote ferner Welten bezeichnet. Für Menschen einer wolkenverhangenen Erde würde es keinen solchen Boten geben.

Es ist aber bekannt, daß Menschen, die von Geburt an sowohl blind als auch taub sind, nicht nur die Fähigkeit, ihre Umwelt aufzunehmen, nicht verlieren, sondern sogar mit Erfolg einer schöpferischen Tätigkeit nachgehen können. Obwohl die Informationskanäle des Hörens und Sehens für sie völlig verschlossen sind, wird die Information durch andere Kanäle übertragen. Dasselbe würde sich auch für die Menschheit insgesamt abspielen. Wenn den Wissenschaftlern die Möglichkeit verschlossen bliebe, die im kosmischen Licht enthaltenen wichtigen Informationen zu erlangen, würden sie sich früher oder später mit der Erforschung anderer „Boten aus dem Kosmos" beschäftigen, vor allem mit der Radiostrahlung.

Es versteht sich von selbst, daß die Menschen den kosmischen Radiokanal nur benutzen können, wenn sie einen bestimmten Entwicklungsstand in Wissenschaft und Technik erreicht haben. Es wäre nicht nur nötig, die Radioerscheinungen überhaupt zu entdecken, sondern auch erforderlich, ungewöhnlich empfindliche Empfänger für die Radiostrahlung zu bauen.

Eine außergewöhnlich wichtige Etappe in der Entwicklung der „wolkenverhangenen Zivilisation" wäre das „Heraustreten" aus der Wolkenschicht. Es ist zu erwarten, daß zur Lösung dieser Aufgabe bedeutende Anstrengungen unternommen würden.

Von diesem Augenblick an würde sich die Entwicklung der Zivilisation auf dem bewölkten Planeten sehr wahrscheinlich wenig von der Entwicklung der irdischen Zivilisation in der Epoche der Luft- und Raumfahrt unterscheiden.

Damit ist klar, daß auch ohne die Möglichkeit der Beobachtung von Sternen die Menschheit früher oder später alle damit verbundenen Schwierigkeiten überwinden würde. Um so mehr wird die moderne Menschheit die astronomischen Erschwernisse überwinden, die bei der Erforschung bewölkter Planeten entstehen.

Wenn es keinen Mond gäbe

Stellen wir uns einmal für eine Minute vor, daß die Erde ihren natürlichen Begleiter nicht mehr hätte. Was würde sich ändern? Vor allem würde sich das natürlich auf die Schönheit unserer irdischen Landschaften auswirken: Es gäbe keine klaren Mondnächte mehr, keine Silberschnüre auf dem Wasser ... Aber das ist nur die äußere Seite. Es gäbe auch keine Gezeiten mehr, und damit würden sich die Bedingungen für die Schiffahrt ändern. Freilich, die sonnenbedingten Gezeiten blieben, aber sie sind wegen der riesigen Entfernung zur Sonne um vieles schwächer als die Mondgezeiten. Andererseits würde das Fehlen der Mondnächte viele astronomische Beobachtungen bedeutend erleichtern. Man kann annehmen, daß unter solchen Bedingungen die Wissenschaftler beispielsweise mehr Kometen und kleine Planeten des Sonnensystems entdecken würden.

Es ist sehr gut möglich, daß das Verschwinden des Mondes bestimmte Auswirkungen auf geophysikalische Prozesse hätte.

Es gibt jedoch noch eine Seite dieser Frage, die möglicherweise nicht so offensichtlich ist. Es sei daran erinnert, daß die Kugelform der Erde durch die Form des Erdschattens auf dem Mond bei Mondfinsternissen bewiesen wurde.

Bei Beobachtungen des Mondes mit Hilfe eines Teleskops entdeckte Galilei auf dessen Oberfläche Berge und schlug dadurch die erste wirkliche Bresche in die uralten Vorstellungen von der undurchdringlichen Grenze zwischen Irdischem und Himmlischem.

Im Ergebnis der Erforschung der Mondbewegung um die Erde formulierte Newton das Gesetz von der allgemeinen Massenanziehung endgültig. Die Beobachtung der Bewegung des Mondes um die Erde gab schließlich den ersten Anstoß für die Idee, künstliche Satelliten unseres Planeten zu schaffen. Es sollte ebenfalls darauf hingewiesen werden, daß mit dem Verschwinden des Mondes auch die Sonnenfinsternisse aufhören würden.

Dennoch beschränkt sich die Rolle des Mondes keineswegs nur auf seinen Einfluß auf die Entwicklung der Wissenschaft. In der letzten Zeit wurde der Mond als der uns nächste Himmelskörper zum besonderen Versuchsobjekt, mit dessen Hilfe viele komplizierte Operationen, die mit der Erforschung und Eroberung des Kosmos zusammenhängen, ausgearbeitet und geprüft werden. So war der Mond der erste „kosmische Radiospiegel", an dem die Methode der astronomischen Radioortung erprobt wurde. Diese Versuche mit der Reflexion von Radiowellen an der Mondoberfläche verhalfen dazu, Geräte zu entwickeln, mit denen es möglich ist, die Sonne und viele Planeten des Sonnensystems zu orten.

Eine sehr wichtige Rolle spielt der Mond für die Vervollkommnung kosmischer Flüge. Es geht nicht nur um die Möglichkeit, in Zukunft auf der Mondoberfläche kosmische Stationen zu schaffen, sondern auch darum, daß in der Umgebung des Mondes die Manövrierfähigkeit von Raumsonden getestet wird, die eine sehr wesentliche Bedeutung für Flüge zu anderen Planeten hat.

Damit ist der leuchtende Mond am nächtlichen Himmel keineswegs nur eine dekorative Verschönerung. Sein Fehlen könnte bis zu einem gewissen Grade die Entwicklung der Wissenschaft und die Eroberung des kosmischen Raums durch die Menschheit erschweren.

Das Fehlen des Mondes würde die Erscheinung der sog. Präzession bedeutend abschwächen. Wie bekannt ist, besitzt unsere Erde wegen der täglichen Umdrehung eine etwas abgeflachte Form – ihr Polradius ist etwa um 21 km kleiner als der Äquatorradius. Damit hat sich als Folge der Rotation die Erdmaterie verlagert: Ein Teil ist gewissermaßen von den Polen zum Äquator verschoben und bildet eine Art Äquatorialwulst. Die Wirkung der Mondanziehung auf diesen Wulst (ebenso die Anziehung der Sonne und der Planeten) führt dazu, daß die Rotationsachse unseres Planeten im Verlauf von ungefähr 26 000 Jahren einen Kegel im Raum beschreibt, d. h. präzessiert. Der Öffnungswinkel dieses Kegels beträgt ungefähr 47°.

Deshalb war der jetzige Polarstern nicht immer der Polarstern und bleibt es auch nicht immer. In 13 000 Jahren beispielsweise wird der helle Stern Wega aus dem Sternbild Lyra unseren Nachkommen den Weg nach Norden zeigen.

Obwohl die Masse des Mondes im Vergleich zu den Planetenmassen und der Sonnenmasse nicht sehr groß ist, darf man nicht vergessen, daß der Mond der Erde am nächsten gelegen ist. Die Anziehungskraft fällt sehr rasch mit der Entfernung ab – proportional ihrem Quadrat. Gäbe es den Mond nicht, würde die Präzession dennoch weiterbestehen; der Öffnungswinkel des Kegels, den die Erdachse beschriebe, wäre allerdings um vieles kleiner. Wegen gewisser Besonderheiten seiner Bewegung verursacht der Mond bestimmte periodische Änderungen in der Präzession, die die Bezeichnung Nutation erhielten. Die Periode der Nutation beträgt 19 Jahre. Mit dem Verschwinden des Mondes würde auch die Nutation ganz verschwinden.

Wenn das möglich wäre

Sagen wir es gleich: Es geht um die Möglichkeit einer Reise in die Vergangenheit, d. h. einer Bewegung auf der Zeitskala zurück, entgegen dem normalen Gang der Zeit, und um die darauffolgende Rückkehr in die Gegenwart. Zunächst lassen wir die physikalische Seite der Frage beiseite. Versuchen wir, uns vorzustellen, was wäre, wenn sich ein Ausflug in die Vergangenheit tatsächlich als möglich erweisen würde. Wozu würde das führen? Von dem zeitgenössischen amerikanischen Schriftsteller Ray Bradbury gibt es eine kleine, doch sehr aufschlußreiche phantastische Erzählung. Ein Reisebüro veranstaltet für seine Kunden, die begeisterte Jagdanhänger sind, eine ungewöhnliche Reise: Mit

Hilfe einer Zeitmaschine werden sie in die entfernte Vergangenheit geschickt. Es besteht die umwerfende Möglichkeit, einen lebenden Dinosaurier zu schießen! Jedoch sind die „Touristen in der Zeit" dazu verpflichtet worden, eine Bedingung unter allen Umständen einzuhalten. Ihnen wird erlaubt, nur eine ganz bestimmte Echse zu töten, die vorher durch die Mitarbeiter des Reisebüros genau bezeichnet wird. Die Reisenden dürfen sich in keinerlei Ereignisse der alten Welt einmischen oder irgend etwas in ihr verändern.
Einer der Touristen jedoch handelte dem Verbot zuwider. Als er von dem speziell hergerichteten Weg, auf dem sich die Reisenden bewegen sollten, abwich, trat er unvorsichtigerweise auf einen Schmetterling und zerquetschte ihn. Selbstverständlich maß niemand der Jäger diesem geringfügigen Ereignis eine Bedeutung bei. Als jedoch die Touristen in unsere Zeit zurückkehrten, sahen sie mit Erstaunen, daß sich vieles in der Umwelt verändert hatte.
Wie bekannt ist, stellen alle in der Natur ablaufenden Ereignisse und Erscheinungen stetige Ketten von Ursache und Wirkung dar. Indem wir uns in die Vergangenheit zurückversetzen ließen und uns dort in den Verlauf irgendwelcher Ereignisse einmischten, haben wir unvermeidbar gewisse Veränderungen in der gesamten folgenden Kausalkette von Ereignissen bewirkt. Darum haben die Mitarbeiter des Reisebüros in der Erzählung Bradburys den Jägern einen Dinosaurier für den Abschuß genau bezeichnet. Sie wählten jene Echse aus, die in wenigen Minuten auf jeden Fall verendet wäre. Dadurch wurden in der Kausalkette der Ereignisse keinerlei Veränderungen bewirkt.
Natürlich kann man darüber streiten, in welchem Maße der von einer der Personen aus der Erzählung Bradburys zertretene Schmetterling auf die Zukunft der Menschheit Einfluß nehmen konnte. Wenn jedoch mit Hilfe von Apparaten der Art einer Zeitmaschine Reisen in die Vergangenheit tatsächlich möglich wären, so könnten mögliche willkürliche Handlungen der „Touristen in andere Epochen" im Prinzip sehr ernste Störungen dieser oder jener Kausalreihen hervorrufen.
Nehmen wir z. B. an, in irgendeinem Jahrhundert erschlagen die Zeitreisenden im Streit mit den Ureinwohnern einen jungen Menschen. Dieser aber hätte bei „normalem" Gang der Ereignisse Kinder gehabt. Nach der Einmischung der Ankömmlinge aus der Zukunft werden diese Kinder aber schon nicht mehr auf die Welt kommen. Somit werden auch keine ihrer Nachkommen geboren. Aber dann werden aus der Gegenwart viele, ja sogar Hunderte von Menschen verschwinden, für die der Erschlagene ein direkter Vorfahre war. Sie sind einfach nicht mehr da, lösen sich sozusagen spurlos in der Zeit auf, da aus der Kette von Ursache und

Wirkung, die zu ihrem Erscheinen auf der Welt führte, ein Glied herausgenommen wurde. Ebenso könnten nicht nur Menschen, sondern auch Kunstgegenstände, Gebäude und sogar ganze Städte verschwinden.
Ja, kein sehr frohes Leben würde für die Menschheit anbrechen, falls Zeitmaschinen auftauchen und unverantwortliche Abenteurer mit ihrer Hilfe auf einen Sprung in verschiedene Epochen gelassen würden. Wir würden in einem Zustand der ständigen Angst leben, daß irgend jemand oder irgend etwas verschwinden könnte. Andererseits würden die Zeitreisenden nicht nur einzelne kausale Zusammenhänge zerstören, sondern auch neue schaffen, und damit könnten in unserer Gegenwart plötzlich völlig unerwartete „Objekte" entstehen.
Von dem amerikanischen Wissenschaftler und Autor phantastischer Erzählungen Isaac Asimov gibt es den interessanten Roman „Das Ende der Ewigkeit", der ebenfalls der Erörterung möglicher Folgen einer Reise in die Vergangenheit gewidmet ist. In ihm wird die Tätigkeit einer eigenartigen „zwischenzeitlichen" Organisation beschrieben, die sich unter Beherrschung der Methoden der Zeitreisen mit der „Korrektur" und „Verbesserung" der Gegenwart beschäftigt. Sobald diese Spezialisten negative Ereignisse, die in der realen Menschheitsgeschichte auftreten, bemerken, untersuchen sie sorgfältig die ersten Ursachen und korrigieren sie derart, daß unerwünschte Folgen dieser Ursachen nicht eintreten. Entsprechend ändert sich auch das Gedächtnis der Menschheit, aus dem jede Erinnerung an die ehemaligen Varianten der Ereignisse völlig verschwindet.
Und obwohl alle diese Eingriffe anscheinend darauf gerichtet sind, das Leben der Menschen zu verbessern, enden sie – wie übrigens zu erwarten war – mit einem völligen Zusammenbruch. Man kann die Menschheit nicht dazu zwingen, nach einem ausgearbeiteten „Szenarium" zu leben, um so weniger mit einer elementaren Einmischung in kausale Zusammenhänge. Geschichte bleibt Geschichte, und obwohl diese oder jene zufälligen Umstände eine bestimmte Rolle in ihr spielen, wird ihr Fortgang dennoch durch objektive Gesetzmäßigkeiten bestimmt, die sich einen Weg durch beliebige Zufälligkeiten bahnen. Um auf die Ereignisse in umfassendem Maße einzuwirken, müßte man nicht nur die gesamte Geschichte der Menschheit von Anfang bis Ende umstellen, sondern auch die gesellschaftlichen Entwicklungsgesetze ändern. Hier kommen wir jedoch schon zur philosophischen Seite der Frage. Kehren wir zur Physik zurück. Wie verhält sich diese Wissenschaft zur Möglichkeit einer Reise in die Vergangenheit? Sie verbietet sie ganz einfach, ebenso wie sie die Schaffung eines

Perpetuum mobile verbietet. Beliebige Ereignisse, die in einem physikalischen System ablaufen, behauptet die moderne theoretische Physik, können nur Einfluß auf die Evolution dieses Systems in der Zukunft haben, aber nicht das Verhalten des Systems in der Vergangenheit beeinflussen.

Dies ist die physikalische Variante des allgemeinen Kausalitätsprinzips, das besagt, daß jede Erscheinung eine natürliche Ursache hat.

Andererseits kann man sich vorstellen – obwohl auch das nicht einfach ist –, daß irgendwo im All ein Gebiet existiert, in dem die Zeit relativ zu unserer in umgekehrter Richtung verläuft. Diesen Umstand könnte man für eine Reise in die Vergangenheit nutzen, zumindest in die nicht allzu ferne (wenn die „Geschwindigkeit des Zeitablaufs" in solchen Gebieten größer ist, auch in die entferntere Vergangenheit). Aber dafür müßte man zweimal einen Übergang vollziehen, aus unserem Gebiet in jenes und umgekehrt.

Obwohl diese Frage noch nicht völlig geklärt ist, kann man schon jetzt sagen, daß aller Wahrscheinlichkeit nach die Gesetze der Physik auch über solche Übergänge ein ebenso starkes Verbot verhängen wie über eine direkte Reise in die Vergangenheit.

Schneller als das Licht?

Es ist die Meinung verbreitet, daß die Relativitätstheorie keine Überlichtgeschwindigkeiten zulasse. Ist das denn tatsächlich so? Können denn vom Standpunkt der modernen Theorie aus überhaupt Geschwindigkeiten in der Natur existieren, die die des Lichts übersteigen? Hier ist die Antwort Selmanows auf diese interessante Frage:

Tatsächlich gibt es vom Standpunkt der Relativitätstheorie aus eine bestimmte Fundamentalgeschwindigkeit c, die die größtmögliche Ausbreitungsgeschwindigkeit beliebiger Kräftewechselwirkungen darstellt. Worin besteht nun ihr physikalischer Sinn?

Der Sinn besteht darin, daß die Beträge der Geschwindigkeiten, mit denen sich das gleiche Objekt relativ zu verschiedenen Bezugssystemen bewegt, allgemein gesprochen, nicht gleich sind. In bezug auf ein System kann das Objekt ruhen, relativ zu einem anderen kann es sich mit geringer Geschwindigkeit fortbewegen und relativ zu einem dritten mit sehr großer. In der Newtonschen Mechanik gibt es eine Geschwindigkeit, deren Betrag in a l l e n Bezugssystemen gleich ist. Allerdings ist sie unendlich groß. Diese Geschwindigkeit ist lediglich als Grenzwert aufzufassen. Ein beliebiges reales Objekt kann sich nur mit endlicher Geschwindigkeit fortbewegen. Dennoch kann in der Newtonschen Mechanik die Geschwindigkeit von bewegten Körpern im Prinzip beliebig groß sein. In der Relativitätstheorie kann ebenfalls der Fall eintreten, daß die Größe der Geschwindigkeit nicht von der Wahl des Bezugssystems abhängt. Das ist dann der Fall, wenn sich der Körper mit der Fundamentalgeschwindigkeit c fortbewegt.

Damit ist die Fundamentalgeschwindigkeit der Relativitätstheorie ein Analogon zur unendlich großen Geschwindigkeit der Newtonschen Mechanik. Nach der Relativitätstheorie können Massen- und Energietransporte, Übertragungen von Wechselwirkungen nur mit Geschwindigkeiten erfolgen, die die Fundamentalgeschwindigkeit nicht überschreiten.

Es existieren sowohl Objekte mit einer von Null verschiedenen Ruhmasse, die sich nur mit Geschwindigkeiten unter der Fundamentalgeschwindigkeit bewegen, als auch Objekte mit verschwindender Ruhmasse (Photonen und Neutrinos), die sich nur mit der Fundamentalgeschwindigkeit fortbewegen. Und dennoch, auch wenn es seltsam und paradox erscheinen mag, kann es Geschwindigkeiten geben, die die fundamentale überschreiten. Als Beispiel kann die Verschiebungsgeschwindigkeit eines Spiegelungflecks entlang einer Wand dienen. Man kann erreichen, daß er sich mit beliebig großer Geschwindigkeit bewegt. Dabei handelt es sich jedoch nur um die Fortbewegungsgeschwindigkeit eines beleuchteten Ortes auf der Wandoberfläche; es ist keinerlei Materiebewegung oder Übertragung von Wechselwirkung mit dieser Geschwindigkeit verbunden.

Versuchen wir einmal konkret festzustellen, was die Bewegungsgeschwindigkeit eines Objekts überhaupt ist: Es handelt sich dabei immer um die Geschwindigkeit der Bewegung relativ zu einem bestimmten Bezugssystem. Genauer, es ist die Geschwindigkeit relativ zu dem Punkt des Bezugssystems, den das Objekt zu einem gegebenen Zeitpunkt passiert. Von der Geschwindigkeit des Objekts relativ zu einem anderen Punkt, der sich in einer gewissen Entfernung befindet, oder relativ zu einem anderen Objekt, das zu einem anderen Zeitpunkt existiert, zu reden, ist strenggenommen sinnlos.

Was bedeutet in diesem Fall die Geschwindigkeit einer Galaxie relativ zum Erdbeobachter? Offensichtlich ist ein solcher Begriff um so mehr ohne jeden Sinn, da wir sowohl im Raum als auch in der Zeit von der Galaxie getrennt sind.

Von welcher Geschwindigkeit kann man in diesem Fall dennoch sprechen? Lediglich von der Bewegungsgeschwindigkeit der Galaxie relativ zu einem bestimmten Bezugssystem, das sowohl das Gebiet und die Zeit umfaßt, in der wir existieren, als auch das Gebiet und die Zeit, in der sich die Galaxie im Augenblick der

Ausstrahlung des Lichtstrahls befand. Ein derartiges Bezugssystem kann man jedoch auf verschiedene Art und Weise konstruieren. Unter den möglichen Varianten wählen wir ein solches System, relativ zu dem unsere eigene Geschwindigkeit gleich Null ist. Dann werden die Geschwindigkeiten der übrigen Galaxien offensichtlich davon abhängen, ob sich unser Bezugssystem mit der Zeit deformiert, und, wenn dies der Fall ist, von der Art der Deformation. Es wäre natürlicher, ein „starres", nicht deformierbares Bezugssystem auszuwählen. Das ist jedoch nicht möglich, da sich als Ergebnis der fortschreitenden Entfernung der Galaxien voneinander die Dichte der Massenverteilung ändert und damit auch die Geometrie des Raums.

Versuchen wir einmal, ein Bezugssystem auszuwählen, das sich wenigstens in radialer Richtung (gerechnet von dem Punkt aus, in dem wir uns selbst befinden) nicht verändert. Im homogenen, isotropen Kosmos ist das möglich. Relativ zu einem solchen Bezugssystem sind die Bewegungsgeschwindigkeiten der Galaxien von Null verschieden und dem Betrag nach immer kleiner als die fundamentale Geschwindigkeit. Gleichzeitig sind das die Geschwindigkeiten, mit denen sich die Abstände zwischen den sich entfernenden Galaxien und dem Punkt, in dem wir uns befinden, ändern.

In der Theorie ist es günstiger, ein sich deformierendes Bezugssystem zu benutzen, das sich mit dem expandierenden Galaxiensystem mitbewegt, in dem die Geschwindigkeiten aller Galaxien gleich Null sind (wenn man die vergleichsweise kleinen Geschwindigkeiten der ungeordneten Bewegung vernachlässigt). Im mitbewegten Bezugssystem ändern sich die Entfernungen zwischen den Galaxien nicht infolge ihrer Bewegung relativ zu diesem System, sondern infolge der Deformation (nämlich Expansion) des Bezugssystems selbst. Diese Änderungsgeschwindigkeiten der Entfernungen zwischen den Galaxien können, ähnlich der Geschwindigkeit eines Sonnenflecks entlang der Wand, größer als die fundamentale sein. Aber sie sind keineswegs die Geschwindigkeiten irgendwelcher materiellen Objekte. Dennoch scheint dabei eine völlig paradoxe Situation entstanden zu sein. Es ergab sich, daß im ersten Bezugssystem die Änderungsgeschwindigkeiten der Entfernungen zwischen den Galaxien immer kleiner als die fundamentale Geschwindigkeit sind, während im zweiten System diese Geschwindigkeiten auch größer sein können. Aber dieser Widerspruch besteht nur scheinbar. Tatsächlich ist es so, daß auch die Entfernung zwischen zwei beliebigen Objekten und die Geschwindigkeit ihrer Änderung Größen sind, die vom Bezugssystem abhängen.

Was wäre, wenn es vier wären?

Es ist allen bekannt, daß die Welt, in der wir leben, dreidimensional ist. Der uns umgebende Raum hat drei Abmessungen: Breite, Länge und Höhe. Was wäre nun, wenn unsere Welt mehr als die drei Dimensionen besäße? Wie würde sich die „zusätzliche" Dimension auf die verschiedenen physikalischen Prozesse auswirken?

In den heutigen wissenschaftlich-phantastischen Erzählungen wird man recht oft mit dem fast augenblicklichen Überwinden riesiger kosmischer Entfernungen mit Hilfe des sog. Null-Transportes oder des Übergangs durch den „Hyperraum", „Unterraum" oder „Überraum" konfrontiert. Was ist damit gemeint? Schließlich ist es bekannt, daß die Höchstgeschwindigkeit, mit der sich beliebige reale Körper bewegen können, die Lichtgeschwindigkeit im Vakuum ist. Von welchen „Sprüngen" über Millionen und Hundertmillionen Lichtjahre hinweg kann hier die Rede sein? Es versteht sich, daß diese Idee der Phantasie entsprungen ist. Dennoch liegen ihr recht interessante physikalisch-mathematische Vorstellungen zugrunde. Beginnen wir damit, daß wir uns ein eindimensionales Wesen vorstellen – einen Punkt –, das in einem eindimensionalen Raum lebt, d. h. auf einer geraden Linie. In dieser „engen" Welt gibt es nur ein Maß, die Länge, und nur zwei mögliche Richtungen, vor und zurück.

Die zweidimensionalen Wesen, „die Flächler", haben weit mehr Möglichkeiten. Sie können sich bereits in zwei Dimensionen bewegen. In ihrer Welt gibt es außer der Länge noch die Breite. Dennoch können sie ebensowenig in die dritte Dimension übergehen, wie auch die Punktwesen nicht über die Grenze ihrer geraden Linie hinaus können. Die ein- und zweidimensionalen Wesen können im Prinzip zu dem theoretischen Schluß gelangen, daß möglicherweise eine größere Anzahl von Dimensionen existiert, der Weg in die folgende Dimension ist ihnen jedoch verwehrt.

Zu beiden Seiten der Fläche befindet sich der dreidimensionale Raum, in dem wir, die dreidimensionalen Wesen, leben, die den in ihrer Welt lebenden zweidimensionalen Wesen unbekannt sind: Schließlich können sie nur innerhalb der Grenzen ihres Raums sehen. Der zweidimensionale Bewohner könnte daher nur dann etwas über die dreidimensionale Welt erfahren, wenn z. B. ein Mensch die Fläche mit dem Finger durchstoßen würde. Und selbst dann könnte das zweidimensionale Wesen auch nur das Gebiet beobachten, in dem sich Finger und Fläche berühren. Das würde wohl kaum ausreichen, um irgendwelche Schlüsse über das

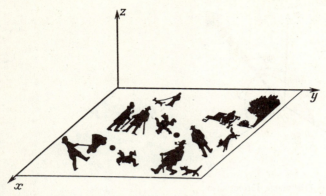

Abb. 21. Die hypothetischen zweidimensionalen Wesen

vom Gesichtspunkt des zweidimensionalen Bewohners aus „Jenseitige" zu ziehen, also über den dreidimensionalen Raum und seine „geheimnisvollen" Bewohner. Aber eine analoge Betrachtung kann man für unseren dreidimensionalen Raum durchführen, wenn er in einen ausgedehnteren vierdimensionalen Raum eingebettet wäre, ähnlich wie die zweidimensionale Fläche in ihm eingebettet ist.

Doch klären wir zuerst einmal, was ein vierdimensionaler Raum ist. Im dreidimensionalen Raum existieren drei zueinander orthogonale „Grunddimensionen", „Länge", „Breite" und „Höhe", nämlich die drei zueinander orthogonalen Richtungen der Koordinatenachsen. Wenn man zu diesen drei Richtungen eine vierte hinzufügen könnte, wieder orthogonal zu jeder anderen, so würde der Raum vier Dimensionen aufweisen, wäre also vierdimensional.

Vom Standpunkt der mathematischen Logik aus ist die Betrachtung eines vierdimensionalen Raums völlig widerspruchsfrei. Aber für sich allein beweist diese Betrachtung nichts, da logische Widerspruchsfreiheit noch kein Beweis der Existenz im physikalischen Sinne ist. Nur die Erfahrung ist in der Lage, einen solchen zu geben. Aber die Erfahrung sagt, daß man in unserem Raum durch einen Punkt nur drei zueinander orthogonale Geraden ziehen kann.

Bedienen wir uns noch einmal der Hilfe der „Flächler". Für diese Wesen ist die dritte Dimension (in die sie nicht gelangen können) das gleiche wie für uns die vierte. Doch gibt es auch einen wesentlichen Unterschied zwischen den hypothetischen Bewohnern der Fläche und uns, den Bewohnern des dreidimensionalen

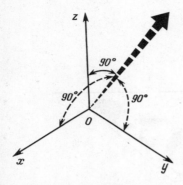

Abb. 22. Die vierte Dimension

Raums. Während die Fläche ein zweidimensionaler Teil der real existierenden dreidimensionalen Welt ist, zeigen alle uns zur Verfügung stehenden wissenschaftlichen Tatsachen, daß die Welt, in der wir leben, geometrisch dreidimensional und kein Teil einer vierdimensionalen Welt ist. Wenn eine solche vierdimensionale Welt tatsächlich existieren würde, so könnten in unserer dreidimensionalen Welt einige sehr seltsame Erscheinungen auftreten.

Kehren wir erneut zu unserer flachen Welt zurück. Obwohl ihre Bewohner nicht die Grenzen der Fläche verlassen können, sind hier einige Erscheinungen prinzipiell möglich, die mit einem Übergang in die dritte Dimension verbunden sind. Dieser Umstand macht in vielen Fällen Vorgänge möglich, die in der zweidimensionalen Welt allein nicht ablaufen könnten.

Stellen wir uns z. B. ein auf eine Fläche gezeichnetes Uhrenzifferblatt vor. Durch welche Manipulationen wir es auch immer drehen oder verschieben würden – vorausgesetzt, daß es in der Fläche verbleibt –, es würde uns nie gelingen, die Richtung der Ziffernfolge so zu ändern, daß die Ziffern entgegen dem Uhrzeigersinn aufeinanderfolgten. Das kann man nur erreichen, wenn man das Zifferblatt aus der Fläche herausnimmt und in den dreidimensionalen Raum bringt, es umdreht und danach wieder in die Fläche zurücklegt. Im dreidimensionalen Raum entspräche das der folgenden Operation: Kann man einen Handschuh, der für die rechte Hand bestimmt ist, allein durch Verschiebung im Raum (d. h., ohne ihn auf die linke Seite umzukrempeln) in einen Handschuh für die linke Hand verwandeln? Jeder kann sich leicht davon überzeugen, daß eine derartige Operation nicht durchführbar ist. Doch könnte man das ebenso leicht bewerkstelligen

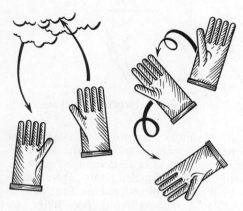

Abb. 23. Der Versuch mit dem Handschuh

wie im Falle des Zifferblattes, wenn eine vierte Dimension existiert.
Wir kennen keinen Ausweg in einen vierdimensionalen Raum. Dies ist jedoch noch nicht alles. Offensichtlich kennt ihn auch die Natur nicht. Auf jeden Fall kennen wir keinerlei Erscheinungen, die man mit der Existenz einer vierdimensionalen Welt, die unsere dreidimensionale enthält, erklären könnte.
Wie schade!
Wenn der vierdimensionale Raum und ein Übergang zu ihm wirklich existierte, so würden sich erstaunliche Möglichkeiten eröffnen. Stellen wir uns einmal einen „Flächler" vor, für den es notwendig ist, die Entfernung zwischen zwei Punkten der flachen Welt zu überwinden, die etwa 50 km voneinander entfernt sind. Wenn sich ein „Flächler" mit einer Geschwindigkeit von einem Meter pro Tag vorwärtsbewegt, so dauert eine derartige Reise mehr als hundert Jahre. Man stelle sich jedoch vor, daß die zweidimensionale Oberfläche im dreidimensionalen Raum derart gekrümmt ist, daß Anfangs- und Endpunkte der Reisestrecke im ganzen nur einen Meter voneinander entfernt liegen. Jetzt sind sie voneinander durch eine so kleine Entfernung getrennt, daß der „Flächler" sie während eines Tages bewältigen könnte. Dieser Meter liegt jedoch in der dritten Dimension! Eben dies wäre dann der „Null-Transport" oder „Hyperübergang". Eine entsprechende Situation könnte auch in der gekrümmten dreidimensionalen Welt entstehen.
Wie die Allgemeine Relativitätstheorie gezeigt hat, ist unsere Welt tatsächlich gekrümmt. Das wissen wir bereits. Aber wenn nun

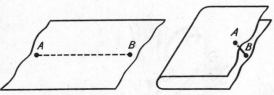

Abb. 24. Der geometrische Sinn des phantastischen „Null-Transports"

noch ein vierdimensionaler Raum existieren würde, in den unsere dreidimensionale Welt eingebettet ist, so würde es für die Überwindung einiger gigantischer kosmischer Entfernungen genügen, durch den sie trennenden vierdimensionalen Spalt „überzuwechseln". Das ist es, was die Verfasser phantastischer Erzählungen meinen. Von dieser Art sind die verführerischen Reize der vierdimensionalen Welt. Allerdings hat sie auch „Nachteile".
Es erweist sich, daß sich mit Zunahme der Dimensionszahl die Stabilität der Bewegung verringert. Eine Vielzahl von Untersuchungen zeigte, daß im zweidimensionalen Raum keinerlei Behinderung das Gleichgewicht stören und einen Körper, der sich auf einer geschlossenen Bahn um einen anderen bewegt, ins Unendliche entfernen kann. Im dreidimensionalen Raum sind die Einschränkungen schon bedeutend schwächer, trotzdem läuft die Bahn eines sich bewegenden Körpers nicht ins Unendliche, solange die störende Kraft nicht zu groß wird.
Aber bereits im vierdimensionalen Raum werden alle Kreisbahnen instabil. In einem solchen Raum könnten die Planeten nicht um die Sonne kreisen. Entweder würden sie in die Sonne fallen oder ins Unendliche fliegen.
Wenn man die Gleichungen der Quantenmechanik benutzt, kann man außerdem zeigen, daß in einem Raum, der mehr als drei Dimensionen besitzt, das Wasserstoffatom als stabile Konfiguration nicht existieren könnte. Das Elektron würde unweigerlich in den Kern fallen.
Das Hinzufügen einer vierten Dimension würde einige rein geometrische Eigenschaften des Raums ändern. Eines der wichtigsten Teilgebiete der Geometrie, das nicht nur von theoretischem Interesse ist, sondern auch große praktische Bedeutung hat, ist die sog. Theorie der Abbildungen. Es geht dabei darum, wie sich verschiedene geometrische Figuren beim Übergang von einem Koordinatensystem zu einem anderen verändern. Eine Art geometrischer Transformationen, bei denen die Winkel erhalten bleiben, trägt die Bezeichnung konforme Abbildungen. Konkret verhält sich die Sache folgendermaßen: Man stelle sich eine

einfache geometrische Figur vor, sagen wir, ein Quadrat oder ein Vieleck. Wir tragen nun ein willkürliches Liniennetz auf, eine Art „Skelett". Dann bezeichnen wir solche Transformationen des Koordinatensystems als konform, bei denen unser Quadrat oder Vieleck in eine beliebige andere Figur übergeht, jedoch mit der Einschränkung, daß die Winkel zwischen den Linien des „Skeletts" dabei erhalten bleiben. Als anschauliches Beispiel für eine konforme Abbildung kann die Übertragung der Globusoberfläche auf eine Ebene dienen; auf diese Art und Weise werden geographische Karten hergestellt.

Schon im vorigen Jahrhundert zeigte B. Riemann, daß eine beliebige, ebene, dichte (d. h. eine „löcherfreie" oder, wie die Mathematiker sagen, „einfach zusammenhängende") Figur konform auf einen Kreis abgebildet werden kann. Bald darauf bewies der Zeitgenosse Riemanns, J. Liouville, noch ein wichtiges Theorem, das aussagt, daß nicht jeder dreidimensionale Körper konform in eine Kugel „abgebildet" werden kann. Damit sind im dreidimensionalen Raum die Möglichkeiten konformer Abbildungen bei weitem nicht so umfangreich wie in der Ebene. Das Hinzufügen nur einer Koordinatenachse erlegt den geometrischen Eigenschaften des Raums sehr starke zusätzliche Einschränkungen auf. Ist nicht vielleicht gerade deswegen der reale Raum dreidimensional und nicht zweidimensional oder, sagen wir, fünfdimensional? Kann es nicht sein, daß das Wesen gerade darin besteht, daß der zweidimensionale Raum zu frei ist, die Geometrie der fünfdimensionalen Welt im Gegenteil zu fest bestimmt ist? Aber warum tatsächlich? Warum ist der Raum, in dem wir leben, dreidimensional und nicht vier- oder fünfdimensional?

Viele Wissenschaftler versuchten, auf diese Frage eine Antwort zu geben, indem sie von allgemeinen philosophischen Vorstellungen ausgingen. Die Welt soll Vollkommenheit besitzen, meinte Aristoteles, und nur drei Dimensionen sind in der Lage, diese Vollkommenheit zu gewährleisten. Allein, konkrete physikalische Probleme können mit solchen Methoden nicht gelöst werden.

Der nächste Schritt wurde von Galilei getan, der die Tatsache bemerkte, daß in unserer Welt maximal drei zueinander orthogonale Richtungen existieren können. Doch hat sich Galilei mit einer Klärung der Ursachen dieses Tatbestandes nicht beschäftigt. Dies zu tun bemühte sich Leibniz mit Hilfe rein geometrischer Beweise. Doch auch ein solcher Weg war wenig effektiv, da diese Beweise spekulativer Art waren und keine Beziehung zur Umwelt hatten. Zudem ist diese oder eine andere Anzahl von Dimensionen eine physikalische Eigenschaft des realen Raums. Sie muß ganz bestimmte physikalische Ursachen haben, muß Folge von

tieferen physikalischen Gesetzmäßigkeiten sein. Es ist kaum anzunehmen, daß man die Ursachen aus diesen oder jenen Annahmen der modernen Physik ableiten kann. Schließlich ist die Eigenschaft der Dreidimensionalität des Raums in den Grundlagen aller bestehenden physikalischen Theorien verankert.
Offensichtlich wird die Lösung dieser Aufgabe nur im Rahmen einer allgemeineren physikalischen Theorie der Zukunft möglich sein.
Und schließlich eine letzte Frage. In der Relativitätstheorie geht es um den vierdimensionalen Raum des Kosmos. Dies ist jedoch nicht jener vierdimensionale Raum, von dem weiter oben die Rede war. Beginnen wir damit, daß der vierdimensionale Raum der Relativitätstheorie kein Raum im üblichen Sinne ist. Die vierte Dimension ist hier die Zeit. Wie wir bereits bemerkten, hat die Relativitätstheorie eine enge Verbindung zwischen Raum und Materie hergestellt. Aber nicht nur das. Es erwies sich, daß Materie und Zeit ebenfalls unmittelbar miteinander gekoppelt sind, folglich auch Raum und Zeit. Im Hinblick auf diese Abhängigkeit sagte der Mathematiker H. Minkowski, dessen Arbeiten der Relativitätstheorie zugrunde lagen: „Von nun an sollen Raum für sich und Zeit für sich zu Schatten herabsinken, nur eine Art Union der beiden soll Selbständigkeit bewahren."
Minkowski schlug vor, für die mathematische Darstellung der Abhängigkeit von Raum und Zeit ein geometrisches Modell zu benutzen, die vierdimensionale „Raum–Zeit". In diesem vereinbarten Raum werden auf den drei Hauptachsen wie gewöhnlich die Längenintervalle aufgetragen und auf der vierten Achse die Zeitintervalle.
Damit ist die vierdimensionale „Raum–Zeit" der Relativitätstheorie eigentlich nur ein mathematischer Trick, der es gestattet, in bequemer Form die verschiedenen physikalischen Prozesse zu beschreiben. Davon zu sprechen, daß wir uns in einem vierdimensionalen Raum befinden, ist nur in dem Sinne vernünftig, daß alle in der Welt ablaufenden Ereignisse nicht nur im Raum, sondern auch in der Zeit vor sich gehen. Natürlich finden in beliebigen mathematischen Konstruktionen, sogar in völlig abstrakten, irgendwelche Seiten der objektiven Realität, irgendwelche Beziehungen zwischen real existierenden Dingen und Erscheinungen ihren Ausdruck. Es wäre jedoch ein grober Fehler, zwischen den mathematischen Hilfskonstruktionen bzw. der in der Mathematik gebräuchlichen vereinbarten Terminologie und der objektiven Realität ein Gleichheitszeichen zu setzen.
Im Lichte dieser Vorstellungen wird klar, daß die unter Berufung auf die Relativitätstheorie ausgesprochene Behauptung, unsere

Welt sei vierdimensional, ziemlich genau der Behauptung entsprechen würde, die dunklen Flecken auf dem Mond wären allein deshalb mit Wasser gefüllt, weil sie von den Astronomen Meere genannt werden.[1]

So ist der „Null-Transport" zumindest auf dem derzeitigen Entwicklungsstand der Wissenschaft leider nur in phantastischen Romanen möglich.

Im kontrahierenden Universum

Wir haben bereits darüber gesprochen, daß unser Gebiet des Universums, die Metagalaxis, expandiert. Je weiter diese oder jene Galaxie von uns entfernt ist, um so schneller entfernt sie sich auch von uns. Doch die Gleichungen der Relativitätstheorie lassen auch eine andere Möglichkeit zu: die Kontraktion. Hat denn der Umstand, daß die Metagalaxis gerade expandiert und nicht kontrahiert, eine prinzipielle Bedeutung? Versuchen wir einmal, uns die Frage vorzulegen, was wohl wäre, wenn die Metagalaxis kontrahieren würde. Würde sich irgend etwas in unserer Umwelt ändern? Auf den ersten Blick könnte es scheinen, daß nichts besonderes aufträte. Niemand würde etwas bemerken. Nur die Astronomen würden statt der Rotverschiebung eine Violettverschiebung beobachten. Sind doch die Galaxien von der Erde durch riesige Entfernungen, um Millionen und Milliarden Lichtjahre getrennt.

In Wirklichkeit verhält es sich nicht ganz so einfach. Beginnen wir mit der anscheinend einfachen und sogar ein wenig naiven Frage: Warum ist es nachts dunkel? Tatsächlich handelt es sich um ein sehr ernstes Problem, das eine nicht geringe Rolle in der Entwicklung der wissenschaftlichen Vorstellungen über das Weltall gespielt hat. Es ging in die Geschichte der Astronomie unter dem Namen Olbenssches Paradoxon ein und besteht in folgendem.

Wenn im Kosmos überall Sterne verstreut sind, die im Mittel etwa die gleiche Lichtmenge abstrahlen, so würden sie – unabhängig davon, ob sie in der Galaxis angeordnet sind oder nicht – mit ihren Scheiben die ganze Himmelssphäre überdecken.

---

[1] Der Autor versucht hier, dem Leser den wesentlichen Unterschied zu verdeutlichen, der zwischen einer „raumartigen" vierten Dimension (wo der Abstand zwischen zwei beliebigen Punkten des vierdimensionalen Raums nicht negativ werden kann) und einer „zeitartigen" vierten Dimension besteht (in der Raum–Zeit der Relativitätstheorie kann der „Abstand" auch negativ werden). Die übliche Fachterminologie der Physiker bezeichnet allerdings beide Räume als „vierdimensional" (Anm. d. Red. d. dt. Ausgabe).

Schließlich besteht die Metagalaxis aus vielen Millionen Sternen, und wohin wir unseren Blick auch wenden würden, er würde fast mit Sicherheit früher oder später auf einen Stern stoßen. Jeder Abschnitt des Sternenhimmels müßte, mit anderen Worten, so erscheinen wie ein Teil der Sonnenscheibe, da in diesem Fall die sichtbare Oberflächenhelligkeit nicht von der Entfernung abhängt. Es würde sich vom Himmel ein blendender und intensiver Lichtstrom über uns ergießen, der fast 200 000mal die Strahlung der Sonne übersteigen würde. Der nächtliche Himmel ist jedoch schwarz und kalt. Was geht hier also vor sich?

Seinerzeit versuchte man das Olberssche Paradoxon mit dem Hinweis auf die Lichtabsorption durch verstreute interstellare Materie zu lösen. Doch 1937 zeigte der sowjetische Astronom Fessenkow, daß dadurch die Lage nicht gerettet wird. Die interstellare Materie absorbiert nicht so viel Licht, wie sie streut. Damit kompliziert sich die Situation noch. Erst in der Expansionstheorie der Metagalaxis wird das Olberssche Paradoxon automatisch beseitigt.

Da die Galaxien auseinanderstreben, kommt es, wie wir wissen, in ihren Spektren zu einer Rotverschiebung der Linien. Im Ergebnis ist die Frequenz und folglich die Energie eines jeden Photons verringert. Die Rotverschiebung ist ja eine Verschiebung der elektromagnetischen Strahlung zur Seite der längeren Wellen hin. Je größer aber die Wellenlänge ist, eine um so kleinere Energie trägt die Strahlung mit sich. Je weiter andererseits die Galaxie entfernt ist, desto größer ist die Rotverschiebung und desto mehr wird folglich die Energie eines jeden Photons geschwächt. Außerdem führt die ständige Vergrößerung der Entfernung zwischen der Erde und den sich entfernenden Galaxien dazu, daß jedes folgende Photon gezwungen ist, einen etwas größeren Weg zurückzulegen als das vorhergehende. Deshalb kommen die Photonen seltener beim Empfänger an, als sie durch die Quelle ausgestrahlt werden. Folglich verringert sich auch die Anzahl der je Zeiteinheit empfangenen Photonen. Das führt ebenfalls zur Verringerung der je Zeiteinheit eintreffenden Energie. Somit schwächt die Rotverschiebung die Strahlung jeder Galaxie, und zwar um so stärker, je weiter diese von uns entfernt ist. Damit ergibt sich als Resultat der Rotverschiebung nicht nur eine Verschiebung der Strahlung ins Gebiet niedrigerer Frequenzen, sondern auch eine Abschwächung der Energie. Ebendarum bleibt der nächtliche Himmel schwarz.

Damit sind wir auch zur Beantwortung der Frage gekommen, was geschehen würde, wenn die Metagalaxis kontrahieren würde. Wenn die Kontraktion bereits einige Milliarden Jahre gedauert

hätte, könnten wir anstelle der Rotverschiebung in den Galaxienspektren eine Violettverschiebung beobachten. Die Verschiebung der Strahlung würde nach der Seite der höheren Frequenzen hin erfolgen, und die Helligkeit des Himmels würde nicht abgeschwächt, sondern im Gegenteil verstärkt sein.
Unter derartigen Bedingungen könnte in unserem Teil des Kosmos kein Leben existieren. Das heißt, daß wir durchaus nicht zufällig inmitten eines expandierenden Galaxiensystems leben und eine Rotverschiebung in den Galaxienspektren beobachten. Wie Selmanow scharfsinnig bemerkte, sind wir Zeugen ganz bestimmter Prozesse, weil Prozesse anderer Art ohne Zeugen verlaufen. Leben ist im Frühstadium der Expansion und im Spätstadium der Kontraktion nicht möglich.

Anstelle eines Schlußwortes:
„Die Umwälzung wird aufgeschoben"
(wissenschaftlich-phantastische Erzählung)

Die kleine Scheibe der Sonne war bis knapp über den Horizont gesunken, und wie immer wurde sie rötlich-violett. Für das menschliche Auge sah alles auf diesem Planeten unnatürlich aus. Am schlimmsten aber waren diese rötlich-violetten Sonnenuntergänge, die Schwermut hervorriefen.
Nichtsdestoweniger bedrückte das alles Kley in keiner Weise. Während der zwei Jahre seines ersten kosmischen Dienstes hatte er das Interesse am Ungewöhnlichen noch nicht eingebüßt.
Kley schritt langsam den Pfad entlang, der zum Basisgebäude hoch führte. In den Händen trug er eine kleine dunkle Kugel, die ein wenig größer als ein Billardball war.
Schließlich gelangte Kley zum Vorbau und schritt schwer die Treppen hinauf. Schnaufend, wie nach einer schweren Arbeit, betrat er den inneren Raum, schloß die Stahltür hinter sich und legte die Kugel auf den Boden. Die Kugel ertönte klagend und langgezogen.
Ferry bewegte sich in seiner Koje.
„Hast du wieder irgendwelchen Plunder angeschleppt?" sagte er träge, ohne den Kopf zu wenden.
„Ja, schau nur her!" sagte Kley begeistert. „Sie ist so klein, wiegt aber fünfundzwanzig Kilogramm, vielleicht sogar dreißig."
„Daß es dir nicht überdrüssig wird, in diesem Plunder zu wühlen", äußerte Ferry in dem gleichen teilnahmslosen Tonfall, während er weiter mit dem Gesicht zur Wand lag.
„Plunder?" Kley regte sich auf. „Das haben doch sie zurückgelassen!"

„Das wurde alles schon vor langer Zeit untersucht", meinte Ferry in gelangweiltem Ton. „Ohne uns."
„Vielleicht doch nicht alles?"
„Mein Gott", brummte Ferry, „was für ein Mensch."
Er drehte sich ächzend um und setzte die Füße auf den Boden: „Nun ..."
Kley hörte nicht hin und strich zärtlich mit der Hand über die Kugel, als würde er ein junges Kätzchen streicheln. Die Kugel sah tatsächlich ungewöhnlich aus. Sie war aus einem merkwürdigen Material angefertigt, das weder einem Metall noch einem Polymer ähnlich war, das durchsichtig erschien; gleichzeitig war es jedoch unmöglich, ins Innere der Kugel zu schauen. Ihre Oberfläche flimmerte und glitzerte merkwürdig, verschwommene Muster kamen zum Vorschein und verschwanden.
„Siehst du?"
„Na und?" Ferry zuckte ungerührt mit den Schultern. „Eine Kugel wie jede Kugel."
„Du bist doch ein merkwürdiger Bursche, Ferry." Kley runzelte die Stirn, und seine dichten, dunklen Augenbrauen rückten über der Nasenwurzel enger aneinander. Das war ein untrügliches Zeichen dafür, daß er begann, ärgerlich zu werden. „Du bist durch nichts aus der Ruhe zu bringen und nicht in Erstaunen zu versetzen."
„Gibt es denn auf der Welt noch etwas Erstaunliches?" Ferry lachte. „Auf diesem gottverlassenen Planeten, dessen Bewohner sich schon vor langer Zeit aus dem Staub gemacht haben, gibt es erst recht nichts."
Kley schwieg ärgerlich.
„Nein, alles ist schon längst in allen Einzelheiten geklärt", seufzte Ferry, „keinerlei Rätsel, keinerlei Sensationen, nichts, was die Phantasie anregen könnte."
„Das ist eine riskante Philosophie", murmelte Kley, „man kann dabei in eine unangenehme Situation geraten."
„Offen gesagt, interessiert mich jetzt nur eins", entgegnete Ferry grob, „wieviel Tage uns hier noch bleiben."
Kley rekelte sich genüßlich, wobei er die Arme nach oben und seitwärts streckte.
„Mir gefällt es hier."
„Auch mir ging es einmal so", pflichtete Ferry ihm bei. „Ich würde dich gern nach der fünften Woche sehen. Alles wird einem zuwider."
„Nein!"
„Schon gut, schon gut", sagte Ferry versöhnend, „pack deine Kugel weg, es ist Zeit, Abendbrot zu essen."

Kley war versöhnt. Mit der Schuhspitze stieß er die Kugel leicht in die Ecke des Raums, in der sich schon ein ganzer Haufen von allem möglichen Kram auftürmte. Die Kugel gab jedoch plötzlich einen pfeifenden Ton von sich, beschrieb auf dem Boden eine Reihe von unerwarteten Zickzackbewegungen und verschwand unter der Koje.
Ferry war mit zwei Sprüngen plötzlich an der Tür.
„Idiot!" Er stürzte sich auf Kley. „Wenn das eine Mine ist?"
„Sieht nicht so aus", sagte Kley ungerührt.
„Weiß der Teufel", brummte Ferry mit einem vorsichtigen Blick auf die Koje, unter der immer noch ein Zischen und ein merkwürdiges Knistern ertönte. „Was möchtest du jetzt mit ihr tun?"
„Als ich sie gefunden habe, hat sie zuerst auch so gezischt. Aber dann hat sie sich beruhigt."
Das Zischen wurde langsam leiser.
„Na also", sagte Ferry entschlossen. „Zum Teufel, da du es nun einmal so willst, trage ich sie jetzt wenigstens in die Aufbewahrungskammer. Dann haben wir unsere Ruhe."
Er trat an die Koje heran, ließ sich auf die Knie nieder, streckte vorsichtig den Arm aus und ergriff die Kugel. Es geschah nichts. Da begann Ferry, die Kugel zu sich heranzuziehen. Sie war jedoch buchstäblich am Boden festgewachsen.
„Sie will nicht in die Aufbewahrungskammer", meinte Kley lachend. Wie als Antwort auf seine Frage bewegte sich die Kugel plötzlich von der Stelle, schlüpfte unter Ferrys Hand durch, rollte zu Kleys Füßen, rieb sich gewissermaßen liebkosend einige Male an seinen Schuhen und huschte wieder unter die Koje.
„Hör zu, Ferry", fragte Kley nachdenklich, „was wäre, wenn ...?"
„Was?"
„Wenn sie nun vernunftbegabt ist?"
„Unsinn. Es ist bewiesen, daß die Einwohner dieses Planeten wie der Mensch zwei Hände und zwei Füße besaßen."
„Mir kommt es so vor, als würde sie etwas verstehen. Es ist besser, sie in Ruhe zu lassen."
„Na gut", gab sich Ferry geschlagen, „sei es so."
Er begann, das Abendbrot vorzubereiten, wobei er von Zeit zu Zeit beunruhigt Blicke zur Koje warf. Die Kugel verhielt sich jedoch ruhig.
„Was gibt es heute bei uns?" fragte Kley interessiert, als er sich an den Tisch setzte.
„Als Vorspeise das Gericht dreizehn Strich drei", begann Ferry, „als Hauptgericht..."
Kley verzog das Gesicht leidend zu einer Grimasse.
„Dich hat es wieder zur 13 gezogen."

„Bist du etwa abergläubisch?" fragte Kley. „Das ist eine auserlesene Delikatesse."
„Oh, Gott, Ferry, dieses Gericht essen wir doch jeden zweiten Tag, sobald du Dienst hast."
„Möchtest du etwa ein Rumpsteak, vielleicht noch schön kurz gebraten?"
Kley schloß träumerisch die Augen.
„Eine halbe Galaxie für ein Stück Fleisch."
„Weißt du was", begann Ferry, verschluckte sich jedoch plötzlich und starrte unverwandt auf den Tisch. „Was ist das für ein Teufelszeug?"
Kley schaute auf den Tisch und sprang vom Platz auf, wobei er den Hocker mit Gepolter umstieß. Vor ihm lag auf einem Teller ein riesiges Stück Fleisch mit appetitlich brauner Kruste, das einen anregenden Duft verbreitete. Kley streckte langsam die Hand aus und berührte mit dem Zeigefinger vorsichtig das rätselhafte Rumpsteak.
„Fleisch."
„Unsinn. Wie kann Fleisch hierher gelangen?"
„Das weiß ich nicht", sagte Kley, „aber das ist Fleisch." Er öffnete ein Klappmesser und schnitt akkurat eine kleine Scheibe ab, wobei er das Rumpsteak mit der linken Hand festhielt. An der Schnittstelle trat eine rötliche Flüssigkeit aus. Kley spießte das abgeschnittene Stück mit der Messerspitze auf und führte es zum Mund. Vorsichtig kostete er. Er bewegte das Stück mit der Zunge von einer Seite zur anderen und begann mit konzentrierter Miene zu kauen.
„Fleisch, hol's der Teufel!" rief er aus. „Richtiges Fleisch!"
Ferry, der ihn aufmerksam beobachtet hatte, lächelte.
„Fleisch? Verdammter Planet. Zu unserem vollständigen Glück fehlen uns nur noch Halluzinationen."
„Zum Teufel, was für Halluzinationen", antwortete Kley bissig, „ich sage dir, es ist ein Rumpsteak, und darüber hinaus ein ausgezeichnetes. Bist du denn blind geworden, siehst du es nicht?"
„Nun ja, ich sehe es, aber was soll's? Eine Sinnestäuschung. Etwas anderes kann man sich nicht einmal vorstellen."
„Ach, eine Täuschung. Na, dann fühle mal!"
Kley streckte das Messer vor, auf dessen Ende ein rosiges Stück Rumpsteak gespießt war.
Ferry verzog das Gesicht zu einer Grimasse, berührte aber trotzdem das Fleisch einige Male vorsichtig mit zwei Fingern.
„Fühlst du es jetzt?" fragte Kley.
„Ich fühle es. Na und? Wer garantiert mir, daß das alles keine Halluzination ist?"

„Ich stopfe es dir gleich in den Rachen", ereiferte sich Kley. Aber Ferry hatte inzwischen schon selbst das Fleisch vom Messer genommen. Schmatzend und ab und zu tief einatmend, kaute er lange.
„Hast du dich überzeugt?"
Ferry zuckte mit den Schultern.
„Wovon? Was ich selbst gefühlt habe, war etwas Heißes auf der Zunge und Fleischgeschmack. Aber sowohl das eine wie auch das andere sind doch nur meine Empfindungen, hier gibt es keinerlei Fleisch!"
Kley begann zu lachen.
„Na, wunderbar, Alter. Dann bleibt mehr für mich übrig." Er zog den Hocker an den Tisch heran und machte sich energisch über das geheimnisvolle Rumpsteak her. Ferry setzte sich daneben und ging, während er irgend etwas im Selbstgespräch murmelte, nicht weniger sachlich an sein geliebtes Gericht Nummer Dreizehn heran.
„Das war wundervoll", sagte Kley, als er mit dem Rumpsteak fertig war.
„Ich würde an deiner Stelle die ‚Dreizehn' nicht vergessen."
„Wieso?" wunderte sich Kley. „Ich habe genug."
„Weil diese Illusion, wenn sie schon eßbar ist, auf jeden Fall wenig Kalorien enthält."
Kley schaute bedauernd auf Ferry.
„Du hältst dieses Stück Fleisch immer noch für eine Illusion?"
„Selbstverständlich. Was sollte es denn deiner Meinung nach sein?"
„Du hast selbst gesagt, eine Illusion könne nicht als Nahrung dienen. Aber ich bin satt."
„Satt zu sein ist auch eine Empfindung, und daher kann sie trügerisch sein."
„Aber das Rumpsteak war völlig real."
„Du glaubst also an Gott?" fragte Ferry.
„Was hat Gott damit zu tun?"
„Wie sollte es denn anders möglich sein? Vor unseren Augen ist doch gerade ein Wunder geschehen. Aus dem Nichts ist ein Stück Fleisch entstanden, die reine Mystik."
„Was ist denn dabei mystisch? Du bist hier anscheinend so verwildert, daß du Einstein vergessen hast."
„Was hat das mit Einstein zu tun?"
„Rei-zend. Das hat damit zu tun, daß die Masse von der Geschwindigkeit abhängt. Aus zwei Teilchen kann man, wenn man sie ordentlich beschleunigt, eine ganze Galaxie herstellen. Was bedeutet da ein Rumpsteak!"

„Gut", stimmte Ferry ermüdet zu. „Aber wo hast du schon mal gehört, daß sich Atome selbst zu einem kurzgebratenen Rumpsteak zusammensetzen? Die Wahrscheinlichkeit für solch ein Ereignis beträgt zehn hoch minus einige hunderttausend, also praktisch Null."
„Du hast natürlich recht, wenn du nicht berücksichtigst, daß das Rumpsteak genau so entstanden ist, wie ich es mir vorgestellt habe."
„Wunderbar! Das bedeutet, du bist der Gott?"
„Hol's der Teufel!" begann Kley zu lachen. „Du hast eine bewegende Entdeckung gemacht. Übrigens geziemt es Gott nicht, den Teufel zu erwähnen."
„Macht nichts. Es steht in deiner Macht, dir die Sünde zu vergeben."
„Das ist wahr. Nur kann ich keine Wunder vollbringen."
„Versuch's doch mal", meinte Ferry lächelnd.
„Ich werde es versuchen", sagte Kley unbekümmert. „Was könnte man sich ausdenken?" überlegte er, sich umblickend.
„Das ist doch gleichgültig." Ferry ließ sich in einen Sessel nieder, der in einer Ecke des Zimmers stand, und schlug die Beine übereinander. Wie gewöhnlich nach dem Abendbrot bekam er gute Laune.
„Demjenigen, der Wunder vollbringen kann, ist es gleichgültig, was er gerade schafft, schafft oder beseitigt."
„Warte!" griff Kley den Gedanken auf. „Das ist eine Idee." Er kniff listig die Augen zusammen und schaute Ferry an.
„Was soll's, ich werde es versuchen. Der Sessel, auf dem du gerade sitzt, soll verschwinden."
Nichts geschah.
„Na, du schlechter Wundertäter", sagte Ferry lachend.
Da begann er im Sessel einzusinken und unruhig hin und her zu rutschen, da mit dem Sessel etwas Merkwürdiges geschah. Er verbog sich unwirklich wie in einem Zeichentrickfilm, riß die Beine wie ein störrisches Pferd hoch und begann sich aufzulösen.
„Ei!" rief Ferry aus, aber es war zu spät. Der Sessel löste sich endgültig auf, und er krachte auf den Boden.
„So etwas...", sagte Kley langsam.
„Was für ein dummer Scherz!" tobte Ferry, seinen wundgestoßenen Ellbogen reibend.
Kley war schon wieder zu sich gekommen.
„Ist denn etwas passiert?"
„Da fragst du noch?"
„Ach, du bist gefallen und hast dich gestoßen. Aber das sind doch alles nur deine Empfindungen."

„Laß doch diesen Unsinn", begann Ferry, schwieg jedoch, als er zur Seite blickte, wo eben noch der Sessel gestanden hatte. „Weiß der Teufel, was das zu bedeuten hat."
„So", bemerkte Kley befriedigt und beseitigte den Tisch.
Ferry schluckte nur.
Kley war schon auf den Geschmack gekommen. Nach dem Tisch ließ er einen Hocker verschwinden, dann einen zweiten, dann das Nachtschränkchen. Anschließend erschuf er den Hocker von neuem.
„Halt!" schrie Ferry. „Mir reicht es."
„Was denn?" erkundigte sich Kley.
„Dir fehlt jede Phantasie, das ist es. Du beseitigst etwas und schaffst es von neuem, du schaffst etwas und beseitigst es, du bist wie ein Kind. Das wird schließlich langweilig."
„In jedem von uns lebt ein Kind", sagte Kley.
„Trotzdem könntest du dir etwas Interessantes ausdenken."
„Mein ganzes Leben habe ich von einem Zauberstab geträumt", setzte Kley fort, ohne auf ihn zu hören. „Jetzt scheine ich einen zu besitzen, aber zu meinem Ärger kann ich mir nichts ausdenken. Während meiner Kindheit hatte ich solch Spielzeug nicht."
„Für dich ist das eine Spielerei, aber für mich...?" murmelte Ferry.
„Und was sagt deine werte Logik?" fragte Kley, ohne sich zu beruhigen. „Es ist etwas geschehen, das allen Gesetzen widerspricht, ist es nicht so? Wenn alle Gesetze schon bekannt sind, wie einige behaupten, muß man erkennen, daß etwas existiert, das über den Gesetzen steht. Was meinst du?"
„Ich sage, daß du recht hast", sagte Ferry finster.
„Was?" Kley wunderte sich. „Du meinst das doch nicht ernst?"
„Mir ist nicht zum Scherzen zumute, Kley."
„Unsinn", schnitt ihm Kley das Wort ab, „das ist einfach ein neues Paradoxon."
„Ein schönes Paradoxon: Kley, der Wundertäter. Vielleicht schreiben wir eine Formel auf? Nein, es genügt! Ich kehre zur Erde zurück und werde Missionar. Ich werde alle Planeten bereisen und von Wundern berichten. Und dich nehme ich als Anschauungsmaterial mit."
Kley stemmte die Arme in die Seiten. „Was soll's. Ich mache dir schon keine Schande. Du darfst nur nicht so oft den Teufel erwähnen."
„Vielleicht handelt es sich gerade um den Teufel. Woher willst du das wissen?"
„Ich weiß es nicht", stimmte Kley zu. „Ich weiß nur, daß es mir ganz leicht fällt."
„Übrigens, wie machst du das?"

„Ganz einfach, ich bemühe mich, mir ein wenig deutlicher vorzustellen, was ich möchte. Das ist alles."
„Zum Teufel, da, sieh!" schrie Ferry plötzlich.
Kley sah sich um. Dicht an der Wand, da, wo sich gerade noch die Koje befunden hatte, lag die Kugel. Sie hatte sich bis zur Größe eines Fußballs aufgebläht und pulsierte intensiv, wobei sie von innen ein flimmerndes Licht ausstrahlte.
Kley näherte sich der Kugel und beugte sich über sie.
„Deine Arbeit?" fragte er.
Das smaragdgrüne Licht ging augenblicklich in rubinrotes über. Die Kugel löste sich vom Boden, sprang anderthalb Meter in die Höhe, berührte fast Kley, hing einen Augenblick unwirklich im oberen Punkt, sank dann nach unten und wurde wieder grün.
„Wie soll man das verstehen?" fragte Kley verblüfft.
„Es muß irgend etwas im Sinne einer Bestätigung sein", schlug Ferry vor. „Übrigens kann es genausogut eine Verneinung bedeuten."
„Nun ja", meinte Kley gedehnt, während er die Kugel weiter nachdenklich betrachtete. „Nichtsdestoweniger", er lebte auf, „ich habe eine Idee!"
Kley ging ganz dicht an die Kugel heran.
„Wenn das ‚ja' bedeutet", sagte er deutlich artikuliert, „dann soll jetzt – verschwinden – der..."
Kley schaute sich um, aber dank seiner Bemühungen war das Zimmer fast leer. Einen Augenblick blieb sein Blick auf Ferry hängen. Kleys Augen funkelten übermütig.
„Na, na", Ferry fürchtete sich nicht nur zum Scherz.
„Was soll's?" meinte Kley naiv. „Ich ‚erschaffe' dich dann von neuem."
„Du erschaffst mich nach deinen Vorstellungen. Das wird aber ein ganz anderer Ferry sein. Nein, verschone mich damit!"
„Einverstanden", stimmte ihm Kley gnädig zu. „Also", er wandte sich erneut der Kugel zu, „wenn das ‚ja' bedeutet hat, soll der Tisch wieder erscheinen."
Im gleichen Augenblick war der Tisch wieder da.
„Jetzt", sagte Kley, „bleibt uns nur noch zu klären, was ‚nein' bedeutet. Dann werden wir ein Spiel spielen können, für das ich mich während meiner Kindheit begeistert habe: etwas erraten, wenn man dir nur mit ‚ja' oder ‚nein' antwortet."
„Das ist einfach herauszubekommen", bemerkte Ferry. Er durchschritt das Zimmer und stellte sich neben Kley.
„Wie wird ‚nein' bezeichnet?" fragte er, die Kugel anschauend. Diesmal blieb die Kugel an der Stelle liegen, aber die smaragdgrüne Farbe wurde dottergelb.

„Was hat das alles zu bedeuten?" fragte Ferry, wobei er mit der Hand einen Halbkreis in der Luft beschrieb. „Zauberei?" Die dottergelbe Kugel wurde noch greller.
„Siehst du", sagte Kley, „und du hast dich darüber grämt, daß es in der Welt nichts Unbekanntes mehr gäbe. Die Bewohner dieses Planeten wußten mehr als wir beide."
„Warte." Ferry ließ Kley unbeachtet und wandte sich erneut an die Kugel: „Das bedeutet, daß Naturgesetze existieren, die uns, ihm und mir, also der irdischen Wissenschaft, noch unbekannt sind?"
Die Kugel wurde jäh rot.
„Alles, was hier gerade geschehen ist, gehorcht diesen Gesetzen?"
Die Kugel erstrahlte im rubinroten Licht.
„Leb wohl, Missionarstätigkeit!" Kley begann zu lachen. „Du mußt noch einmal eine Kehrtwendung machen und dich mit der Erneuerung der modernen Physik beschäftigen."
„Treib keine Possen", sagte Ferry, die Stirn runzelnd, „denk lieber darüber nach, wie wir alle diese Informationen bekommen können."
Er wandte sich an die Kugel: „Können wir die entsprechenden Informationen bekommen?"
Die Kugel wurde gelb.
„Du stellst die Frage falsch, Ferry", bemerkte Kley.
„Du hast recht, Kley, das war keine Frage, das war eher eine Enttäuschung."
„Vermutlich verstehe ich das. Sie wurde von denen, die früher hier gewohnt haben, so programmiert."
„Vielen Dank für die Erklärung, darauf wäre ich auch gekommen. Aber warum? Warum wollten sie mit niemandem ihr Wissen teilen?"
„Vielleicht darf man die Naturgesetze nicht in fertiger Form verschenken. Man muß sie sich selbst erringen."
„Wozu dann all diese Trugbilder?" fragte Ferry.
„Ich weiß es nicht. Möglicherweise nur dazu, um unsere Gewohnheit zu zerschlagen, alles zu verabsolutieren. Deine Gewohnheit..."
„Wir müssen sie mit auf die Erde nehmen. Dort werden wir uns weiter mit ihr beschäftigen", sagte Ferry.
Die Kugel leuchtete erneut im gelben Licht.
„Sie möchte nicht auf die Erde", bemerkte Kley.
„Was heißt ‚möchte nicht'? Letztendlich ist das doch nur eine Maschine."
Der gelbe Schein wurde blendend hell.
Ferry machte einen Schritt auf die Kugel zu.

Die Kugel begann wie ein Vogel zu zittern, der in eine Schlinge geraten ist.
„Nimm dich in acht, Ferry", schrie Kley.
„Laß doch!" Ferry streckte die Hand aus.
Im selben Augenblick erlosch das gelbe Licht. Die Kugel bewegte sich rasch von ihrem Platz und glitt zwischen Kley und Ferry durch auf die geschlossene Tür zu, durch die sie ungehindert verschwand.
Kley und Ferry schauten einander fassungslos an und danach auf die unbeschädigte Tür.
„Zum Teufel nochmal", murmelte Ferry, „zwanzig Zentimeter Titanstahl."
Kley war schon wieder zu sich gekommen.
„An ihrer Stelle hätte ich genauso gehandelt", sagte er nachdenklich.
„Nun ja", seufzte Ferry, „so haben wir gar nichts erfahren." Aus irgendeinem Grund lächelte er. „Was soll's, die Umwälzung der Physik wird aufgeschoben."
„Du irrst dich, wir haben etwas erfahren", entgegnete Kley, „und zwar nicht wenig."
„Woran denkst du?"
„Wir haben erfahren, daß diese Umwälzung unvermeidlich ist. Und das will schon etwas bedeuten."

Natürlich darf man diese Erzählung nicht in dem Sinne verstehen, daß in der Natur beliebige, selbst die unwahrscheinlichsten Ereignisse und Erscheinungen möglich sind, daß Wunder geschehen und daß die Wissenschaft der Zukunft auch jene Dinge erklären kann, die niemals passieren können.
Es wurde noch über etwas anderes gesprochen. Die uns umgebende Welt ist unendlich vielfältig und unerschöpflich. Auf jedem Entwicklungsniveau der Wissenschaft wird es auf der Welt Erscheinungen geben, die vom Menschen noch nicht erforscht worden sind. Es versteht sich von selbst, daß diese Erscheinungen den bereits entdeckten oder noch nicht entdeckten objektiven Naturgesetzen nicht widersprechen dürfen.
Jedes Wissensniveau ist relativ. Und deshalb ist der Weg der wissenschaftlichen Erforschung der uns umgebenden Welt, wie Naan bemerkte, ein Weg ohne Ende!
Das Universum ist eine Schatzkammer des Wissens! Die Untersuchung des Kosmos bescherte den Menschen bereits viele neue, unerwartete Entdeckungen. Je weiter unser Wissenskreis gespannt ist, um so länger ist auch die Berührungslinie mit dem Unbe-

kannten, um so größer ist die Wahrscheinlichkeit, verblüffende Überraschungen zu erleben, die uns neue Kenntnisse bescheren.
Dieses Wissen kommt jedoch nicht von allein. Es wird von Menschen während einer angespannten wissenschaftlichen Tätigkeit erworben. Diese Tätigkeit entspricht den praktischen Erfordernissen der irdischen Zivilisation und den dringenden Aufgaben der menschlichen Gesellschaft. Wir untersuchen die uns umgebende Welt nicht wahllos oder chaotisch, wir wählen im Laufe der wissenschaftlichen Forschung jene Erscheinungen aus, die wir verstehen müssen, um unsere praktischen Ziele zu erreichen.
Möglicherweise existieren im Universum tatsächlich hochentwickelte Zivilisationen, die uns in ihrer Entwicklung voraus sind und die über ein tieferes Wissen von der Welt verfügen. Wir können und dürfen jedoch unsere Zukunft nicht mit phantastischen Hoffnungen auf einen Informationsaustausch mit anderen vernunftbegabten Bewohnern des Universums in Verbindung bringen. Derartige Hoffnungen könnten sich als unerfüllbar erweisen, weil wir einander nicht verstehen können oder außerirdische Zivilisationen überhaupt nicht existieren.
Das von der irdischen Zivilisation erreichte Entwicklungsniveau, die großartigen Erfolge bei der Erforschung der Natur, in der Entwicklung der Technik und Technologie lassen keinen Zweifel daran, daß die Menschheit unter den entsprechenden sozialen Bedingungen in der Lage ist, die kompliziertesten und schwierigsten Aufgaben selbst und ohne Hilfe von außen zu lösen.
Darin werden wir durch die Fortschritte der Astronomie in der zweiten Hälfte des 20. Jh. ein weiteres Mal bestätigt. Die letzten Jahrzehnte bescherten uns nicht nur neue Untersuchungsmethoden der Erscheinungen am Himmel, wie etwa die kosmische Technik, und verwandelten die Astronomie in eine Wissenschaft, die alle Wellenbereiche nutzt; sie änderten auch die Vorstellungen über die kosmische Physik und den Charakter der im Universum ablaufenden Prozesse ganz wesentlich.
Am Anfang unseres Jahrhunderts wurden sowohl das Universum als auch die Himmelskörper, die es bevölkern, bis auf geringe Ausnahmen für nahezu unveränderlich, also stationär gehalten. Man nahm an, daß sich die kosmischen Objekte außergewöhnlich langsam entwickeln und fließend, allmählich von einem stationären Zustand zu einem anderen stationären Zustand übergehen.
Das 20. Jh. brachte wichtige Änderungen in diese Vorstellungen. Zuerst stellte sich heraus, daß wir in einem nichtstationären, expandierenden Universum leben. Später wurden nichtstationäre

Erscheinungen entdeckt, bei denen riesige Energiemengen durch gewaltige explosive Prozesse freigesetzt werden. Es wurde klar, daß sich nicht nur das gesamte Universum im Laufe der Zeit entwickelt und seine Vergangenheit nicht identisch mit seiner Gegenwart und seiner Zukunft ist, sondern buchstäblich auf allen Stufen der Existenz der Materie nichtstationäre Prozesse ablaufen, qualitative Umwandlungen der Materie stattfinden und große qualitative Sprünge geschehen. In diesem Zusammenhang hat sich auch die Hauptaufgabe der modernen Astrophysik geändert. Sie hat sich in eine Entwicklungswissenschaft verwandelt, die nicht nur den heutigen Zustand der kosmischen Objekte untersucht, sondern auch die Gesetzmäßigkeiten ihrer Herkunft und Entwicklung. Die Kenntnis dieser Gesetzmäßigkeiten erlaubt es, eine Prognose über den zukünftigen Zustand der Planeten, Sterne, Galaxien und anderer kosmischer Körper zu erstellen. Das hat nicht nur eine große wissenschaftliche, sondern auch riesige praktische Bedeutung.
Die astronomischen Entdeckungen des 20. Jh. brachten eine völlig neue Sicht auf die astronomische Welt mit sich: An die Stelle des unveränderlich stationären Universums trat das sich entwickelnde Universum, das sich nicht nur ausdehnt, sondern auch buchstäblich „explodiert". Dieser Umstand gibt uns das Recht, die in der Wissenschaft vom Kosmos in unserem Jahrhundert geschehenen Ereignisse und den sie begleitenden radikalen Umbau des Wissensgebäudes vom Universum als Revolution der Astronomie zu betrachten.
Diese Revolution war ein wesentlicher Bestandteil der in der zweiten Hälfte unseres Jahrhunderts vollzogenen wissenschaftlich-technischen Revolution, die fast alle Gebiete der modernen Wissenschaft und ihrer praktischen Anwendungen umfaßt hat.
Gegenwärtig kann man davon ausgehen, daß die astronomische Revolution, die unter unseren Augen stattgefunden hat, nahezu vollendet ist. Das bedeutet durchaus nicht, daß keine weiteren wesentlichen Entdeckungen auf diesem Gebiet erfolgen werden. Es wird auf jeden Fall weitere geben!
Sowohl aufgrund irdischer optischer und radioastronomischer Beobachtungen als auch dank der Untersuchungen, die von Raumsonden und Orbitalstationen aus geführt werden, sammeln sich rasch neue Daten über kosmische Erscheinungen an. Darunter sind auch solche, durch die wahrscheinlich gänzlich neue, uns bisher noch unbekannte Seiten des unendlich vielfältigen „Buches des Universums" aufgeschlagen worden sind.
So wurden beispielsweise im Weltall Gebiete mit äußerst großen Ausmaßen entdeckt, in denen die Galaxien, die die grundlegenden

Struktureinheiten des Universums sind, anscheinend fehlen. Durch spezielle Berechnungen, die auf der Grundlage astronomischer Beobachtungsdaten auf Computern durchgeführt worden sind, gelang es festzustellen, daß die Galaxien, die in den großen Haufen, den Superhaufen, enthalten sind, sich im wesentlichen auf den „Wänden" von eigentümlichen Kästen befinden. Diese riesigen „Gebilde" erinnern an Bienenwaben. Jede Seite eines solchen Kastens ist ungefähr 100 Millionen Lichtjahre lang. Gegenwärtig sind schon derartige „Hohlräume" bekannt, darunter solche mit äußerst großen Ausmaßen.
Die Astronomen haben beispielsweise ein von Galaxien und Sternen freies Gebiet mit einem Durchmesser von ungefähr 300 Millionen Lichtjahren entdeckt. Sie haben die Galaxienverteilung entlang dreier eng benachbarter Geraden untersucht, die in die Tiefe des Weltalls weisen. Als Ergebnis einer solchen Sondierung stellte sich heraus, daß die Galaxien bis zu einer Entfernung von 500 Millionen Lichtjahren und ab 800 Millionen Lichtjahren hinreichend dicht gelegen sind. Im Intervall zwischen diesen Entfernungen scheint es nicht zu gelingen, auch nur eine einzige Galaxie nachzuweisen.
Es steht noch eine riesige Arbeit bevor, um die Verteilung der kosmischen Systeme im Universum endgültig aufzuklären. Insbesondere ist es dafür erforderlich, die Lage zehntausender entfernter Galaxien zu bestimmen. Die Perspektiven sind jedoch ziemlich verlockend. Die gewonnenen Daten werden sehr große Bedeutung für die Lösung vieler fundamentaler Probleme der modernen Astrophysik haben. Dazu gehört auch die Klärung der Frage, wie die Galaxien entstanden sind.
Die Existenz der erwähnten „leeren Gebiete" stimmt gut mit einer Hypothese überein, die von Ja. B. Seldowitsch und seinen Mitarbeitern ausgearbeitet wurde.
Die Untersuchung der räumlichen Struktur des Universums hängt eng mit der Bestimmung des Abstandes zu entfernten kosmischen Objekten zusammen. In dieser Richtung eröffnen sich ebenfalls interessante Möglichkeiten, die durch die Entwicklung der Röntgenastronomie entstanden sind. Das heiße, verdünnte intergalaktische Gas ist nämlich eine Quelle kosmischer Röntgenstrahlung. Dieses Gas füllt den Zwischenraum zwischen den Galaxien und Galaxienhaufen aus. Im Röntgenbereich erscheinen Ansammlungen von intergalaktischem Gas als ausgedehnte Nebel.
Untersuchungen haben ergeben, daß die Elektronen des intergalaktischen Gases mit der Reliktstrahlung in Wechselwirkung treten. In diesem Zusammenhang eröffnet sich die Möglichkeit,

durch den Vergleich der Beobachtungsdaten im Röntgen- und Radiobereich nicht nur die Winkelausmaße, sondern auch die absoluten Ausmaße dieser Röntgennebel zu bestimmen. Wenn die wahren und die Winkelausmaße eines entfernten Objekts bekannt sind, kann man die Entfernung dieses Objekts mit einfachen trigonometrischen Methoden bestimmen.
So könnten die intergalaktischen Gaswolken möglicherweise das lange erwartete Eichmaß kosmischer Entfernungen sein.
Die weitere Entwicklung der astronomischen Forschung von Bord der Raumsonden aus eröffnet verlockende Perspektiven. Wir haben bereits darüber gesprochen, was für eine wichtige Rolle die Bestimmung der mittleren Materiedichte für unsere Vorstellungen von der Entwicklung des Universums spielt. Untersuchungen im infraroten und Röntgenbereich der elektromagnetischen Strahlung, die außerhalb der Atmosphäre durchgeführt werden, können wesentlich zur Lösung dieses Problems beitragen.
Im Prinzip gibt es auch noch die Möglichkeit, die mittlere Dichte aus der Stärke des Gravitationsfeldes direkt zu bestimmen. Jedes ausgedehnte Objekt, beispielsweise eine Galaxie, sehen wir unter einem gewissen Winkel. Die Größe dieses Winkels hängt von der Entfernung ab. Je weiter das beobachtete Objekt von uns entfernt ist, um so kleiner ist dieser Winkel. Wenn sich zwischen dem Beobachter und dem beobachteten Objekt Materie befindet, werden die Lichtstrahlen in Übereinstimmung mit der Allgemeinen Relativitätstheorie gekrümmt. Die Größe der Krümmung erlaubt es, die Menge der Materie zwischen Beobachter und Objekt abzuschätzen. Um aus diesen Werten die mittlere Dichte bestimmen zu können, muß man noch den Abstand bis zu weit entfernten Galaxien genau messen können. Über eine Möglichkeit, diese Aufgabe zu lösen, haben wir gerade gesprochen. Es gibt aber noch einen anderen Weg: die Entfernungsmessung mit Radioteleskopen, die sich auf einer Umlaufbahn weit genug voneinander entfernt befinden. Nach dem Experiment mit dem auf der sowjetischen Orbitalstation Salut-6 entfalteten Radioteleskop KRT-10 erscheint gegenwärtig die technische Verwirklichung derartiger Untersuchungen durchaus real.
Neue astronomische Beobachtungsmaterialien und neue Fakten werden rasch angehäuft. Es wird der Eindruck erweckt, daß diese quantitative Anhäufung jeden Augenblick den nächsten qualitativen Sprung unserer Kenntnis vom Universum und unseres Verständnisses der Physik kosmischer Prozesse hervorrufen kann. Vielleicht müssen wir darauf gar nicht mehr lange warten.

Band	Autor und Titel	Preis	Best.-Nr.
1	Landau/Rumer, Was ist die Relativitätstheorie?	3,60	666 043 4
2	Makejewa/Zedrik, Verwunderliches aus der Physik	4,15	665 527 2
7	Artamonow, Optische Täuschungen	7,90	665 156 2
8	Schustorowitsch, Neues aus der Theorie der chemischen Bindung	3,60	665 520 5
12	Makowezki, Schau den Dingen auf den Grund!	8,50	665 587 0
13	Gläser, Was ist Radiographie?	6,80	665 589 7
17	Kompanejez, Statistische Gesetze in der Physik	7,80	665 626 7
23	Butkewitsch/Selikson, Ewige Kalender	5,90	665 696 1
24	Dautcourt, Was sind Pulsare?	4,90	665 706 7
26	Lange, Physikalische Paradoxa und interessante Aufgaben	8,–	665 701 6
27	Bogdanow, Laser lenken Flugkörper	4,30	665 745 4
28	Bogdanow, Vom Molekül zum Kristall	7,40	665 748 9
36	Holzmüller, Unsere Umwelt – ihre Entwicklung und Erhaltung	6,–	665 765 7
37	Komarow, Neue unterhaltsame Astronomie	12,–	666 265 9
38	Lange, Physikalische Knobeleien	5,60	665 835 0
41	Meinhold/Pätz, Erdöl und Erdgas – vom Plankton bis zur Pipeline	9,20	665 884 4
44	Ljubimow/Nowikow, Einfache elektrische Stromkreise – keine Angst vor Schaltalgebra	3,90	665 987 1
45	Kaplan, Physik der Sterne	13,–	665 994 3
47	Nowikow, Schwarze Löcher im All	5,50	666 035 4
48	Pogosjan, Umweltfaktor Atmosphäre	9,90	666 034 6
49	Röseberg, Philosophie und Physik	8,50	666 084 8
50	Meinhold, Energie aus der Tiefe der Erde	6,50	666 031 1
51	Jefremow, In die Tiefen des Weltalls	11,50	666 087 2
52	Nowikow, Evolution des Universums	11,50	666 088 0
53	Kogan, Hundert Aufgaben zur Elektrizität	4,30	666 145 3
54	Anders, Rund um das Wasser – ein physikalischer Streifzug	3,40	666 144 5
55	Slobodezki/Aslamasow, Nachgedacht und mitgemacht – Kniffliges aus der Physik	11,50	666 189 1
56	Sorge/Hauptmann, Ultraschall	6,50	666 261 6
57	Anders, Weil die Erde rotiert	4,50	666 259 5
58	Pätz/Rascher/Seifert, Kohle – ein Kapitel aus dem Tagebuch der Erde	8,80	666 270 4
59	Pokrowski, Explosion und Sprengung	9,80	666 260 8
60	Marow, Die Planeten des Sonnensystems	19,80	666 262 4
61	Spiering, Auf der Suche nach der Urkraft	7,60	666 320 5
62	Resanow, Die Entstehung der Ozeane	12,–	666 383 8
63	Tarassow/Tarassowa, Der gebrochene Lichtstrahl	9,10	666 381 1
64	Ostrowski, Holografie – Grundlagen, Experimente und Anwendungen	12,80	666 380 3

Professor Komarow, Mitarbeiter am Moskauer Planetarium, vermittelt den Lesern auf unterhaltsame Weise eine Fülle neuer Erkenntnisse aus der Astronomie und Astrophysik. Er berichtet sowohl über die Himmelskörper des Sonnensystems als auch über Objekte in den Tiefen des Alls: über Schwarze Löcher, Quasare und aktive Galaxienkerne. Der Leser erfährt, wie sich die Astronomen die Gammastrahlung und die Neutrinos zur Erforschung des Universums zunutze machen. Ausführlich wird die Frage nach der Existenz außerirdischer Zivilisationen behandelt. In drei eingestreuten wissenschaftlich-phantastischen Erzählungen werden abstrakte Hypothesen veranschaulicht. Der Autor vermittelt nicht nur astronomische Fakten, sondern führt seine Leser auch an die dialektische Entwicklung des wissenschaftlichen Denkens heran.

BSB B. G. Teubner Verlagsgesellschaft
ISBN 3-322-00739-1